MONOGRAPHIE

DES

RACES DE POULES

PAR

V. LA PERRE DE ROO

Coq de Nangasaki.

PARIS
AUX BUREAUX DE L'ACCLIMATATION
JOURNAL DES ÉLEVEURS
ÉMILE DEYROLLE, Directeur
23, rue de la Monnaie, 23.

MONOGRAPHIE

DES

RACES DE POULES

Fontainebleau. — E. Bourges, imp. breveté.

MONOGRAPHIE
DES
RACES DE POULES

PAR

V. LA PERRE DE ROO

DÉCORÉ DE LA CROIX D'OR SURMONTÉE DE LA COURONNE DE L'ORDRE DU MÉRITE D'AUTRICHE
DES CROIX DE DEUXIÈME CLASSE DE L'ORDRE DU MÉRITE NAVAL
ET DE L'ORDRE DU MÉRITE MILITAIRE D'ESPAGNE
OFFICIER DE L'ORDRE DE LA COURONNE D'ITALIE
CHEVALIER DES ORDRES DU CHRIST, DU PORTUGAL, DES SS. MAURICE ET LAZARE, ETC.

Médaille souvenir du Ministre de l'agriculture et du commerce de France,
Témoignage de satisfaction du Conseil fédéral de la Suisse,
Membre lauréat de la Société d'acclimatation et de plusieurs Sociétés savantes de Paris, etc., etc., etc.

PARIS
AU BUREAU DU JOURNAL L'ACCLIMATATION
23, rue de la Monnaie, 23.

INTRODUCTION

Pour écrire un ouvrage à peu près complet sur l'immense tribu des poules d'utilité et d'agrément qui peuplent aujourd'hui nos basses-cours et ornent nos volières, j'aurais dû dépasser considérablement le cadre que m'impose une simple *monographie des principales races qui offrent de l'intérêt à l'amateur*.

D'ailleurs, la plupart des éleveurs n'ont pas besoin de traités d'élevage et savent mieux que moi ce qu'ils doivent faire pour augmenter le produit de leurs basses-cours. C'est pour cette raison que j'ai cru devoir garder mes conseils pour moi et que je me suis abstenu d'essayer d'enseigner aux éleveurs les prétendus moyens efficaces pour augmenter la ponte chez la poule ou pour guérir les maladies qui affectent les volailles.

Cependant, pour satisfaire aux désirs qui m'ont été souvent exprimés par un grand nombre d'abonnés du journal l'*Acclimatation*, je n'ai pas hésité à dévier de cette ligne de conduite, chaque fois qu'une nouvelle race récemment introduite en France exigeait que quelque lumière fût jetée sur la manière de l'élever et de l'améliorer.

Je n'ai donc pas eu la prétention d'écrire un traité d'élevage d'oiseaux de basse-cour, car il en existe déjà un assez grand nombre, et de très bons; mais j'ai voulu combler une lacune : *c'est une description scrupuleusement exacte et minutieusement détaillée des caractères propres de toutes les principales races de poules connues*, d'après les bases admises par le jury des expositions de volailles qui se tiennent annuellement au palais de cristal de Sydenham.

Mon plan a été de guider l'éleveur dans le choix des oiseaux reproducteurs, de lui indiquer avec précision les défauts héréditaires et ceux qui entraînent la *disqualification* dans les concours, chez nos voisins d'outre-mer, défauts qu'il doit éviter avec soin; j'ai signalé aussi les qualités qu'il doit rechercher chez les oiseaux qu'il destine à la reproduction, sinon à l'amélioration des races dont il s'occupe.

Il résulte de mon expérience qu'il arrive fréquemment que, malgré tout le soin que l'auteur y met, des éleveurs peu accoutumés à l'étude des livres, ne comprennent qu'imparfaitement une description écrite, quelque claire qu'elle soit. C'est ce qui m'a fait prendre la résolution d'accompagner chaque description d'une gravure noire, car les *Tableaux d'histoire naturelle* de M. E. Deyrolle, qu'on rencontre aujourd'hui dans toutes les écoles de l'Europe, m'ont démontré jusqu'à l'évidence qu'une gravure parle beaucoup plus énergiquement aux yeux que la description la plus éloquente ne parle à l'esprit.

Mais la gravure noire la mieux faite ne vaut pas encore une gravure coloriée, même médiocre, parce que, chez un grand nombre de races de poules, la beauté dépend en grande partie de la couleur fondamentale ou de la disposition plus ou moins correcte des teintes de son plumage. Or, une gravure coloriée permet à l'amateur de saisir instantanément les *caractères distinctifs de l'oiseau*. C'est cette raison qui a décidé mon éditeur, M. E. Deyrolle, directeur du journal l'*Acclimatation*, de profiter du talent remarquable de son frère, M. Th. Deyrolle, pour illustrer mon ouvrage d'un grand nombre de gravures en *chromolithographie*, dessinées par le grand artiste d'après la nature la plus parfaite et choisie par M. A. Geoffroy Saint-Hilaire, directeur du Jardin zoologique d'acclimatation du bois de Boulogne.

Pour rendre cet ouvrage réellement indispensable à l'amateur, j'ai intercalé également dans le texte une nombre considérable de gravures noires de poulaillers, de volières, de cabanes, de couveuses artificielles, d'appareils pour l'engraissement des volailles, d'abreuvoirs, de mangeoires et de tout ce qui peut intéresser l'éleveur, *mais sans les décrire*, car les gravures parlent suffisamment aux yeux pour pouvoir se passer d'une ennuyeuse description écrite, qui m'aurait fait dépasser les limites du cadre que je m'étais proposé de remplir et aurait trop grossi ce volume.

Paris, le 1er janvier 1882.

V. LA PERRE DE ROO.

MONOGRAPHIE

DES

RACES DE POULES

CHAPITRE Ier.

Coq et Poule de Crèvecœur.

Formes extérieures et nomenclature des parties du Coq.

Coq.

1. *Bec*, se divisant en *mandibule supérieure* à laquelle on distingue la pointe, le dos ou arête, les bords et les fosses nasales, et en *mandibule inférieure* qui se divise en extrémité, branches et menton.

Le *menton* est la partie creuse comprise entre les branches.

La pointe du bec est l'extrémité la plus pointue du bec.

La commissure du bec est le point où les deux mandibules se réunissent.

2. *Narines.*

3. *Front* ou partie antérieure de la tête.

Coq de Brahma-Pootra.

4. *Vertex* ou *sommet.*

5. *Occiput*, ou partie postérieure de la tête.

Les petites plumes qui garnissent le front, le vertex ou sommet et l'occiput s'appellent *les supérieures de la tête.*

6. *Crête.*

La crête est *simple*, *triple*, *frisée*, *en couronne*, *droite* ou *pliée.*

Elle est *simple* quand elle ne forme qu'une seule pièce mince, dentelée d'une seule rangée de dents comme dans le coq espagnol.

Elle est triple quand elle se compose de trois petites cornes,

Coq espagnol.

comme chez les coqs de Crèvecœur, de la Flèche et de Houdan, ou quand elle affecte la forme de deux demi-feuilles de chêne séparées par un pétiole épais faisant saillie comme chez le coq de Houdan.

Elle est *frisée* quand elle est épaisse et forme une surface plane, hérissée de plusieurs rangées de petites dents fines comme chez les coqs de Hambourg et de Brahma-Pootra.

Elle est en *couronne*, lorsqu'elle est courte, aussi large que longue, de forme plus ou moins ronde et hérissée de petites pointes comme chez le coq malais.

Poule espagnole.

Elle est droite quand elle ne se rabat pas sur un des côtés de la tête.

Elle est pliée quand, au contraire, elle se rabat sur un des côtés de la tête, comme chez la poule espagnole.

7. *Joues*. On appelle joues la peau rouge qui entoure les yeux.

Les joues sont nues quand elles ne sont pas garnies de plumes.

8. *Menton*, ou partie creuse comprise entre les deux branches ou bords de la mandibule inférieure du bec.

9. *Barbillons*.

Coq et Poule malais.

10. *Oreillons*, posés sur les joues au-dessous du *conduit auditif*.

11. *Gorge*, proprement dite.

12. *Devant du cou*.

13. *Nuque*.

14. *Partie supérieure du cou*.

15. *Partie inférieure du cou*, ou *naissance du cou*.

16. *Dos*, divisé en *épaules* et *dos* proprement dit.

17. *Reins.*

18. *Croupion* ou *coccyx.*

19. *Abdomen.*

20. *Plastron.*

21. *Camail.*

Coq et Poule de la Flèche.

22. *Petites et moyennes couvertures des ailes*, ou petites et moyennes *tectrices.*

Les petites couvertures ou les petites tectrices recouvrent la partie supérieure de l'aile indiquée par le chiffre 26.

Les moyennes couvertures ou les moyennes tectrices suivent immédiatement les précédentes et recouvrent le milieu de l'aile ou la partie indiquée par le chiffre 22.

23. *Grandes couvertures des ailes* ou *grandes tectrices*, qui recouvrent les rémiges secondaires. Ces plumes sont généralement larges et raides et forment, réunies, la barre noire qui traverse l'aile quand elle est ployée.

On désigne quelquefois les petites et les moyennes tectrices ou les petites et les moyennes couvertures des ailes sous le

Coq de combat à crête coupée.

nom de *tectrices* ou *couvertures supérieures* de l'aile, et les grandes tectrices ou couvertures, sous le nom de *tectrices* ou *couvertures inférieures* de l'aile.

24. *Rémiges secondaires* ou *grandes de l'avant-bras*, qui partent du bord inférieur de l'avant-bras et recouvrent les rémiges primaires, quand l'aile est fermée.

25. *Rémiges primaires* ou *grandes pennes de l'aile*, qui par-

tent de la main et qui constituent ce qu'on appelle vulgairement le vol. Elles sont au nombre de dix et sont cachées sous les rémiges secondaires, quand l'aile est ployée.

26. *Pommeau de l'aile*, petites plumes raides qui partent d'un petit appendice placé à l'articulation du bras et de la main.

Coq et Poule de Houdan, type anglais.

27. *Lancettes* ou *plumes des reins*, recouvrant la partie postérieure du corps, depuis le dos proprement dit jusqu'au croupion et recouvrant le commencement des plumes de la queue, des flancs, des cuisses et de l'abdomen.

28. *Petites faucilles*, recouvrant les plumes et la queue.

29. *Grandes et moyennes faucilles*.

30. *Rectrices* ou *grandes caudales*, ou grandes pennes de la queue.

31. *Rotule* ou *genou*.

32. *Jambes* ou *pilons*.

33. *Calcanéums* ou *talons*.

34. *Tarses* ou *pattes*.

35. *Éperons* ou *ergots*.

Coq et Poule de la Campine à crête frisée.

36. *Pouce du pied*.

37. *Doigt interne*.

38. *Doigt médian*.

39. *Doigt externe*.

CHAPITRE II.

Nomenclature des os du Coq.

Fig. 1. Squelette du Coq.

(*Fig. 1.*) De *A* à *B vertèbres cervicales;* de *B* à *C vertèbres dorsales*, qui sont soudées entre elles de manière à ne faire en apparence qu'un seul os; de *C* à *D vertèbres lombaires et sacrées* qui sont recouvertes par les deux *iliums* (*S*) et soudées avec eux; de *D* à *E vertèbres coccygiennes; F G* la tête, constituée par le *crâne* (*G*) et les *mandibules* (*F*); *H sternum* dont la partie tranchante *H'* se nomme *bréchet; I, I, I, côtes supérieures; J J J côtes inférieures; K omoplate; L L os coracoïdiens; M fourchette* constituée par les deux *clavicules; N humérus; O cubitus; O' radius; P* os du *carpe; P'* os du *métacarpe; R* première phalange prolongée par la seconde et dernière; *R'* os du pouce; *S ilium; S' ischium, S'' pubis; T fémur; V rotule; V V tibias; X péroné; Y* os unique du *tarse* portant vers son tiers inférieur l'apophyse qui supporte l'*ergot; Z Z Z doigts.*

Les os du bras, ou mieux de l'aile, étant peu distincts dans la fig. 1, où ils sont représentés ployés de chaque côté du thorax, nous les montrons isolés et étendus dans la fig. 2 Ils portent alors les lettres suivantes :

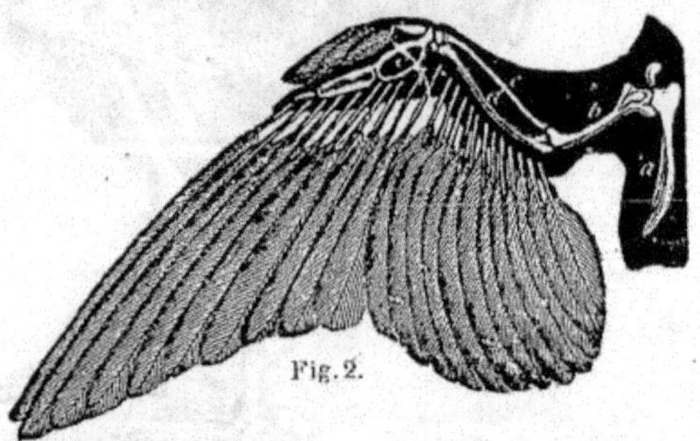
Fig. 2.

Épaule ou omaplate (*a*); os coracoïdiens; (*b*) humérus; (*d*) cubitus et (*c*) radius; os du carpe; (*e*) os du métacarpe; première phalange, deuxième et dernière phalange; os du pouce.

CHAPITRE III.

Races françaises.

Race commune.

Coq commun.

La poule est depuis si longtemps réduite à l'état domestique qu'il serait aussi impossible de dire quelle fut sa souche, que de retrouver le type primitif du blé. Les naturalistes disent, il est vrai, que c'est du coq Bankiva qu'elle est issue; mais, comme il n'y a absolument rien de certain à cet égard et que tout ce que nous pourrions dire sur ce sujet n'apporterait aucune lumière pouvant éclairer la question, nous préférons laisser à plus érudits la tâche ardue d'approfondir le cas, notre rôle devant se borner à donner la description de chaque race.

La poule de ferme ou race commune revêt des plumages fort différents. Dans certaines contrées elle est arrivée à se modifier peu à peu suivant le climat, la nourriture, la couleur même du sol, et à former des races distinctes qui auraient certainement pu être arrêtées et décrites précisément, si quelque auteur avait pris ce soin il y a une centaine d'années; mais depuis, les routes praticables, les canaux, enfin les chemins de fer en facilitant les communications, ont amené tant de mélanges qu'il serait beaucoup plus difficile de préciser le type de chaque contrée maintenant. Nous n'entrerons donc pas dans les détails de ces races si diverses et qu'il serait cependant fort intéressant de voir figurer accompagnées de notices exactes sur leurs qualités, travail que nous ne saurions trop engager les amateurs d'entreprendre chacun pour son pays; car certainement il y aurait là des types qui mériteraient les mêmes égards que les plus estimés actuellement. N'est-ce pas du reste comme cela qu'ont été fixées les races de la Flèche, de Barbezieux, de Gascogne, etc.

La poule commune ou, pour mieux dire, le type le plus rustique vivant sans qu'on en prenne soin, mais jouissant d'une grande liberté, est incontestablement celle qui convient le mieux au fermier. Se contentant de mauvais grains invendables sur les marchés, elle a une aptitude remarquable pour découvrir elle même sa nourriture dans le fumier, à l'écurie à l'étable et dans tous les coins de la ferme et des alentours

Vive, alerte, robuste et vagabonde elle ne coûte rien, et, par conséquent, tout ce qu'elle produit est bénéfice net.

C'est le plus souvent une excellente pondeuse; une couveuse assidue; une mère prévoyante, capable de défendre ses poussins avec vigueur et courage si quelque ennemi venait les attaquer, et à peine la couvée est-elle menée à bien qu'elle se remet à pondre.

Peu difficile pour le logement, l'été elle couche volontiers à la belle étoile; un coin de hangar ou d'écurie lui fait un excellent gite pour l'hiver. Elle ne craint ni la pluie ni le froid; pourvu qu'elle ait de l'espace, elle est toujours bien portante.

De sa chair est il besoin de parler? Le fin poulet de grain qui apparaît à la halle dès le mois de juin, est produit par cette race; et de fins gourmets la préfèrent aux poulardes grasses du Mans et aux chapons à la chair blanche, mais toujours un peu molle et gélatineuse.

Son plumage est si lisse, si brillant qu'il peut rivaliser avec celui des types les plus remarquables.

Voyez ce beau coq de la Bresse à plumage d'un beau noir brillant, avec ses grandes faucilles vertes dorées, n'est-il pas aussi superbe que le plus beau des Dorking? Il n'a, il est vrai, que quatre doigts à chaque patte; mais est-ce bien un défaut? Cependant il est bien moins estimé qu'un Dorking et, dans un concours, on lui accordera à peine une médaille de bronze; tandis que son concurrent de race réputée plus noble, aura une médaille d'or. Tout cela est affaire de mode et de caprice.

Je me demande pourquoi cette poule commune, éminemment précieuse, qui, au point de vue de la fécondité, de l'éclat brillant de son plumage, n'a rien à envier aux races de luxe, est si mal traitée, et pourquoi les races exotiques jouissent, à un si haut degré, de la faveur de l'amateur.

Si les fermiers se donnaient la peine de choisir les couleurs et de les appareiller, de donner au coq rouge à plastron noir la poule perdrix, au coq couleur paille la poule grise, au coq blanc la poule blanche, au coq noir la poule noire, etc., etc., ils arriveraient bien vite à donner à leur basse-cour un aspect séduisant par un ensemble assorti.

Ensuite, par une sélection judicieuse, en choisissant chaque année les animaux reproducteurs parmi les sujets les plus beaux et se rapprochant le plus de la perfection, on arriverait à parfaire le type. On devra donc rechercher la crête droite, régulièrement dentée; la tête petite; la poitrine largement développée; le dos large; le plumage lisse et de couleur franche bien nettement arrêtée; la queue bien garnie et les tarses grêles, car plus les tarses seront minces plus le squelette sera léger et plus l'animal pourra être engraissé facilement.

Chaque coq reproducteur ne devra avoir plus de dix à douze poules, et les sujets auront de un à deux ans et demi pas plus. En procédant ainsi, trois générations suffiront pour changer la race commune en race d'élite; car la belle race Dorking dont les Anglais sont si fiers, n'est que la perfection de la race commune à cinq doigts de St-Omer, que nos voisins d'outre-Mer ont amenée au plus haut degré de beauté, par la sélection et en appliquant les principes d'élevage que je viens d'énumérer.

Mais avant qu'on ait amené seulement quelques-uns de nos fermiers à comprendre leur véritable intérêt, il faudra encore bien du temps. Cependant, si dans les concours on accordait une plus large part de récompenses à la poule commune, ce serait pour les éleveurs un puissant stimulant et pour l'agriculture un grand service rendu, puisqu'on indiquerait à tous ce qui constitue les races les plus productives. Il dépend de nos administrateurs de réaliser ce progrès; s'ils ne le font pas, on pourra les accuser d'être aussi routiniers que les éleveurs, ce qui pourrait bien être vrai.

Race commune à cinq doigts

(*Gallina pentadigitalis.*)

De toutes nos variétés communes, la race à cinq doigts a le corps le plus massif, la poitrine la plus développée, le dos le plus large et est, sans contredit, la race la plus recommandable pour la création d'un troupeau.

Poule à cinq doigts.

Le coq est de forte taille. Il a la tête grosse, la poitrine large, ouverte et proéminente, le dos large, la cuisse très charnue, les tarses courts et possède au plus haut degré tous les signes caractéristiques du coq vigilant et vigoureux.

La poule a le corps volumineux, le brechet proéminent, le ventre bas, très développé, et la patte courte comme chez le coq.

La race, très rustique, est caractérisée par la couleur de chair de ses tarses et par la particularité d'un cinquième doigt qu'elle porte à chaque patte.

Elle est assez répandue dans les environs de Thielt, Courtrai, Bruges, Gand et d'autres villes de la Belgique et dans les départements du Nord de la France, où elle jouit d'une haute réputation.

La poule est bonne pondeuse et a peu de propension à la couvaison ; elle est vagabonde et aime sa liberté comme toutes les bonnes pondeuses.

Le coq est extrêmement vigilant, vif, alerte et complaisant pour ses poules.

Les poulets s'engraissent facilement et ont l'aptitude de disséminer leur graisse sur toute la surface du corps comme chez la race de Dorking. Ils ont le squelette très léger et leur chair est très blanche, fine et délicate.

Les naturalistes ont regardé cette race comme la souche de la race de Dorking que les Anglais ont améliorée et perfectionnée chez eux, comme la similitude du plumage, des formes du corps et la présence du cinquième doigt à chaque patte semblent le prouver.

Quant à la bizarrerie du cinquième doigt qui caractérise la race, les zootechniciens sont tous d'accord pour dire que cette particularité n'est qu'une difformité, ou monstruosité, qui s'est perpétuée par génération et a fini par constituer une race. Les nombreux exemples de polydactylie que la science possède, et notamment ceux que M. de Quatrefages et M. le vétérinaire Lenglen ont signalés, en ces derniers temps, semblent, en effet, consacrer cette manière de voir.

Parmi les nombreux exemples de transmission de monstruosités, M. de Quatrefages, membre de l'Institut, cite un cas très remarquable de polydactylie qu'il a observé dans l'espèce galline, et dit qu'un coq à deux pouces donna naissance à toute une variété de poules et de coqs polydactyles. La variété s'est répandue, ajoute l'illustre savant, et, dans le pays, on ne rencontre plus aujourd'hui que des poules à doigts surnuméraires

M. Lenglen signale de son côté un cas non moins remarquable de polydactylie dans l'espèce humaine, et raconte que dans la famille Gamelon, d'Arras, un homme ayant deux pouces à chaque pied et deux pouces à chaque main, a transmis sa difformité à sa descendance de la manière suivante :

Première génération. — Dans la famille Gamelon, dont parle M. Lenglen, le *trisaïeul* avait deux pouces à chaque pied et deux pouces à chaque main, soudés jusqu'à la dernière articulation phalangienne, libres dans le reste de leur étendue et portant chacun un ongle.

Deuxième génération. — Le fils de celui-ci, ou le *bisaïeul*, avait les mains et les pieds bien conformés, et aucune trace de sexdigitisme ne se faisait remarquer.

Troisième génération. — Le bisaïeul eut aussi un fils, l'*aïeul*. Celui-ci avait les pieds conformés comme son grand-père, le trisaïeul, c'est-à-dire que chaque pied avait deux pouces soudés dans toute leur longueur, sauf aux extrémités, où ils avaient chacun un ongle. — Aux mains, les pouces étaient simples; mais, à chacune d'elles, le médium et l'annulaire étaient soudés jusqu'à la dernière articulation phalangienne, où ils se séparaient et portaient chacun un ongle.

Quatrième génération. — Ce dernier Gamelon, aïeul, eut aussi un fils. Comme le trisaïeul, Gamelon père a deux pouces à chaque pied et deux pouces à chaque main. Il est fort, robuste, solidement bâti. Sa femme, qu'il a choisie en dehors de sa famille, est également forte, énergique, et a le même âge que lui.

Cinquième génération. — De ce mariage sont nés six enfants, tous remarquablement bien faits : trois garçons et trois filles. Les trois garçons et une fille n'ont que cinq doigts parfaitement conformés à chaque main; mais l'une des filles a deux pouces soudés ensemble à la main droite, tandis que les doigts de la main gauche présentent absolument les mêmes dispositions que celles des mains de son aïeul, c'est-à-dire que le médium et l'annulaire sont soudés. L'autre fille, âgée de quarante ans aujourd'hui, a deux pouces à chaque pied et à chaque main, comme son père et son trisaïeul.

Sixième génération. — Cette dernière fille est mariée et a cinq enfants bien constitués, sauf un garçon, qui a les pouces de chaque main contournés en forme de C allongé sur le bord radial de la main.

Ces cas de sexdigitisme, qui se sont reproduits avec une étonnante persistance dans cette famille, de génération en génération, démontrent jusqu'à l'évidence l'*influence de l'hérédité* sur la conformation et sur la persistance des déviations.

Coq.

CARACTÈRES GÉNÉRAUX ET MORAUX.

Bec. — Fort, crochu, de longueur moyenne.
Couleur du bec. — Blanc rosé.
Tête. — Grosse.
Crête. — Simple, droite, assez haute et dentelée.
Barbillons. — Longs et pendants.
Joues. — Rouges, dénudées autour de l'œil seulement.
Oreillons. — Rouges.
Iris. — Rouge orangé.
Pupille. — Noire.

Cou. — Court, gros, très amplement garni de plumes longues et fines, comme chez le coq de Dorking.

Corps. — Massif, gros, poitrine large ouverte et portée en avant, ailes longues, cuisses et jambes très grosses.

Queue. — Très garnie et ornée de faucilles longues et larges formant un superbe panache.

Tarses. — Courts, nus et nerveux.

Couleur des tarses. — Couleur de chair.

Doigts. — Au nombre de cinq à chaque patte.

Taille. — Comme celle du coq de Barbézieux.

Physionomie de la tête. — Identiquement pareille à celle du Dorking.

Port. — Majestueux, allures vives.

Poule.

CARACTÈRES GÉNÉRAUX ET MORAUX.

Bec. — Assez fort et de la même couleur que les pattes, blanc rosé ou couleur de chair.

Tête. — De grosseur moyenne.

Crête. — Petite, simple, droite, assez uniformément dentelée.

Joues. — Emplumées.

Oreillons. — Rudimentaires, peu apparents.

Iris. — Rouge orangé.

Corps. — Volumineux, ramassé, cou court et gros, poitrine très développée, ventre très bas et développé, dos large, ailes longues, cuisses grosses, queue grande et pattes courtes.

Tarses. — Courts.

Couleur des tarses. — Blanc rosé, ou couleur de chair.

Doigts. — Forts et au nombre de cinq à chaque patte.

Taille. — De grosseur au-dessus de la moyenne.

Physionomie de la tête. — Comme celle de nos poules communes.

Ponte. — Remarquable.

Œufs. — Gros et blancs.

Incubation. — Très médiocre.

Chair. — Fine et délicieuse.

Épiderme. — Extrêmement blanc, ce qui donne aux volailles de cette race un aspect très agréable.

DESCRIPTION DU PLUMAGE.

Le coq a le plus ordinairement le camail, le dos et les lancettes d'un beau jaune paille; les épaules d'un jaune roux velouté; les grandes couvertures des ailes noires à reflets violacés; le vol blanc; le plastron d'un noir brillant; les flancs, les cuisses et l'abdomen d'un noir mat; les grandes caudales noires; les faucilles noires à reflets verts et violacés.

La poule est le plus souvent grise ou couleur perdrix.

On compte du reste un grand nombre de variétés dans cette race et il en existe de toutes les couleurs comme chez nos poules communes.

Qualités à rechercher chez les oiseaux reproducteurs :

Chez le coq, il faut rechercher avant tout *une forte taille;* la tête grosse; la crête bien développée et bien droite; la poitrine large ouverte et portée en avant; le dos large; les ailes longues; la queue bien garnie, longue et bien portée; les cuisses grosses; les tarses courts, *de couleur de chair*, et cinq doigts *bien conformés* à chaque patte.

Chez la poule, il faut rechercher un corps volumineux, la poitrine et le dos larges; le ventre très bas et très développé; les tarses courts de couleur blanc rosé, et cinq doigts bien articulés à chaque patte, comme chez le coq.

Race de la Bresse.

Cette charmante race dont nous ne connaissons pas la provenance, est, selon toute probabilité, le résultat d'un croisement entre la race commune et la race andalouse, comme la crête droite chez le coq, et ployée chez la poule, permet de le supposer ; mais elle paraît être depuis longtemps

Coq et Poule de la Bresse.

fixée et ne manque pas de caractères propres pour être élevée au rang de race.

La race est caractérisée par sa crête immense, simple, droite chez le coq, renversée chez la poule, à dentelures triangulaires profondes et aiguës comme chez la race andalouse.

Le coq a les formes extrêmement élégantes, le camail épais et long, la queue ornée de longues faucilles formant un magnifique panache, les allures gracieuses et vives.

La poule est identiquement pareille, pour les formes du corps, à la poule andalouse, dont elle ne diffère que par une taille un peu moindre et par les joues qui sont moins rouges et moins nues. Elle a pour principal caractère une crête pliée, se rabattant sur un des côtés de la tête comme chez la poule espagnole. — Elle est bonne pondeuse, donnant de beaux œufs, bonne couveuse et excellente mère.

Comme la race de la Campine, elle est vive, alerte et aime à s'éloigner dans les champs et dans les bois pour chercher sa nourriture.

Les éleveurs estiment cette race autant que la précédente pour sa production et la finesse de sa chair.

Il en existe plusieurs variétés dont les plus remarquables sont les variétés bleue, noire, blanche, grise, etc.

CARACTÈRES GÉNÉRAUX ET MORAUX.

Coq.

Tête. — Longue et fine.

Bec. — Court et fort.

Couleur du bec. — Corne foncé, chez les variétés noire et bleue; blanc bleuâtre chez la variété grise; blanc rosé chez la variété blanche.

Narines. — Ordinaires.

Iris. — Rouge.

Pupille. — Noire.

Crête. — Simple, très droite, très haute, à dentelures triangulaires très profondes, s'avançant sur le bec et se prolongeant en arrière de la tête.

Barbillons. — Longs, pendants, d'un tissu très fin et d'un rouge vif comme la crête.

Joues. — Nues et rouge vif.

Oreillons. — Assez développés, d'un blanc de neige chez les variétés noire et bleue, blanc sablé de rouge chez les variétés blanche et grise.

Cou. — Court, gros, amplement garni de plumes longues et fines.

Corps. — Bien charpenté, formes élégantes, ayant beaucoup d'analogie avec le coq andalous.

Jambes et tarses. — De longueur moyenne.

Couleur des tarses. — Bleue.

Doigts. — Droits et au nombre de quatre à chaque patte.

Queue. — Magnifique panache, amplement garni de faucilles longues et larges.

Port. — Majestueux, allures fières, vives et gracieuses.

Poule.

Tête. — Petite et allongée.

Bec. — Court.

Couleur du bec. — Comme chez le coq.

Narines. Ordinaires.

Iris. — Orange, noirâtre.

Pupille. — Noire.

Joues. — Rouges, légèrement emplumées.

Crête. — Renversée, se rabattant sur un des côtés de la tête.

Barbillons. — Moyens.

Oreillons. — Blanc bleuâtre.

Physionomie de la tête. — Identiquement pareille à celle de la poule andalouse et de la poule de Leghorn.

Tarses. — De longueur moyenne.

Couleur des tarses. — Bleue.

Doigts. — Droits, bien articulés, minces, au nombre de quatre à chaque patte,

Ponte. — Remarquable.
Œufs. — Blancs et de très bonne grosseur.
Incubation. — Bonne.
Chair. — D'une assez grande finesse.

DESCRIPTION DU PLUMAGE.

Variété blanche. — Blanche d'un bout à l'autre.

Variété noire. — Le coq de cette variété est un superbe oiseau. Son plumage est entièrement noir. Les plumes du camail, les lancettes et les faucilles sont d'un noir de jais à reflets métalliques verts et violacés; celles des épaules sont d'un beau noir velouté et celles du plastron d'un noir brillant, dont l'ensemble produit un admirable contraste avec le rouge vif de la crête et le blanc de neige des oreillons qui se détachent énergiquement sur le fond sombre du plumage.

La poule a le plumage noir comme chez le coq, mais moins magnifiquement lustré.

Variété bleue. — Identiquement pareille à la variété bleu ardoise espagnole.

Variété grise. — Le coq a le camail, les lancettes et le plastron blancs; le dos blanc marqueté de taches grises qui sont cachées sous l'abondance des plumes du camail; les ailes blanches, à l'exception de deux barres noires transversales, le vol blanc; les couvertures de la queue et les faucilles noires bordées d'un très large liseré blanc; les plumes rectrices ou grandes caudales entièrement noires.

La poule a la tête, le camail et toute la partie inférieure du corps blancs; le dos, la partie supérieure des ailes et des reins et la queue blanc barbouillé de gris comme chez la poule Brahmapootra.

Il y en a qui ont le plumage blanc barbouillé de gris d'un bout à l'autre, à l'exception du camail qui doit toujours être blanc, mais les amateurs les préfèrent avec le plastron et la partie inférieure du corps entièrement blancs.

Défauts à éviter chez les oiseaux reproducteurs.

Crête trop peu développée, droite chez la poule, renversée chez le coq.

Plumage trop barbouillé de gris chez la variété grise. Plumes blanches dans la queue ou plumes rouges dans le camail du coq, plumes blanches dans le vol de la poule chez la variété noire.

Un cinquième doigt à chaque patte.

Tarses jaunes ou pattus.

Oreillons rouges chez les variétés noire et bleue.

Taille trop petite.

Corps trop svelte chez le coq. Il faut que le corps soit bien charpenté, la poitrine large ouverte, le dos large et légèrement incliné en arrière.

Queue portée trop relevée chez le coq.

Berchoux, dans sa *Gastronomie*, place la poularde de Bresse au premier rang, et l'on voudra admettre qu'il s'y connaissait. « Sa chair plus délicate, dit-il, sa graisse mieux répandue dans les parties musculaires, et son fumet plus exquis, la rangent justement au-dessus du chapon ; il n'est pas jusqu'à son volume moindre qui ne soit un avantage, puisqu'il la met plus à la portée de tous, et qu'il permet de la servir sur des tables moins nombreuses, moins somptueuses peut-être, mais dont les convives n'en sont pas moins dignes appréciateurs de ses qualités culinaires.

» Il ne faut pas croire cependant que la Bresse n'engraisse que des poulardes ; on serait dans une grande erreur, car on trouve sur ses principaux marchés, à Pont-de-Vaux, Montrevel, Poligny, mais surtout à Bourg, des chapons remarquables par leur beauté et par leur grosseur, et qui ne le cèdent en rien, sous le rapport des qualités, à ceux des pays les plus renommés pour cette production.

» Les poulets qui donnent les volailles fines sont de race

indigène que les bonnes ménagères conservent précieusement dans sa pureté et sans aucun mélange. Elles ont soin cependant de renouveler le coq tous les deux ans, ayant bien remarqué que les poussins qui proviennent des jeunes reproducteurs ont plus de dispositions à prendre la graisse et sont plus délicats. » — (CHANEL, *Animaux domestiques de l'Ain.*)

Les volailles de la Bresse ont le squelette léger. Quoique plus petites que celles de Barbézieux, elles ont la poitrine et les ailes extrêmement charnues, et donnent, relativement à leur taille, un rendement considérable de viande de première qualité.

Race de Barbézieux.

> On servit entre autres choses un énorme coq vierge de Barbézieux, truffé à tout rompre. (BRILL.-SAV.)

Très répandue dans le département de la Charente, cette superbe race est justement estimée pour la finesse et la délicatesse de sa chair : ce sont les poulardes, les chapons et les coqs vierges de Ruffec, de Périgueux et de Barbézieux qui nous arrivent à Paris, agrémentés de truffes odorantes et qui jouissent à juste titre d'une grande renommée.

C'est une race française qu'on peut chaleureusement recommander pour sa beauté et pour ses nombreuses qualités. Elle a la crête simple, relativement assez développée, largement découpée, droite chez le coq, pliée chez la poule ; la couleur du plumage est variable, mais c'est le plumage noir à reflets métalliques verts et violacés chez le coq, mat chez la poule, qui est la robe dominante.

Elle ne diffère de la race de la Bresse que par sa taille qui est plus forte.

La poule est bonne pondeuse, mais elle est médiocre couveuse.

Les poulets n'exigent aucuns soins particuliers, sont précoces et s'engraissent facilement.

La race est rustique et s'acclimate partout. — Sa chair est délicieuse, fine et abondante proportionnellement à sa taille et au squelette qu'elle recouvre.

Race de la Campine à crête simple.

La variété de la Campine à crête simple que quelques amateurs élèvent au rang de race, ne présente aucun des caractères distinctifs d'une véritable race. Elle n'est, à mon avis, qu'une variété de la race commune, dont elle ne se distingue que par son plumage qui a quelque analogie avec celui de la race de la Campine crayonnée à crête frisée.

Assez répandue dans le nord de la France, en Belgique et surtout dans les environs d'Amiens, Douai, Lille, Courtrai, Gand, etc., elle n'était représentée à la dernière exposition des oiseaux de basse-cour, au Palais de l'Industrie, de Paris, que par un seul lot, composé d'un coq et de quatre poules exposés par M. François Courcourt, d'Amiens, et vendus à M. O. Géré, de Saint-Cloud.

Elle a toutes les formes du corps et toutes les aptitudes de la race commune. Avide d'insectes, maraudeuse, active et vagabonde, elle aime sa liberté et à aller chercher sa nourriture au loin, dans les champs, chaumes, cours, jardins, terrains vagues, bois, etc. Elle est rustique, bonne pondeuse, bonne couveuse, excellente mère, et sa chair est fine et délicate.

La race est facile à élever, les poulets croissent rapidement, n'exigent aucuns soins particuliers et, poussés à l'engraissement, forment, à l'âge de cinq à six mois, d'excellentes volailles pour la table.

Coq.

CARACTÈRES GÉNÉRAUX ET MORAUX.

Tête. — Allongée, de grosseur moyenne.

Bec. — Court, fort à sa base.

Couleur du bec. — Bleu clair comme les pattes, blanche à sa pointe.

Narines. — Ordinaires.

Œil. — Noir.

Crête. — Simple, droite, très élevée, se prolongeant sur le bec et en arrière de la tête, taillée en grandes dents triangulaires, d'un rouge vif.

Barbillons. — Assez longs et pendants.

Oreillons. — Blancs sablés de rouge; mieux vaudrait entièrement blancs comme ceux de la poule, ce qui, au moyen d'une sélection judicieuse des oiseaux reproducteurs, ne serait guère difficile à obtenir.

Joues — Rouges et nues autour de l'œil.

Cou. — Court, gros, amplement garni de plumes fines et longues à reflets argentins.

Corps. — Comme celui du coq de la ferme, incliné en arrière, formes arrondies, poitrine très développée, dos large.

Taille. — Hauteur du plan de position à la partie supérieure de la tête, dans l'attitude du repos 45 à 48 cent.: dans l'attitude fière 55 à 58 cent. Hauteur du plan de position à la partie supérieure du dos 38 à 40 cent.

Jambes et tarses. — De longueur moyenne.

Couleur des tarses. — Bleue, ongles blancs.

Doigts. — Au nombre de quatre à chaque patte.

Queue. — Portée perpendiculairement, entièrement noire, ornée de faucilles longues à reflets métalliques verts et violacés.

Port. — Beaucoup de prestance, allures vives.

Squelette. — Léger.

Chair. — Fine et délicate, excellente pour la table.

Poule.

CARACTÈRES GÉNÉRAUX ET MORAUX

Tête. — Allongée et gracieuse.

Bec. — Bleu à sa base, blanc à sa pointe.

Narines. — Ordinaires.

Œil. — Noir.

Joues. — Rouges autour de l'œil, légèrement emplumées.

Crête. — Simple, pliée, assez développée, taillée comme celle du coq en grandes dents triangulaires.

Barbillons. — Moyens.

Oreillons. — Blanc bleuâtre.

Taille. — Hauteur du plan de position à la partie supérieure de la tête, dans l'attitude du repos 38 à 40 cent.

Jambes et tarses. — De longueur moyenne.

Couleur des tarses. — Bleue.

Ponte. — Merveilleuse.

Œufs. — Blancs, de grosseur moyenne.

Incubation. — Satisfaisante.

Physionomie de la tête. — Identiquement pareille à celle de la poule andalouse.

DESCRIPTION DU PLUMAGE.

Coq.

Plumes de la tête, du camail, du dos, des épaules et lancettes, blanches. Les ailes coupées par deux barres noires parallèles se détachant sur fond blanc. Rémiges primaires et secondaires blanches bordées de noir à leur extrémité. Plastron, partie inférieure du corps, cuisses et jambes pointillés de noir sur fond blanc, chaque plume étant blanche et marquée à son extrémité d'une goutelette noire, à peu près comme chez le coq de Hambourg pailleté. Abdomen gris noir. Queue entièrement noire.

Poule.

La poule a la tête, le devant du cou et le camail blancs, et reste du corps est entièrement marqué de taches transversales grises se détachant sur fond blanc.

Il me paraît incontestable que le plumage des poules de cette variété est susceptible d'être amélioré considérablement, et, qu'au moyen de l'application des principes généraux de la sélection, on obtiendrait, en peu de générations, un plumage régulièrement zébré comme celui de la poule de la Campine crayonnée à crête frisée.

Défauts à éviter chez les oiseaux reproducteurs.

Crête frisée, ou petite, ou finement dentelée. Il faut que la crête soit simple et que les dents soient grandes, triangulaires et énergiquement taillées.

Oreillons rouges chez la poule.

Iris rouge ou d'autre couleur que noire chez le coq et la poule.

Plumes du camail marquées de noir à leur pointe.

Il faut choisir pour la reproduction les coqs qui ont le camail d'un blanc pur, sans taches et le plastron régulièrement pointillé; et les poules dont le plumage se rapproche le plus de celui de la poule de la Campine crayonnée, c'est-à-dire celles dont le petit dessin brouillé qui orne chaque plume, se rapproche le plus de la barre transversale qui caractérise la variété crayonnée.

Race coucou.

Cette race, l'une des plus anciennes de la France, très répandue en Normandie, en Belgique et en Angleterre, est caractérisée par son bec et ses pattes blanc rosé, et par son plumage coucou d'un bout à l'autre, c'est-à-dire que chaque plume porte sur fond blanc des bandes transversales grises plus ou moins nombreuses selon la longueur de la plume.

Le coq est entièrement gris coucou, son camail et ses lancettes prenant une teinte un peu plus claire à reflets argentins.

On rencontre aussi des coqs qui ont les épaules d'un marron roux velouté, les plumes du camail et les lancettes criblées de petites taches longuettes, jaune paille ou brun roux à reflets dorés, et le reste du corps coucou. Mais, à tort ou à raison, ces oiseaux sont moins recherchés par les amateurs.

La poule est uniformément gris coucou d'un bout à l'autre, sans teintes jaune paille sur le camail; et les taches transversales qui se détachent sur le fond blanc de son plumage, affectent plutôt la forme d'écailles que celle de barres, comme chez la poule de la Campine crayonnée.

Il en existe deux variétés qui ne diffèrent entre elles que par la crête qui est frisée chez les deux sexes d'une variété; simple, droite et extrêmement développée chez les deux sexes de l'autre.

Les deux races sont depuis longtemps fixées et transmettent leurs caractères à leur descendance avec une remarquable exactitude.

La race est très rustique, aime à chercher sa nourriture dans les champs et à fouiller le sol, comme toutes les poules communes.

La poule est bonne pondeuse, donne de beaux œufs, et a peu de propension à la couvaison.

Les poulets s'élèvent sans difficulté et sont d'une précocité moyenne. — Leur chair est fine et leur squelette est de poids moyen.

Coq.

Caractères généraux et moraux.

Tête. — Allongée comme chez la race commune.

Bec. — De grosseur moyenne; longueur, 0m,03.

Couleur du bec. — Blanc rosé ou couleur de chair.

Narines. — Ordinaires.

Crête. — Immense, double, frisée, s'avançant considérablement sur le bec, carrée en avant, pointue par derrière, chez une variété; extrêmement grande, simple, droite et dentelée chez l'autre variété.

Barbillons. — De longueur moyenne, d'un rouge vif comme la crête, se soudant sous le bec.

Iris. — Rouge orangé.

Pupille. — Noire.

Joues. — Rouges, nues seulement autour de l'œil.

Oreillons. — Peu développés, blancs sablés de rouge.

Cou. — Court et gros.

Corps. — Volumineux, bien charpenté, légèrement incliné en arrière, poitrine très développée, dos large, cuisses et jambes très charnues.

Tarses. — Courts, longueur 0m,09; circonférence 0m,04.

Couleur des tarses. — Blanc rosé ou couleur de chair.

Doigts. — bien proportionnés, au nombre de quatre à chaque patte; ongles blanc rosé.

Queue. — Très garnie. Faucilles longues et régulièrement marquées de barres transversales noires se détachant sur fond blanc.

Taille. — Comme celle de la race commune.

Port. — Fier. Allures vives.

Poids. — A l'âge de six mois, 2 à 2 1/2 kilog.

Squelette. — Ordinaire; os un peu plus épais que chez le Crèvecœur et le Houdan.

Physionomie de la tête. — La tête du coq à crête frisée est identiquement pareille à celle du coq de la race Dominique et celle du coq de la variété à crête simple est pareille à celle du coq commun.

Poule.

Tête. — Allongée et gracieuse.

Bec. — Blanc rosé chez les deux variétés.

Narines, *Iris*, *Pupille*, } comme chez le coq.

Crête. — Comme chez le coq, mais réduite à de plus petites proportions.

Oreillons. — Peu développés, peu apparents et blanchâtres.

Corps. — Volumineux, brechet proéminent, poitrine et dos bien développés, cuisses et jambes très charnues.

Tarses. — Courts.

Couleur des tarses. — Blanc rosé ou couleur de chair.

Doigts. — Droits, minces, bien articulés, au nombre de quatre à chaque patte. Ongles blanc rosé.

Physionomie de la tête. — La tête de la poule coucou à crête frisée est identiquement pareille à celle de la poule de race Dominique et celle de la variété à crête simple est pareille à celle de nos poules de ferme, dont elle ne diffère que par son plumage.

Ponte. — Remarquable, très abondante.

Œufs. — Blancs et de très bonne grosseur.

Incubation. — Médiocre.

Plumage. — Coucou d'un bout à l'autre, sans mélange de plumes teintées de jaune.

Chair. — Blanche, fine et délicate.

Poids. — A l'âge de six mois, 1 1/2 à 1 3/4 kilog.

Défauts à éviter chez les oiseaux reproducteurs :

Crête trop peu développée, tant dans la variété à crête simple que dans la variété à crête double; iris noir (l'iris doit être rouge orangé); plumage trop foncé, c'est-à-dire dont les taches transversales caractéristiques sont trop noires, donnant un aspect sombre au plumage comme chez le Bantam coucou d'Anvers; il faut que le fond du plumage soit bien blanc et que les taches grises qui ornent chaque plume soient d'un gris clair plutôt que d'un gris noir; plumes du camail teintées de jaune ou de brun; tarses d'autre couleur que blanc rosé ou couleur de chair; un cinquième doigt à chaque patte : il n'en faut que quatre et il faut qu'ils soient bien proportionnés et bien droits.

CHAPITRE IV

RACES DE LA FLÈCHE ET DU MANS

Race de la Flèche.

Coq et Poule de la Flèche.

La *race de la Flèche* est la plus belle et la plus ancienne de toutes les races françaises. Plus robuste que la race de Crèvecœur, elle s'acclimate assez facilement partout et exige peu de soins. — Son origine est très obscure; mais par son port élevé, sa prestance, la blancheur et le développement de ses oreillons, la forme originale de sa crête et la trace de huppe qui couronne sa tête, il est permis de supposer qu'elle est issue de croisements entre la race espagnole et la race de Padoue ou de Crèvecœur.

La race de la Flèche est très répandue dans le département de la Sarthe; et, depuis plusieurs siècles, elle jouit, à juste titre, d'une grande renommée, sous la dénomination de *poularde du Mans*, quoique ce soit principalement à la Flèche et dans les contrées environnantes qu'on se livre le plus, aujourd'hui, à l'industrie de l'engraissement des volailles de cette race.

L'art d'élever et d'engraisser les volailles est pratiqué, dans l'arrondissement de la Flèche, sur une très vaste échelle; et grâce à une sélection judicieuse des oiseaux reproducteurs et de soins hygiéniques bien compris, cette admirable race s'y maintient à son niveau de perfectionnement, qui n'est surpassé que par la haute réputation dont elle jouit, tant en France qu'à l'étranger.

J'ai déjà eu occasion de dire, dans un autre ouvrage, que la délicatesse de la chair des volailles de Crèvecœur tenait autant à la richesse des aliments dont elles étaient nourries qu'à la supériorité de la race. La même observation trouve ici son application aux volailles de la Flèche; et, si les *poulardes du Mans* ou de la Flèche ont acquis une réputation si justement méritée, c'est grâce à la bonne nourriture qui leur est fournie en abondance, dès les premiers jours de leur existence, jusqu'à ce qu'elles fassent leur apparition sur la table des gourmets.

Pendant les premiers huit à quinze jours qui suivent leur éclosion, on les nourrit de mie de pain trempée dans du lait, ou de mie de pain finement émiettée et de soupe; et, après quinze jours de ce régime, on les nourrit de graines et de pâtée de farine de sarrasin, de maïs et d'orge, délayée dans du lait, jusqu'à l'âge de sept à huit mois; car ce n'est qu'à cet âge avancé qu'on les soumet à l'engraissement forcé.

Pour faire des poulardes et des coqs vierges, on choisit, parmi les oiseaux les mieux conformés et les plus aptes à prendre la graisse, de jeunes poules vierges et de jeunes coqs qui n'ont pas servi à la reproduction.

Poussées à l'engraissement complet, les poulardes du Mans ou de la Flèche atteignent le poids de 3 1/2 à 4 kilogrammes, et les coqs vierges, 5 1/2 à 6 kilogrammes.

On les prépare à la réclusion et à l'engraissement en les enfermant d'abord durant une huitaine de jours dans un lieu obscur, où on leur permet de manger librement et à discrétion la même pâtée dont on fait les pâtons qu'on leur fait ensuite avaler forcément.

Après cet engraissement préparatoire, on les place dans les épinettes où ils sont maintenus dans une obscurité complète, pendant toute la durée de l'engraissement; on commence ensuite la torture, en leur administrant seulement deux pâtons par jour, et l'on augmente graduellement le dosage jusqu'à complet engraissement.

La période d'engraissement dure de six semaines à deux mois; ce n'est donc qu'à l'âge de huit à neuf mois que les poulardes du Mans ou de la Flèche sont livrées à la consommation.

Les engraisseurs, ou *poulaillers*, de l'arrondissement de Crèvecœur ont aussi une manière spéciale de saigner leurs volailles. Ils les saignent dans la bouche, afin de ne pas mutiler la pièce; les plument immédiatement; pendant qu'elles sont encore chaudes, leur font prendre, au moyen de calets, une forme arrondie qui leur donne un aspect très-appétissant, et leur appliquent sur la peau un linge mouillé pour lui imprimer un grain plus fin.

Caractères extérieurs du coq de la Flèche. — De tous les coqs de race française, c'est le coq de la Flèche qui est le plus beau et le plus élevé. La couleur de son plumage est d'un beau noir velouté à reflets métalliques violacés et verts. Sa tête, de grandeur moyenne, est surmontée d'une élégante crête longue, transversale, double, formant deux cornes d'un rouge vermillon, réunies à leur base et s'écartant du haut. La crête la plus correcte est celle qui est la moins chargée de ramifications et dont les deux cornes qui la composent sont bien pareilles. Un petit tubercule ou troisième corne charnue, moins élevée que les deux cornes postérieures, se dresse à la base de la mandibule supérieure du bec et complète la crête, de même qu'elle augmente l'originalité de l'aspect général de la tête. Ses barbillons sont longs; ses joues rouges et nues, ses oreillons d'un blanc farineux et énormes. Une huppe rudimentaire composée de quelques plumes droites, se dresse derrière sa crête et accuse sa descendance d'une race huppée; mais la disparition complète de cet épi ou huppe rudimentaire est en ce moment l'objet des efforts des amateurs anglais qui prétendent que ce bouquet de plumes dépare l'oiseau et lui donne un aspect cruel et sauvage. Son corps est gros, grand, assez long, et repose sur des pattes nerveuses, solides, élevées et de couleur plombée. Sa poitrine, amplement développée, accuse une race de grand mérite sous le rapport de l'aptitude à s'engraisser. Sa queue, moyennement développée, est ornée de faucilles larges et longues, dont les reflets vifs et vacillants concourent à former un ensemble magnifique et séduisant.

La *poule de la Flèche* a la tête plus fine et la même crête, mais réduite à de plus petites proportions que celle du coq. Son plumage est uniformément noir à reflets violacés. Ses oreillons sont d'un blanc pur; un petit bouquet de plumes noires cache le conduit auditif; ses joues sont rouges et nues comme chez le coq, et les formes de son corps sont longues et moelleuses; mais elle est médiocre pondeuse et mauvaise couveuse.

Coq de la Flèche.

CARACTÈRES GÉNÉRAUX ET MORAUX.

Coq de la Flèche.

Tête. — Apparence cruelle, longueur 8 centimètres.

Bec. — Long et fort, longueur, 2 1/2 à 3 centimètres.

Couleur du bec. — Noire, ou corne foncée.

Narines — Larges, ouvertes, comme chez le coq de Padoue.

Iris. — Rouge vif.

Pupille. — Noire.

Crête. — Formant deux cornes droites, réunies à leur base, s'écartant du haut, et précédées d'une petite corne rudimentaire charnue, rouge-vermillon, qui sort à la base de la mandibule supérieure du bec.

Hauteur des cornes de la crête. — 5 centimètres; plus elles sont longues et moins elles sont chargées de ramifications, plus la crête est estimée.

Barbillons. — Très longs et d'un beau rouge-vermillon; longueur, 8 centimètres.

Huppe. — Rudimentaire, affectant la forme d'un épi, composée de petites plumes fines et droites.

Oreillons. — Entièrement blancs et extrêmement développés. Le conduit auditif est caché sous un bouquet de petites plumes noires.

Joues. — Rouge-vermillon et nues.

Cou. — Longueur moyenne, abondamment garni de plumes minces et longues à reflets métalliques et violacées.

Corps. — Très volumineux, contours gracieux. Circonférence prise sous les ailes, les cuisses en arrière, à l'endroit où s'articulent ces dernières, mais sans les y comprendre, 57 à 58 centimètres.

Taille. — Hauteur du plan de position à la partie supérieure de la tête dans l'attitude du repos, 55 centimètres; dans l'attitude fière, 65 centimètres. Hauteur du plan de position sous les pattes à la partie supérieure du dos, 45 centimètres.

Longueur du corps. — De la naissance du cou au bout du croupion, 29 centimètres.

Largeur des épaules. — 20 centimètres.

Chair. — Fine et délicieuse.

Tarses. — Longs, nerveux et nus.

Couleur des tarses. — Plomb foncé.

Doigts. — Très longs et droits, au nombre de quatre.

Queue. — Moyennement développée, faucilles longues.

Port. — Majestueux.

Physionomie de la tête. — Le coq de la Flèche ressemble un peu au coq de Breda. Sa crête ressemble à celle du coq de Padoue ou de Crèvecœur, tandis que ses immenses oreillons blancs ressemblent à ceux du coq espagnol.

Poids. — A l'âge de six mois, 3 kil. 1/2 ; à l'âge de 9 à 10 mois, 5 et 1/2 à 6 kilog.

Plumage. — Noir d'un bout à l'autre, à reflets violacés.

La Poule de la Flèche.

Tête,
Crête,
Barbillons, } comme chez le coq, mais plus petits.

Huppe. — Rudimentaire.

Oreillons. — Complètement blancs, sans aucun mélange de rouge.

Joues. — Rouges et nues, à l'exception d'un petit bouquet de plumes noires qui recouvrent le conduit auditif.

Narines,
Bec,
Œil, } comme chez le coq.

Tarses. — Moins longs que chez le coq.

Plumage. — Serré et abondant entièrement noir, à reflets violacés.

Physionomie de la tête. — Intelligente, comme celle de la poule d'Espagne.

Poids : A l'âge de six mois, 2 1/2 à 3 kilog. ; à l'âge de 9 à 10 mois, à l'état de *poularde*, 4 à 4 kilog. 1/2.

Taille. — Hauteur du plan de position à la partie supérieure de la tête dans l'attitude du repos, 45 centimètres; hauteur du plan de position sous les pattes à la partie supérieure du dos, 35 à 36 centimètres.

Ponte. — Ordinaire; œufs très grands.
Incubation. — Nulle.

Défauts à éviter chez les oiseaux reproducteurs :

1° Crête défectueuse ou trop chargée de ramifications.
2° Huppe trop prononcée.
3° Oreillons sablés de rouge.
4° Joues blanches ou emplumées.
5° Manque de symétrie.
6° Taille trop petite, poitrine insuffisamment développée.
7° Manque d'énergie chez le coq.
8° Plumes blanches dans les ailes.
9° Pattes emplumées.

Race du Mans.

La *Race du Mans* est identiquement semblable à celle de la Flèche et n'en diffère que par la forme de la crête qui est frisée, très volumineuse, en forme de coquille, très granulée et se termine en pointe en arrière comme celle des coqs de Hambourg.

Caractères physiques et moraux. — Les mêmes que chez les races de la Flèche.

Cette variété est très belle et ne le cède en rien, sous le rapport de la beauté et du mérite, à la race de la Flèche proprement dite.

CHAPITRE V

RACES DE CRÈVECŒUR, DE CAUX ET DE CAUMONT.

Race de Crèvecœur.

La *race de Crèvecœur* est extrêmement estimée en France. On est très peu renseigné sur son origine. Elle est, dit-on,

Coq et Poule de Crèvecœur.

originaire de la Normandie ou de la Picardie et est appelée *Crèvecœur* du nom d'un village situé dans le Calvados, entre Lisieux et Caen, où l'on trouve cependant plus de poules de la race de Caumont et d'autres variétés se rapprochant plus ou moins de la race de Crèvecœur, que des sujets de race pure.

Parmi les qualités qui la recommandent aux éleveurs et aux gourmets, il faut citer la blancheur, la finesse, la délicatesse de sa chair et sa remarquable aptitude à s'engraisser.

La race de Crèvecœur comporte trois variétés :

1° La *variété blanche*, dont le coq a les plumes de la huppe, du camail, du dos, des ailes, du recouvrement de la queue, les lancettes, les petites, les moyennes et les grandes faucilles d'un blanc velouté et le reste du corps d'un blanc mat.

Cette variété est très belle et produit un fort bel effet dans un parc. Elle doit être pure de toute tache et réclame un parcours ombragé ; car, sous l'action du soleil brûlant de l'été, son plumage se jaunit au détriment de sa fraîcheur et de sa beauté.

2° La *variété bleu-ardoise*, dont le coq a les plumes de la huppe, du camail, du dos, des ailes, du recouvrement de la queue, les lancettes, les petites, les moyennes et les grandes faucilles gris-foncé noirâtre, et le reste du corps bleu-ardoisé.

Le plumage de la poule est entièrement bleu-ardoisé ; elle ressemble beaucoup à la poule bleu-ardoisé de Padoue à huppe blanche, excepté qu'elle a la huppe bleue comme le reste de son plumage.

3° La *variété noire*, qui caractérise le mieux la race et est la plus répandue. Le coq de Crèvecœur noir a les plumes de la huppe, du camail, des ailes, du recouvrement de la queue, les lancettes, les petites, les moyennes et les grandes faucilles de la queue, d'un noir velouté à reflets violacés et le reste du corps est d'un noir mat.

La poule a le plumage entièrement noir comme celui du coq, mais sans reflets.

Malheureusement sa fécondité ne répond pas à la délicatesse de sa chair ; elle est médiocre pondeuse, il faut bien l'avouer, et elle a peu de propension à l'incubation.

Elle réclame aussi assez de soins, comme, du reste, toutes les races huppées, qui, moins alertes, moins vagabondes que nos races communes, possèdent peu d'aptitude à découvrir leur nourriture aux champs et dégénèrent promptement sous l'influence d'une nourriture insuffisante et peu alibile.

A Crèvecœur, on nourrit les poulets jouissant de leur liberté, de mie de pain mélangée d'œufs durs finement émiettés, pendant les premiers huit jours qui suivent leur éclosion ; on les nourrit ensuite de pâtée de gruau d'avoine, ou de sarrasin mélangé de gruau de maïs et délayé dans du lait jusqu'à l'âge de deux à trois mois. C'est à cet âge que ceux qui sont destinés à la consommation, sont placés dans des épinettes et poussés à l'engraissement au moyen de pâtons.

Le plus grand marché pour les volailles de Crèvecœur, de Caumont, etc., se tient tous les lundis à Saint-Pierre-sur-Dive. A la foire de Lisieux, qui a lieu annuellement le 11 juin, on apporte des *milliers de couvées* de poulets âgés de quinze jours et au-dessus.

Les amateurs de belles volailles pourront se procurer des oiseaux reproducteurs de premier choix à l'exposition qui se tient annuellement au mois de février, au Palais de l'Industrie, à Paris.

Le *coq de Crèvecœur* de race pure, a le plumage très étoffé; la tête grande; la huppe abondante, et tous les efforts des amateurs tendent à en augmenter le volume; les favoris bien garnis, la cravate très prononcée et très longue, descendant plus bas que les barbillons. Sa crête se divise en deux parties et ressemble à deux petites cornes de corail; la crête la plus correcte consiste en deux cornes droites, s'écartant du haut, et moins elles sont chargées de ramifications, mieux la crête est estimée. Ses barbillons sont de dimension ordinaire et bien arrondis; ses oreillons sont petits, blanchâtres et cachés sous les favoris; l'iris de ses yeux est jaune-foncé, rouge chez les sujets de race remarquable, et son bec est de couleur corne-foncée.

Il a la démarche grave; la taille grande; le squelette léger; le corps volumineux; la poitrine amplement développée; le brechet proéminent; le dos large, légèrement incliné en arrière; la cuisse et le pilon courts; les tarses courts, de couleur plombée; la queue amplement garnie, les faucilles longues, larges et bien portées.

Il est d'une remarquable précocité; les poulets peuvent être mis à l'engraissement dès l'âge de trois mois et acquièrent un poids considérable en peu de jours.

Question. — M. E. Maillard demande « s'il est vraiment possible d'avoir des Crèvecœur de *race pure*, ne prenant jamais de blanc à la huppe en vieillissant. »

Réponse. — Rien ne me paraît plus facile pour M. Maillard, qui possède précisément tout le tact et toutes les connaissances d'histoire naturelle et de physiologie nécessaires pour résoudre ce problème. Il suffit, pour arriver promptement à ce résultat, d'appliquer au Crèvecœur les mêmes procédés d'élevage auxquels Robert Bakewell, les frères Colling, Tomkins, lord Western, sir Henry Muggeridge, Fisher Hobbs et d'autres éleveurs anglais ont eu recours jusqu'à l'abus, pour modifier, améliorer et perfectionner leurs races d'animaux de boucherie.

Si Linné a soutenu l'immuabilité des types et a dit que le semblable engendre toujours son semblable: « *simile semper parit sui simile* » personne n'oserait soutenir encore une pareille hérésie zootechnique, et Darwin et Isidore Geoffroy Saint-Hilaire ont démontré la variabilité du type et sa susceptibilité d'être modifié et perfectionné.

Du reste, depuis que les lois de l'hérédité sont mieux connues, nos races d'animaux domestiques varient du jour au lendemain et n'ont plus guère de constance qu'au gré de l'éleveur.

« Donnez-moi un couple de pigeons, disait sir John Sebright, qui s'est acquis une si grande renommée en créant l'admirable bantam argenté, et, en peu de générations, je ferai pousser sur le dos de leur progéniture toutes les plumes que vous voudrez. »

C'est encore par voie de sélection, *en éliminant impitoyablement de la reproduction, de générations en générations, toute poule dont la huppe accuse une tendance à blanchir après la première mue*, que les éleveurs anglais sont parvenus à fixer chez le Crèvecœur *la huppe noire invariable*, qui constitue le caractère le plus saillant de la race améliorée qu'on rencontre aujourd'hui partout en Angleterre.

Comme nous l'avons déjà dit, la race de Crèvecœur est, selon l'avis de la plupart des auteurs, une *race artificielle* qui a été fabriquée par l'homme, au moyen de divers croisements; mais, au grand chagrin des amateurs de généalogies et de la précision en toutes choses, les auteurs nous renseignent très peu sur la souche primitive de la race.

L'histoire de cette intéressante race n'ayant pas été écrite par les éleveurs qui l'ont fabriquée, nous ne pouvons nous livrer qu'à des conjectures sur son origine. Cependant, la persistance de l'apparition de plumes blanches dans la huppe d'un grand nombre d'oiseaux de cette race trahit incontestablement une descendance de la *poule de Hollande à huppe blanche*, comme sa cravate et ses conformations accusent d'autres croisements avec des races exotiques ou indigènes qu'il serait difficile de désigner avec précision.

Or, les zootechniciens sont tous d'accord pour dire que les métis accouplés entre eux ne transmettent pas leurs caractères à leur descendance avec une rigoureuse exactitude; qu'il existe chez leur progéniture, une tendance constante de retour à l'un des types de leurs ascendants qui ont contribué à constituer la race; que ce n'est qu'à la suite d'une longue série de générations, par un choix judicieux des reproducteurs les plus avancés, chez lesquels les qualités que l'éleveur se propose de perpétuer, sont le plus énergiquement accentuées, et par une élimination sévère des individus qui s'éloignent le plus du type recherché, qu'on parvient à fixer une race avec ses caractères et ses aptitudes.

C'est donc par l'application des principes généraux de la sélection à la race de Crèvecœur, qu'on peut se créer une souche à huppe noire invariable, et cette amélioration, une fois acquise, se maintient sans difficulté.

Coq de Crèvecœur.

CARACTÈRES GÉNÉRAUX ET MORAUX

Tête. — Longue et grosse. Longueur, 7 à 8 centimètres.

Bec. — Taille moyenne.

Couleur du bec. — Noire ou corne-foncée.

Narines. — Grandes et saillantes.

Iris. — Jaune-foncé ou, mieux encore, rouge.

Pupille. — Noire.

Crête. — Formant deux cornes rouges, parallèles, s'écartant du haut ; moins elles sont chargées de ramifications, mieux la crête est appréciée.

Hauteur des cornes de la crête. — 6 à 8 centimètres; plus elles ont de l'élévation, plus la crête est estimée par les amateurs.

Huppe. — Très abondante et entièrement noire, sans mélange de plumes blanches. (Dans la variété noire, bien entendu.)

Barbillons. — Ordinaires, bien arrondis.

Oreillons.— Rouges, blanchâtres et cachés sous les favoris.

Joues. — Emplumées.

Favoris. — Très garnis.

Cravate. — Très développée et s'étendant jusqu'au dessous des barbillons.

Cou. — Longueur moyenne, amplement garni de lancettes à reflets métalliques.

Corps. — Très massif, dos large et légèrement incliné, poitrine très développée, brechet proéminent, cuisses et pi-

Coq Crèvecœur.

lons courts et cachés sous les plumes. Circonférence du corps prise au milieu, les ailes fermées, les cuisses en arrière mais sans les y comprendre, 58 centimètres.

Chair. — Délicieuse.

Tarses. — Courts et nus.

Couleur des tarses. — Noire ou couleur plomb-foncé.

Doigts. — Longs, droits et au nombre de quatre. Un cinquième doigt est considéré comme une disqualification.

Queue. — Très grande, épaisse, garnie de faucilles longues et larges à reflets verts et violets.

Taille. — Hauteur du plan de position à la partie supérieure de la tête, dans l'attitude du repos, 45 centimètres ; dans l'attitude fière, 55 centimètres.

Hauteur du plan de position sous les pattes à la partie supérieure du dos, 35 centimètres.

Port. — D'une grande prestance.

Physionomie de la tête. — Le coq de Crèvecœur ressemble beaucoup au coq de Padoue, mais il a l'air plus grave.

Poids. — A l'âge de 4 mois, 2 1/2 à 3 kilog.; à l'âge adulte, 3 1/2 à 4 kilog.

Squelette. — Très léger, os minces.

Poule de Crèvecœur.

CARACTÈRES GÉNÉRAUX ET MORAUX

Tête. — Longue et forte.

Bec,
Narines,
Iris,
Pupille,
Joues, } comme chez le coq.

Crête. — Comme chez le coq, mais plus petite.

Barbillons. — Petits et arrondis.

Huppe. — Très abondante, plus elle est développée mieux elle est appréciée.

Favoris. — Très garnis.

Cravate. — Très prononcée et amplement garnie du bas.

Oreillons. — Petits, rouges, sablés de blanc, cachés sous les favoris.

Taille. — Hauteur du plan de position à la partie supérieure de la tête, dans l'attitude du repos, 43 à 45 centimètres.

Hauteur du plan de position sous les pattes, à la partie supérieure du dos, 34 à 35 centimètres.

Cuisses, *Jambes*, *Tarses*, } comme chez le coq.

Ponte. — Médiocre et tardive.

Œufs. — Blancs et très grands.

Incubation. — Très peu de propension à la couvaison.

Plumage. — Entièrement noir, ou entièrement blanc, ou entièrement bleu-ardoisé, selon la variété à laquelle la poule appartient.

Physionomie de la tête. — Comme celle de la poule de Padoue, mais plus grave.

Défauts à éviter chez le coq et la poule de Crèvecœur destinés à la reproduction :

1° Crête mal formée ou chargée de beaucoup de ramifications ;

2° Huppe, favoris et cravate trop peu développés ;

3° Plumes blanches dans la huppe, chez les sujets de la variété noire et bleue, ou plumes noires dans la huppe chez les sujets de la variété blanche ;

4° Plumes rouges ou brunes dans le camail du coq de la variété noire ;

5° Taille insuffisante, poitrine trop peu développée ;

6° Manque d'ensemble ou de symétrie. Doivent être également éliminés de la reproduction les sujets dont la huppe blanchit beaucoup en vieillissant.

La Poule de Caux.

La poule de Caux est très estimée dans le pays et ce sont les œufs de ces poules qu'on exporte le plus à l'étranger.

Son plumage est d'un noir brillant d'un bout à l'autre. Elle a la tête petite, la crête simple, droite, finement dentellée, assez grande proportionnellement à sa taille; les oreillons blancs, bordés d'un liseré bleuâtre, les pattes bleues, nues, et quatre doigts à chaque patte.

Le coq a la crête simple, grande, uniformément dentelée, d'un rouge vermillon, ainsi que les barbillons qui sont bien arrondis.

La poule est excellente pondeuse et d'une grande rusticité; mais elle a peu de propension à la couvaison et couve mal.

L'élevage des poussins se fait sans soins particuliers; ils sont nourris en Normandie de pain trempé dans du cidre pendant la première quinzaine. Après cet âge, les poussins sont mis au même régime que les adultes : petit blé, sarrasin ou orge. Dans les premières semaines de leur naissance, les poussins sont maculés de blanc ; mais, vers trois ou quatre mois, ils deviennent noirs.

La Poule de Caumont.

La poule de Caumont est une variété de la race de Crèvecœur, dont elle ne diffère que par la huppe qui est moins prononcée et par l'absence de la cravate; elle est plus répandue et plus recherchée à Crèvecœur et aux environs que la race pure qui est difficile à élever, craint l'humidité, est sujette à toute sorte de maladies, *surtout lorsqu'on la déplace*, et est médiocre pondeuse.

Tandis que la Caumont, au contraire, est robuste, n'exige

aucuns soins particuliers, n'est jamais malade, est vive, alerte et pondeuse sans rivale.

Elle a le squelette aussi léger et la chair aussi délicate que la Crèvecœur, dont elle descend, et elle a hérité de toutes ses qualités. Les poulets s'élèvent facilement, sont extrêmement rustiques, précoces à prendre la graisse et bons pour la table dès l'âge de 2 à 3 mois.

CHAPITRE VI

RACE DE HOUDAN.

Coq.

La *race de Houdan* est la plus rustique, la plus utile et la plus féconde de toutes les grandes races françaises. Moins belle de formes que la race de Crèvecœur et de la Flèche, elle n'a rien à leur envier sous le rapport de la légèreté de son squelette, de la délicatesse de sa chair, de la précocité, de l'aptitude à prendre la graisse, et elle les surpasse considérablement en fécondité et en activité à chercher sa nourriture.

La poule de Houdan est bonne pondeuse, très précoce et commence à pondre dès le mois de janvier. — Ses œufs sont gros et blancs.

Les poulets s'élèvent avec la plus grande facilité ; et, s'ils

Coq et Poule de Houdan, type anglais.

ont été bien nourris dès leur naissance, ils peuvent être soumis à l'engraissement forcé à l'âge de trois mois.

C'est à cause de la finesse de leur chair que les poulardes de Houdan sont tant recherchées par les restaurateurs et les marchands de comestibles de Paris. — Immédiatement après la saignée et pendant qu'elles sont encore chaudes, les marchandes de l'arrondissement de Mantes aplatissent le brechet des poulardes à l'aide d'une presse et leur impriment une forme plate qu'elles conservent après le refroidissement.

On n'est guère mieux renseigné sur l'origine de la race de Houdan que sur celle des races de Crèvecœur et de La Flèche. Les érudits prétendent qu'elle est issue de la race de Padoue, dont elle aurait hérité la huppe, et de la race de Dorking, de laquelle elle tiendrait la particularité du cinquième doigt; mais c'est là de la pure conjecture qui ne résulte d'aucune preuve positive, et sa parenté avec la race de Dorking me paraît surtout très hypothétique, car elle n'en a ni la crête, ni le plumage, ni les formes du corps.

Ce qui est certain, c'est que la race de Houdan existe en Beauce depuis des siècles et tient son nom de la petite ville de Houdan, chef-lieu de canton, arrondissement de Mantes, département de Seine-et-Oise, où l'on élève et engraisse des quantités prodigieuses de volailles de cette excellente race pour les marchés de Paris et de Londres.

Caractères extérieurs. — Le coq de Houdan a le plumage papilloté ou caillouté et composé de plumes noires et blanches, irrégulièrement mélangées.

On a essayé en Angleterre d'obtenir un plumage plus régulier au moyen de croisements avec la race de Padoue ; mais les résultats obtenus ont été complètement négatifs et l'on a eu à constater de plus, chez les métis, une chair moins fine et une ponte moins abondante que chez les sujets de race pure.

Les résultats de ces expériences démontrent qu'on doit perfectionner cette admirable race par elle-même et accepter son plumage tel quel.

Le coq a le corps volumineux, la tête assez grosse et huppée, la huppe rejetée en arrière et moins abondante que chez le Padoue; sa crête d'un rouge vermillon, est triple, aplatie, transversale dans le sens du bec et ressemble à la feuille crénelée du chêne à pétiole épais faisant saillie ; ses barbillons sont longs et séparés par les plumes de la cravate ; ses joues sont nues, rouges, très épaisses à la commissure du bec et relient la crête aux barbillons ; ses oreillons sont petits et cachés sous des favoris composés de petites plumes frisées ; l'iris de ses yeux est jaune-foncé, la pupille noire et son bec fort et crochu est de couleur corne-foncée à sa base et corne-clair à son extrémité. — Son port est grave et fier.

La *poule de Houdan* est de toutes les poules de races françaises celle dont le volume du corps s'éloigne le moins de celui du coq. Elle pèse presque autant que le coq, tant à l'âge de quatre mois qu'à l'âge adulte. Elle a le plumage caillouté ou papillotté comme chez le coq ; la huppe abondante et rejetée en arrière ; les favoris très prononcés, la cravate courte, mais épaisse ; la crête et les barbillons rudimentaires ; le dos large, la poitrine amplement développée, le brechet proéminent ; les pectoraux, les cuisses et les jambes très charnus ; la démarche vive et alerte, le caractère doux et sociable.

Coq.

CARACTÈRES GÉNÉRAUX ET MORAUX.

Tête. — Grosse, plus grosse que celle du Crèvecœur ; longueur, 7 centimètres.

Bec. — Un peu crochu, de longueur moyenne.

Couleur du bec. — Corne-foncée à sa base, corne-claire à son extrémité.

Narines. — Grandes et saillantes.

Iris. — Orangé.

Pupille. — Noire.

Crête. — Triple, d'un rouge vif, aplatie, transversale dans le sens du bec, ressemblant à la feuille crénelée du chêne à pétiole épais et faisant saillie. On pourrait encore la comparer à un papillon paon du jour, aux ailes dentelées à moitié déployées.

Hauteur de la crête. — 6 à 7 centimètres.

Huppe. — Moins abondante que chez le Padoue, rejetée en arrière, composée de plumes fines et allongées. — Les ef-

Coq de Houdan, type français.

forts des amateurs tendent à augmenter le volume de la huppe par le choix de reproducteurs bien huppés.

Barbillons. — Longs et séparés par la cravate. Longueur, 5 à 6 centimètres.

Oreillons. — Petits et cachés sous les favoris.
Joues. — Rouges, nues, et reliant les barbillons à la crête.
Favoris. — Épais, formés de plumes frisées.

Poule de Houdan, type français.

Cravate. — Courte, séparant les barbillons, plus garnie en bas qu'en haut.

Cou. — Court et gros, amplement garni de plumes longues et soyeuses, noires et blanches dans les sujets de premier choix, mélangées de plumes jaunes et rouges dans les sujets de second choix.

Corps. — Très massif; dos large; poitrine très développée; brechet proéminent; jambes et tarses courts et gros. — Circonférence du corps, les ailes fermées, les cuisses en arrière, à l'endroit où s'articulent ces dernières, mais sans les y comprendre, 55 centimètres. Largeur du dos, 20 centimètres; longueur, de la naissance du cou au bout du croupion, 25 à 26 centimètres.

Chair. — Courte, délicieuse et d'une remarquable finesse.

Tarses. — Courts, forts, nerveux et nus.

Couleur des tarses. — Blanc-rosé tacheté de gris-clair chez les poulets, de gris chez les adultes.

Longueur des tarses. — 11 à 12 centimètres.

Doigts. — Longs, droits, au nombre de cinq, dont trois antérieurs et deux postérieurs. Ces derniers sont généralement superposés, mais pas toujours.

Queue. — Amplement garnie et ornée de faucilles longues, larges, blanches marquées de noir, ou noires marquées de blanc, ou entièrement blanches, ou entièrement noires et irrégulièrement mélangées.

Taille. — Plus grande que celle du Crèvecœur. Hauteur du plan de position de la partie supérieure de la tête, dans l'attitude du repos, 50 centimètres; dans l'attitude fière, 60 centimètres. Hauteur du plan de position sous les pattes à la partie supérieure du dos, 40 centimètres.

Port. — Fier et grave.

Poids. — A l'âge de quatre mois, 2 1/2 à 3 kilogr. A l'âge adulte, 3 à 3 1/2 kilogr.

Squelette. — Léger. Les os ne formant que le huitième du poids brut de la viande.

Poule.

CARACTÈRES GÉNÉRAUX ET MORAUX.

Tête. — Assez grosse.

Bec, *Narines*, *Iris*, *Pupille*, *Joues*, — comme chez le coq.

Crête, *Barbillons*, — rudimentaires.

Oreillons. — Petits, couverts par les favoris.

Huppe. — Abondante chez les sujets de premier choix, rejetée en arrière et cachant les yeux sous ses plumes retombantes. Moins développée ou demi-huppe chez les sujets de deuxième choix.

Favoris. — Peu développés.

Cravate. — Courte, bien garnie.

Taille. — Hauteur du plan de position à la partie supérieure de la tête, dans l'attitude du repos, 40 centimètres. Hauteur du plan de position sous les pattes à la partie supérieure du dos, 30 centimètres.

Physionomie de la tête. — Comme celle de la poule de Padoue herminée.

Cuisses, *Jambes*, *Tarses*, — comme chez le coq.

Doigts. — Au nombre de cinq comme chez le coq.

Ponte. — Très abondante, très précoce.

Œufs. — Blancs et grands.

Incubation. — Presque nulle.

Plumage. — Entièrement caillouté, composé de plumes noires et blanches, ou partiellement noires et blanches, irrégulièrement mélangées; vol blanc.

Défauts à éviter chez le coq et la poule destinés à la reproduction :

1° Crête défectueuse, irrégulière, trop peu développée;

2° Huppe peu abondante;

3° Plumage trop foncé ou trop clair, ou mêlé de plumes jaunes ou rouges; vol noir;

4° Absence du cinquième doigt;

5° Absence de favoris, de cravate ou de huppe;

6° Pattes jaunes, ou pattues, ou trop longues;

7° Taille trop peu élevée;

8° Manque de symétrie, d'énergie chez le coq, d'ampleur de poitrine chez les sujets des deux sexes.

CHAPITRE VII

Les races de Crèvecœur, de Houdan et de la Flèche améliorées ou transformées.

Tout le monde est d'accord pour proclamer la supériorité de nos grandes races françaises sur toutes les races exotiques connues.

Mais on aurait tort de croire que les races de Crèvecœur, de Houdan et de la Flèche doivent leurs éminentes qualités à une supériorité native et qu'il suffit de les faire multiplier purement et simplement pour les maintenir au niveau du perfectionnement acquis. Il n'en est absolument rien : car l'expérience a démontré, dans ses résultats, que la supériorité de ces races ne se maintient qu'à la condition de choisir constamment les oiseaux reproducteurs parmi ceux qui se rapprochent le plus de la perfection ; de leur accorder un logement salubre, sec, bien aéré, un vaste parcours gazonné et une *alimentation propre à la conservation et au développement de leurs qualités.*

N'ayant en vue que de décrire les principales races de poules d'utilité et d'agrément qui peuplent nos volières et nos basses-cours, nous ne nous étendrons pas ici sur les installations et les dispositions hygiéniques avec tous les développements exigés par l'importance du plus difficile des problèmes que l'élevage ait imposés à l'art de l'architecte. Cependant il nous semble utile de dire quelques mots aujourd'hui sur les installations de Crosne, dont nous ferons une description rapide, parce qu'elles nous paraissent réunir toutes les conditions d'hygiène et de surveillance pour entourer l'existence des volailles des soins nécessaires à la conservation de leur santé et pour assurer le succès de l'élevage.

Fig. I.

M. Lemoine a établi dans un vaste parc planté d'arbres séculaires et situé sur les bords de l'Yerres, un grand nombre de parquets, mesurant chacun de 80 à 500 mètres de superficie (fig. 1).

Fig. 2.

Les poulaillers, construits en ciment de Portland par M. Camut, architecte émérite, qui a étudié spécialement ces sortes

Fig. 3.

d'installations, sont posés sur quatre piliers, à $0^m,80$ centimètres du sol, et divisés en deux compartiments : l'un servant de poulailler proprement dit, et l'autre, de chambre à incubation. L'aération s'y fait au moyen d'un conduit ou

Fig. 4.

cheminée, ayant 50 centimètres de circonférence, qui communique au dehors par le toit, de façon que l'air vicié et les gaz malsains, qui tendent toujours à s'élever, s'échappent par cette bouche d'aérage lorsqu'ils arrivent au plafond. Cette ventilation est en outre puissamment secondée par des barbacanes pratiquées dans le mur tout près du sol, qui établissent, avec la cheminée d'aération ou d'appel, un courant d'air purificateur ascendant, de même qu'elles admettent constamment à l'intérieur l'air frais du dehors (fig. 2).

Aux mois de février, de mars et d'avril, on enferme les poussins, qui viennent d'éclore, dans un bâtiment exposé au midi et divisé en dix-huit compartiments égaux, mesurant chacun $1^{m},50$ centim. de long sur 1 mètre de large. Chaque compartiment est subdivisé, au moyen d'un grillage, en deux parties égales, dont l'une est réservée à la mère qui y est maintenue constamment en captivité, et dans l'autre on sert aux poussins une nourriture spéciale. Les poussins peuvent parcourir les deux compartiments en passant à travers le grillage de séparation, de même qu'ils peuvent aller au dehors en passant à travers les barreaux d'une porte qui donne accès à un terrain gazonné (fig. 3).

Aux mois de mai, de juin et de juillet, l'action du soleil devenant trop puissante, on transporte les mères et les poussins dans des boîtes à élevage qu'on dissémine dans un petit bois, sous de grands arbres, où les poussins trouvent de l'ombre quand ils en éprouvent le besoin, de l'herbe fraîche, des insectes en abondance et se développent rapidement (fig. 4).

Avec ces excellentes dispositions hygiéniques, on obtient des résultats vraiment merveilleux.

Si, comme beaucoup d'autres auteurs, nous avons longtemps pensé qu'une poule dont on change les conditions hygiéniques et climatériques, ne fait plus rien de bon, nous sommes forcés d'avouer que des expériences récentes pratiquées en Angleterre par des éleveurs sérieux, ont démontré qu'il ne faut accorder qu'une part bien secondaire aux influences climatériques, si même on ne ferait mieux de considérer comme nulle la part d'influence que le climat exerce sur le perfectionnement ou la dégénérescence d'une race de volailles.

En effet, les résultats obtenus par nos voisins d'outre-mer, démontrent jusqu'à l'évidence que nos races françaises s'accommodent facilement de tous les climats, et qu'une installation convenable, une *nourriture tonique*, *saine et abondante*, et *une sélection scrupuleuse* suffisent pour assurer le maintien des races et le perfectionnement dans leurs produits.

C'est donc dans le *régime alimentaire* et le *choix judicieux des oiseaux reproducteurs* qu'il faut voir la source principale des qualités qui se fixent chez les races et se consolident à mesure que les générations s'accumulent.

Or, s'il est vrai que nos précieuses races de Crèvecœur, de Houdan et de la Flèche doivent leurs conformations, leur taille, leur sang et leurs qualités à la sélection et au régime alimentaire auxquels elles ont été soumises de *générations en générations*, il n'est pas étonnant que ces races, transportées ailleurs et confiées à des éleveurs ineptes, dégénèrent rapidement sous les influences d'un régime alimentaire mauvais ou de procédés hygiéniques contraires à la conservation de leurs qualités, sans que le changement de climat y soit pour rien.

D'ailleurs, est-il bien admissible que d'un coq et d'une poule de Crèvecœur de premier choix et de bonne descendance, transportés sous d'autres climats, mais placés dans les mêmes conditions d'hygiène que celles qui ont produit les parents, doivent naître fatalement des produits marqués du sceau de la dégénérescence.

A l'appui de nos négations nous citerons les résultats obtenus par nos voisins d'outre-mer qui, au moyen d'une savante direction et de l'application des principes généraux de la sélection, en dépit de l'humidité et des intempéries de leur climat, sont parvenus à faire reproduire chez eux nos belles races de Crèvecœur, de Houdan et de la Flèche dans les mêmes conditions que chez nous et les ont même améliorées et perfectionnées.

Avec leur sens pratique qu'ils ont toujours possédé au plus haut degré, les éleveurs anglais ont tout d'abord cherché à fixer chez la poule de Crèvecœur la huppe noire invariable,

Fig. 5. — Poule de Crèvecœur, type anglais.

en éliminant constamment de la reproduction, de génération en génération, les oiseaux dont la huppe tendait à blanchir en vieillissant (fig. 5).

Chez le coq de Crèvecœur ils ont recherché les qualités de conformation et d'aptitude propres à la race et à développer le volume de la huppe (fig. 6).

Or, l'amélioration des races obéissant à des lois que tous les éleveurs anglais connaissent, ils sont arrivés promptement à ces résultats, sans tâtonnements ni hésitations.

Fig. 6. — Coq de Crèvecœur, type anglais.

Cependant, les modifications que les Anglais ont apportées à notre race de Houdan sont, à notre sentiment, moins enviables. Moins gracieuse que la poule de Padoue, mais infiniment plus recommandable par la délicatesse de sa chair et son aptitude à l'engraissement précoce, la poule de Houdan est essentiellement une poule de produit et non pas de luxe. C'est ce que nos voisins semblent n'avoir pas compris ;

Fig. 7. — Poule de Houdan, type anglais.

car, au moyen de croisements avec la race de Padoue, ils ont cherché à obtenir un plumage plus séduisant, une huppe plus volumineuse, plus sphérique, mais ce résultat n'a malheureusement été atteint qu'au prix d'une moins grande délicatesse de la chair et d'une moins grande propension à l'engraissement précoce (fig. 7 et 8).

En modifiant la race de Houdan dans le sens regrettable que nous venons de signaler, il est probable que les éleveurs

Fig. 8. — Coq de Houdan, type anglais.

anglais ne s'arrêteront pas à ce premier croisement et qu'ils auront recours à de nouveaux croisements avec la race primitive, à laquelle ils essayeront d'emprunter les précieuses qualités qui la distinguent, pour les greffer sur les améliorations acquises par voie de croisement avec la race de Padoue; car la connaissance qu'ils ont des lois de l'atavisme, de la puissance de l'hérédité et de l'efficacité de la sélection, ne saurait laisser exister aucun doute à cet égard.

Poule de la Flèche améliorée, type anglais.

Chez la race de la Flèche, les éleveurs anglais ont employé tous leurs efforts à supprimer, au moyen de l'application constante de la méthode de la sélection, l'épi de plumes ou huppe rudimentaire qui couronne la tête des volailles de cette race et leur donne une apparence cruelle.

En effet, on ne saurait prétendre que l'épi ou trace de huppe qui couronne la tête de ces oiseaux ajoute rien à leur beauté.

Coq de la Flèche amélioré, type anglais.

Nous n'avons pas à apprécier ici la valeur ou l'importance des modifications apportées à nos excellentes races françaises par les praticiens anglais, notre rôle devant se limiter à les signaler et à démontrer, par les résultats acquis, *l'efficacité de la méthode complète de la sélection*, qui consiste à faire reproduire et à fixer chez une race les modifications ou les améliorations de conformations et d'aptitudes qu'on veut lui faire acquérir, au *moyen d'accouplements judicieusement opérés.*

Cependant, comme nous venons de le dire, les zootechniciens prétendent que ce n'est qu'en Perche qu'on élève de bons chevaux percherons, comme ce n'est qu'à Crèvecœur, qu'on élève de belles poules de la race de Crèvecœur et que ces animaux, transportés sous d'autres climats, dégénèrent rapidement. A cela nous répondrons que ce qui est vrai pour les chevaux du Perche, ne l'est pas pour les volailles de Crèvecœur, comme il ne nous sera pas difficile de le démontrer. En effet, le cheval percheron doit ses conformations, ses aptitudes et son sang à la richesse et à l'abondance des aliments qu'il trouve sur le sol qui l'a vu naître, et est, pour ainsi parler, l'expression agricole du pays. C'est pour cette raison qu'il ne réussit pas aussi bien sous d'autres climats, où il ne trouve pas les *mêmes herbages et est placé dans d'autres conditions que celles dans lesquelles la race a été produite.*

Mais on ne saurait appliquer la même observation aux volailles de Crèvecœur, de Houdan et de la Flèche qui, dès qu'elles sortent de la coque de l'œuf jusqu'à ce qu'elles paraissent sur nos tables, *reçoivent toute leur nourriture de la main de l'éleveur* et n'ont pas à s'inquiéter de la qualité ou de l'abondance des blés qui poussent sur les terres du fermier, auxquelles l'accès leur est le plus souvent interdit. Ces volailles ne doivent donc pas leurs qualités ni à une supériorité native, ni à la supériorité des aliments qu'elles trouvent sur le sol natal, mais bien à *la supériorité des aliments qu'elles trouvent en abondance dans la trémie dès les premières heures qui suivent leur naissance.* Or, il découle de ce qui précède, qu'il suffit de soumettre nos races françaises aux mêmes procédés d'élevage qui ont produit ces races pour arriver aux mêmes résultats *sous tous les climats.*

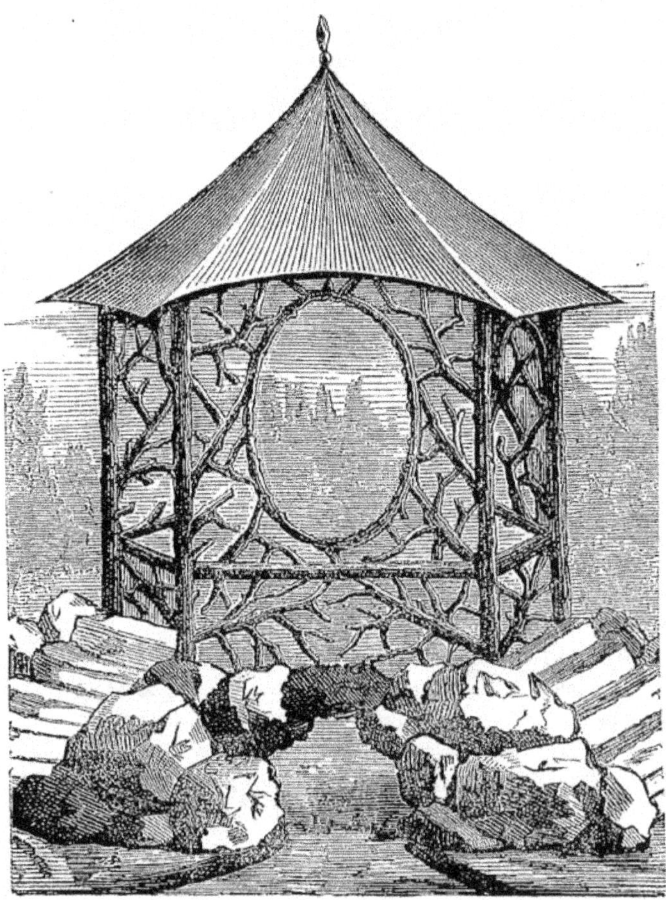

Kiosque-Chalet imitant le bois rustique,
construit par M. J. Monier, 191, rue de la Pompe, Paris.

CHAPITRE VIII

Race de Yokohama.

La race de Yokohama est d'importation récente; elle a été introduite du Japon par le père Girard et acclimatée et propagée en France par M. Albert Geoffroy Saint-Hilaire, directeur du Jardin d'acclimatation.

Cette magnifique race, qui est incontestablement la plus belle et la plus élégante de toutes les races d'agrément connues, a le corps élancé et conique, large aux épaules et étroit à la partie postérieure; le cou allongé; la poitrine étroite; les jambes et les tarses extrêmement longs; les faucilles très longues chez le coq, traînant à terre et formant un magnifique panache blanc qui lui donne un cachet fort distingué. Les sujets des deux sexes ont les plumes du camail, les grandes couvertures des ailes, les rémiges primaires et secondaires, les plumes des reins, les grandes caudales et les faucilles, chez le coq, blanches, et le reste du corps, c'est-à-dire, le dos, les ailes, le plastron et les cuisses d'un brun rouge velouté qui est la couleur caractéristique de la race.

Il en existe aussi une variété toute blanche, mais elle est moins estimée.

La crête du coq est épaisse, courte, dépourvue de dentelures et a beaucoup d'analogie avec celle du coq malais; mais celle de la poule est simple, droite et finement dentelée.

La race est peu rustique et difficile à élever. Elle craint le froid et l'humidité et ne supporte pas la captivité : un grand parcours gazonné et des insectes en abondance ont semblé jusqu'à présent être indispensables à son existence; mais il est probable qu'on parviendra à l'acclimater complètement, à la rendre plus rustique et plus apte à supporter les intempéries du climat de Paris.

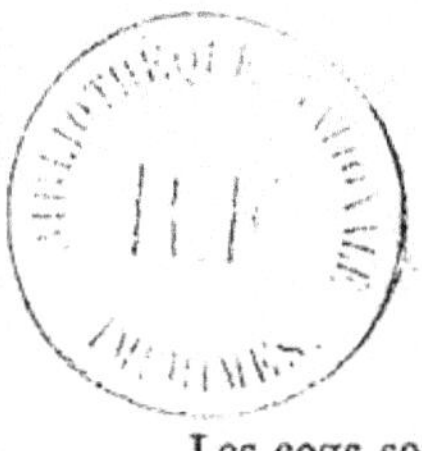

Les coqs sont très belliqueux et ont le regard sinistre.

Les poules n'ont guère les mœurs plus douces et partagent tous les mauvais instincts du coq.

CARACTÈRES MORAUX ET GÉNÉRAUX

Coq.

Tête. — Petite et allongée.

Bec. — Long, assez fort à sa base et crochu.

Couleur du bec. — Jaune clair.

Crête. — En couronne, petite, d'un rouge vif, épaisse, formant un seul lobe, ayant beaucoup d'analogie avec celle du coq malais, recouvrant la base du bec et s'arrêtant au-dessus de l'œil.

Barbillons.— Très petits, rudimentaires, rouge vif comme la crête.

Joues. — Rouges, garnies de petites plumes fines.

Oreillons. — Pendants, peu développés et rouge vif.

Œil. — Jaune clair, assez enfoncé dans l'orbite, regard sinistre.

Cou. — Long, porté très en avant comme chez les chevaux de course, enveloppé d'un épais camail composé de plumes extrêmement longues et fines, retombant sur le dos et cachant presque le plastron.

Corps. — Élancé, conique, assez large aux épaules, presque pointu à la partie postérieure; reins étriqués; abdomen très peu développé; poitrine étroite, presque cachée sous l'abondance des plumes du camail.

Jambes. — Très longues.

Pattes. — Extrêmement longues, plus longues que chez aucune autre race, nues et nerveuses.

Couleur des pattes. — Jaune éclatant.

Doigts. — Forts, longs, bien onglés, jaunes comme la patte.

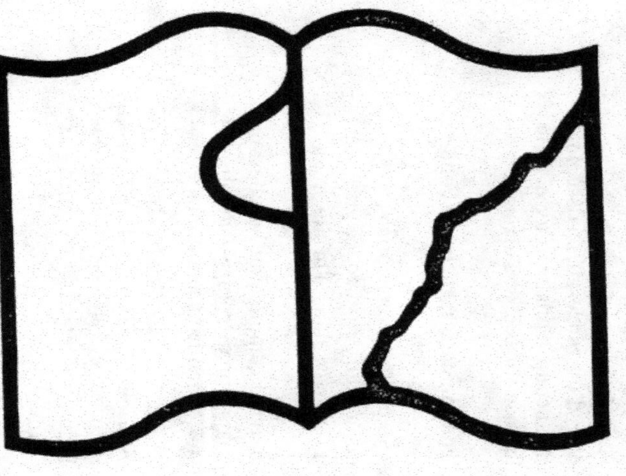

Coq de Yokohama.

Queue. — Plumes rectrices longues et légèrement faucillées ; faucilles très abondantes, extrêmement longues, pluslongues que chez aucune autre race, traînant à terre et formant un magnifique panache blanc qui donne à l'oiseau un cachet fort distingué.

Taille. — Hauteur du plan de position à la partie supérieure de la tête dans l'attitude du repos, 55 centimètres ; dans l'attitude fière, 65 centimètres. Hauteur du plan de position sous les pattes à la partie supérieure du dos, 45 centimètres.

Port. — Le coq de Yokohama se tient moins droit que les autres coqs et allonge le cou comme le cheval de sang.

Physionomie de la tête. — La tête du coq de cette race a une apparence cruelle et ne ressemble à celle d'aucun autre coq.

Caractère. — Détestable et batailleur comme le coq de combat.

Description du plumage.

Plumes de la tête, brunes.

Plumes du camail, d'un banc pur, très longues, enveloppant tout le cou, retombant sur le dos et sur la poitrine qu'elles cachent partiellement sous leur épaisseur.

Plumes du dos, des épaules, petites et moyennes couvertures des ailes, brun rouge velouté.

Grandes couvertures des ailes, rémiges primaires et secondaires, blanches.

Lancettes, blanches, quelques-unes marquées de brun rouge acajou.

Plumes du plastron, brun rouge, mélangées de plumes blanches qui deviennent plus nombreuses au fur et à mesure qu'elles gagnent les jambes.

Plumes des cuisses, brun rouge acajou.

Plumes des jambes, brun rouge, mélangées de plumes blanches.

Plumes de l'abdomen, blanches, presque cachées par les lancettes.

Plumes rectrices ou grandes caudales, légèrement faucillées et entièrement blanches.

Grandes et moyennes faucilles extrêmement abondantes et longues, traînant à terre, et blanches comme les grandes caudales.

Petites faucilles, blanches, marquées de brun rouge.

Poule.

La poule a à peu près les mêmes caractères que le coq. Elle a, comme lui, le corps élancé et conique, large aux épaules, étroit à sa partie postérieure; le cou allongé et porté en avant; la tête fine et longue; le bec fort à sa base, crochu, et de couleur jaune éclatant; la crête simple, petite, droite, finement dentelée et d'un rouge vermillon; les barbillons rudimentaires; les joues rouges, recouvertes de petites plumes blanches; l'œil jaune clair; les oreillons rouges; les ailes longues, portées haut; la poitrine étroite; le dos assez large, incliné en arrière; les reins étriqués; l'abdomen très peu développé; la queue longue, légèrement faucillée et portée horizontalement; les jambes longues; les pattes très longues et d'un jaune éclatant comme chez le coq.

Elle est assez bonne pondeuse et bonne couveuse; mais elle est méchante comme les poules de combat.

Description du plumage.

Plumes de la tête, blanches.

Plumes du camail, blanches. Elles sont quelquefois blanches à la partie postérieure du cou, et marquées de brun rouge à la partie antérieure.

Plumes du plastron, brun rouge foncé ou clair, s'éclaircis-

Poule de Yokohama

sant en se rapprochant des jambes.

Plumes du dos, des épaules, petites et moyennes couvertures des ailes, brun rouge velouté.

Plumes de la cuisse de la même couleur que les précédentes.

Plumes des jambes, toujours de la même couleur, brun rouge, mais plus mélangées de plumes blanches.

Grandes couvertures des ailes, rémiges primaires et secondaires, plumes des reins et grandes caudales, blanches.

Défauts à éviter chez les oiseaux reproducteurs :

1° Fond du plumage d'une autre couleur que le brun rouge acajou caractéristique, avec camail, reins, extrémités des ailes, queue et abdomen blancs, chez les sujets des deux sexes;

2° Tête forte;

3° Crête trop volumineuse ou défectueuse, ou de forme disgracieuse;

4° Jambes et pattes trop courtes. Elles doivent être plus longues que dans aucune autre race. Pattes d'une autre couleur que jaune;

5° Queue portée relevée, ou trop peu traînante, ou pas assez garnie;

6° Corps trop volumineux. Il faut que le corps soit svelte, gracieux et conique;

7° Cou trop court ou porté trop droit.

CHAPITRE IX

RACES DE COMBAT

Race de combat anglaise; Gallus anglicus;

Der englishe kamfhahn ; Game fowls.

Cette vaillante et ancienne race était déjà connue en An-

Race de combat anglaise.

gleterre du temps de l'occupation romaine, car César y fait allusion dans ses *Commentaires*.

Autrefois, les combats de coqs et de chiens constituaient un des plus grands divertissements du peuple anglais; mais, chez nos voisins d'outre-mer comme chez nous, des mesures sévères édictées contre ces spectacles odieux les ont fait cesser.

En France, ces jeux barbares n'ont été interdits qu'en 1852, mais, jusqu'en 1876 ils ont continué à être tolérés dans nos départements du Nord, où chaque village comptait plusieurs arènes gallines plus ou moins fréquentées par un public peu distingué. Dans ces arènes, les propriétaires des coqs engagés dans un combat non seulement pariaient souvent de fortes sommes pour eux, mais recevaient aussi une partie des paris qui s'engageaient en faveur de leurs coqs, quand ils étaient victorieux.

Les amateurs de combats de coqs avaient donc tout intérêt à avoir de bons coqs et à s'occuper constamment de l'amélioration de cette précieuse race par une application judicieuse des principes généraux de la sélection dont ils connaissaient toutes les règles. Aussi, de toutes les races de volailles connues en Angleterre, c'est la race de combat qui, sous l'influence de ces soins continuels et de l'application constante des procédés d'amélioration, s'est le plus perfectionnée.

CARACTÈRES GÉNÉRAUX ET MORAUX.

Coq.

Le coq est un fort élégant et gracieux oiseau. Il a le bec crochu et fort comme chez toutes les races combattantes, la tête petite, longue et déprimée. Sa crête est d'un beau rouge vermillon, simple, droite, assez grande, dentelée, de nature légère et transparente; ses barbillons sont courts et arrondis; ses oreillons sont rouges et non pas blancs comme quelques auteurs les décrivent. A l'âge de six à sept semaines, au moyen d'une paire de ciseaux bien tranchants, on supprime aux cochelets de cette race la crête, les barbillons et les oreillons, en vue de leur donner une apparence plus belliqueuse et aussi, par suite de la destination spéciale de beaucoup de ces coqs, afin de donner moins de prise sur eux dans les combats, car c'est le plus souvent par ces appendices que l'adversaire les saisit. — Il a les joues d'un beau rouge vif et nues; l'œil sinistre, l'iris aurore, la pupille noire; le cou de longueur moyenne, légèrement arqué; le corps élancé, conique, large aux épaules, diminuant graduellement vers la partie postérieure qui est très étriquée chez les oiseaux de race pure, et incliné en arrière; le dos large et les reins étroits; la poitrine assez amplement développée, mais pas proéminente; les ailes fortes, mais assez courtes, portées haut et serrées contre les flancs, le vol léger et facile; les jambes longues et suivies de tarses nerveux de couleur plomb, olive, jaune ou blanche, selon la variété à laquelle l'oiseau appartient; les doigts longs et bien articulés; l'allure fière, provoquante; le plumage serré, les lancettes et les plumes du camail minces et assez courtes; la queue étroite et portée relevée, les rectrices légèrement faucillées et les faucilles de bonne longueur. Les amateurs anglais coupent également les pointes des plumes du camail et des lancettes aux coqs de cette race qui sont destinés à l'arène, en vue d'offrir moins de prise sur eux à leurs adversaires.

Taille. — Ordinaire.

Poids. — A l'âge adulte, 2 1/2 à 3 kilogrammes.

Allure. — Majestueuse, démarche provoquante.

Chair. — Extrêmement délicate, fine et savoureuse.

Squelette. — Assez léger.

Caractère. — Détestable, querelleur, provocateur, belliqueux, attaquant non seulement ses semblables mais aussi les paons, les pintades, les oies et tous les oiseaux de basse-cour en général. On nous fit cadeau, dit M. Mariot, du coq vainqueur du dernier spectacle de combat qui eut lieu en 1849, à Saint-Pol (Pas-de-Calais) au bénéfice des pauvres et qui produisit une recette de 400 fr. Sa méchanceté nous obligea de nous en défaire.

Poule.

Les caractères généraux de la poule sont à peu près les mêmes que ceux du coq, à l'exception de la queue qui est très effilée et qu'elle porte presque horizontalement.

Poids. — 2 kilogrammes.

Caractères moraux. — La poule est batailleuse et méchante comme le coq; elle est vive, alerte et vagabonde comme nos poules communes; elle est très féconde, ses œufs sont blancs et d'assez bonne grosseur. Elle a peu de propension à l'incubation; mais elle est bonne mère et défend ses poussins avec acharnement.

Poulets.

Les poulets s'élèvent facilement et n'exigent pas plus de soins que ceux de nos races communes; mais les instincts féroces naissent de bonne heure chez les cochelets et, dès l'âge de six semaines, ils se battent sans cesse entre eux, s'abîment et se démolissent mutuellement sans trêve ni pitié.

Les volailles de cette race s'engraissent difficilement; mais quand les poulets ont été bien nourris dès leur naissance, leur chair est fine et délicieuse.

Du nombre de poules qu'on peut donner à un coq de combat.

Les coqs de cette race sont d'une lubricité insatiable, et M. Douglas, le faisandier du duc de Newcaslte, l'un des éleveurs les plus distingués de l'Angleterre, recommande de donner quinze à vingt poules à un coq âgé de un à deux ans, et la moitié de ce nombre à un coq âgé de plus de deux ans.

La race de combat anglaise comprend un très grand nombre de variétés, dont les principales sont :

La variété rouge à plastron noir, *The black breasted red game.*

La variété rouge à plastron brun, *The brown breasted red game.*

La variété dorée à ailes de canard, *The yellow duckwinged game.*

La variété argentée à ailes de canard, *The silver grey duckwinged game.*

La variété pile, *The pile game.*

La variété pile-blanc, *The white pile game.*

La variété blanche, *The white game.*

La variété noire, *The black game.*

La variété papillotée. *The spangled game.*

La variété coucou, *The cuckoo or dominique game.*

Variété rouge à plastron noir;

The black breasted red game.

Coq.

Le coq a le bec jaune, ou couleur corne foncée; l'iris rouge; les plumes de la tête et celles du camail rouge-orangé; celles du dos et des épaules rouge foncé; les lancettes rouge orangé; le recouvrement de l'aile noir vert; les barbes externes des rémiges secondaires jaune foncé ou fauves, excepté celles de la pointe des pennes qui sont noires, et forment, dans leur ensemble, quand l'aile est ployée, un large bord noir; les barbes internes des rémiges secondaires noires; les rémiges primaires noires, les barbes externes bordées d'un liseré jaune foncé ou fauve; le plastron et toute la partie inférieure du corps d'un noir intense; les plumes rectrices noires; les petites, les moyennes et les grandes faucilles noires à reflets verts et violacés; les tarses de couleur verdâtre ou olivâtre.

Poule.

La poule a les plumes du camail d'un jaune doré, rayées de noir au milieu; la partie inférieure du corps de couleur saumon, claire à la partie supérieure, s'assombrissant graduellement en gagnant les cuisses qui sont brun grisâtre, et le reste du corps est de couleur perdrix.

Variété rouge à plastron brun;

The brown breasted red game.

Coq.

Le coq a le bec noir; l'œil de vesce; les joues violettes; les plumes du camail rouge orangé, rayées de noir au milieu; le dos et les épaules rouge cramoisi foncé; les lancettes rouge orangé, rayées de noir au milieu, jaune foncé aux extrémités; le recouvrement de l'aile noir à reflets verts; les rémiges primaires et secondaires noir mat; les plumes du plastron noires, bordées d'un liséré brun et légèrement rayées de brun au milieu; la partie inférieure du corps noire; les plumes rectrices noires; les faucilles noires à reflets vert bronzé; les tarses plomb foncé ou verdâtres.

Poule.

La poule a les plumes du camail noires, bordées d'un liséré jaune doré, et le reste du corps noir. Il y a des poules qui ont le plumage brun foncé d'un bout à l'autre.

Il existe en Angleterre plusieurs autres variétés à plastron brun dont les principales sont :

The brick breasted, qui se rapproche beaucoup de la variété précédente;

The ginger brown red, dont le coq a le plastron brun fauve et la queue noire à reflets métalliques;

The ginger red, etc., qui se ressemblent toutes plus ou moins et ne diffèrent entre elles que par le rouge du camail, des épaules et des lancettes qui est plus ou moins ardent ou orangé, et par la couleur du plastron, qui est d'un brun plus clair ou plus foncé dans les coqs d'une variété que dans ceux de l'autre.

Variété dorée à ailes de canard;

The yellow duck-winged game.

Cette variété est une des plus estimées en Angleterre et est aussi une des plus belles.

Coq.

Le coq a le bec de couleur corne foncée; les joues rouge écarlate; l'œil rouge vif; les plumes de la tête blanc argentin, celles du camail paille, presque blanches; le dos et les épaules marron velouté; le recouvrement de l'aile noir bleu; les barbes internes des rémiges secondaires noires; les externes blanches, excepté à la pointe des pennes où elles sont noires; les rémiges primaires noires, les barbes externes bordées d'un liséré blanc; les lancettes de couleur lie de vin, jaunâtres à leurs pointes; le plastron et la partie inférieure du corps noirs; les rectrices noires; les faucilles noires à reflets vert bronzé; les tarses jaunes ou verdâtres.

Poule.

La poule a la tête grise; les plumes du camail noires, bordées d'un liséré gris clair; le plastron d'un rouge saumon, s'assombrissant graduellement en passant par toute la partie inférieure du corps jusqu'à l'abdomen où il prend une teinte gris cendré; les plumes du dos, des ailes, des reins et des flancs marquées d'un petit dessin gris foncé se détachant, de même que les tiges des plumes qui sont d'un blanc pur, sur fond gris clair; les plumes caudales gris foncé, presque noires.

Variété argentée à ailes de canard;

The silver grey duck-winged game.

Coq.

Couleur du bec. — Corne foncée.

Œil. — Rouge vif.

Joues. — Rouges.

Tête et camail. — Blanc argentin, sans mélange de teintes jaunes ou paille.

Dos et épaules. — Blanc argentin.

Recouvrement des ailes. — Bleu métallique.

Barbes internes des rémiges secondaires. — Noires.

Barbes externes. — Blanches, excepté aux pointes des rémiges où elles sont d'un noir bleu et forment dans leur ensemble, quand l'aile est ployée, un large liseré noir bleu.

Lancettes. — Blanc argentin.

Plastron, cuisses, jambes et toute la partie inférieure du corps. — Noirs.

Rectrices. — Noires.

Faucilles. — Noires, à reflets métalliques.

Tarses. — Noirs ou noir verdâtre.

Poule.

Plumes du camail. — Noires, bordées d'un liseré blanc.

Plumes du plastron. — Gris foncé, bordées à leurs pointes de blanc sale.

Tiges des plumes. — Blanches se détachant sur fond gris.

Plumes du reste du corps. — Brun noir, bordées d'un li-

Poule de combat de la variété argentée à ailes de canard.

seré gris sale ou blanc, la tige blanche des plumes se détachant très légèrement sur ce fond sombre.

Queue. — Gris foncé, noirâtre.

Tarses. — Noirs ou noir verdâtre.

Variété pile.

The pile game.

Cette variété est également fort belle et très estimée en Angleterre.

Coq.

Couleur du bec. — Corne foncée.

Joues. — Rouges.

Œil. — Rouge vif.

Camail. — Rouge ardent ou châtain rouge, sans mélange de blanc.

Dos. — Châtain rouge ou rouge violet.

Petites tectrices. — Blanches.

Tectrices moyennes. — Châtain rouge ou rouge violet.

Grandes tectrices ou *grandes couvertures des aile.*—Blanches, bordées d'un liseré châtain.

Barbes internes des rémiges secondaires. — Blanches.

Barbes externes. — Châtaines, excepté à la pointe des rémiges où elles sont blanches et forment dans leur ensemble quand l'aile est ployée, une large bordure blanche.

Lancettes. — Rouge ardent ou châtain rouge.

Plastron. — Blanc, les plumes de la partie supérieure bordées d'un mince liseré châtain.

Tout le reste de la partie inférieure du corps. — Blanc.

Queue. — Entièrement blanche.

Tarses. — Jaunes, ou blancs ou couleur olive.

Ongles. — Blancs.

Poule.

Plumes du camail. — Châtain clair, légèrement rayées de blanc au milieu.

Plastron. — Châtain, s'éclaircissant graduellement en passant par toute la partie inférieure du corps jusqu'aux cuisses où il devient jaune, presque blanc. Les plumes du reste du corps sont blanches, plus ou moins marbrées ou bordées de châtain.

Variété pile blanche;

The white pile game.

Coq.

Camail. — Blanc, légèrement marqué de rouge.

Épaules. — Rouge ardent, ou rouge orangé ou couleur lie de vin.

Plastron et le reste du corps. — Blancs.

Tarses. — Jaunes, ou blancs ou couleur olive.

Poule.

Poule de combat pile blanche.

Plumage. — Blanc d'un bout à l'autre, à l'exception du plastron qui est châtain.

Variété blanche ;

The white game.

Coq et poule.

Bec. — Jaune ou blanc rosé.
Œil. — Rouge vif.
Plumage. — Blanc d'un bout à l'autre.
Tarses. — Jaunes ou blanc rosé comme le bec.

Variété noire ;

The black game.

Bec. — Noir ou corne foncée.
Œil. — De vesce, ou brun foncé, ou rouge.
Tarses. — Noirs ou noir verdâtre.
Plumage. — Noir d'un bout à l'autre.

Variété papillottée ;

The spangled game.

Couleur du bec. — Corne foncée.
Plumage. — Noir, ou marron, ou fauve marqueté de taches blanches.
Faucilles et rectrices. — Noires tachetées de blanc.
Tarses. — Jaunes ou noirs, ou noir verdâtre.

Variété coucou.

Bec. — Jaune.
Œil. — Rouge.
Plumage. — Coucou d'un bout à l'autre.
Tarses. — Jaunes.

Race malaise; gallus malayensis;

Die Malayische race; Malays.

La race malaise est originaire des Indes où elle est, dit-on, fort répandue.

Peu estimée en Angleterre et encore moins en France, à cause de son caractère querelleur, elle a toutes les chances

possibles de disparaître de nos basses-cours dans un temps peu éloigné; car en dehors de la question de curiosité, elle est considérée comme à peu près inutile.

Le coq a la tête très grosse, courte, conique et portée très haut; le regard sinistre et féroce; les arcades orbitaires proéminentes; le bec fort et très crochu; les joues rouges et entièrement nues; la crête de forme particulière, petite, épaisse, triple, formant un seul lobe convexe, hérissé de granulations ou de petites éminences arrondies, s'avançant sur la base du bec entre les orifices nasaux et s'arrêtant au milieu du crâne; les barbillons courts; les oreillons rouges, formant avec les joues une seule plaque rouge; le cou très long et porté presque droit; le camail composé de plumes courtes appliquées et comme collantes sur le cou; le corps conique, large aux épaules, étroit en arrière, s'amincissant graduellement jusqu'au croupion et très incliné en arrière; la poitrine très large; le dos rond; les reins étriqués, beaucoup au-dessous du niveau du dos et formant avec celui-ci une seule ligne descendant depuis la naissance du cou jusqu'au croupion; la queue grêle, courte et tombante; les épaules extrêmement saillantes; les ailes portées très haut et serrées contre les flancs; les jambes grosses, très longues, suivies de tarses également longs, complètement nus, d'un jaune éclatant, et le plumage collant.

Les caractères de la poule sont identiques à ceux du coq; elle est médiocre pondeuse et mauvaise mère.

Les sujets des deux sexes ont le caractère féroce, sont très batailleurs et répandent la terreur dans les basses-cours.

La race est rustique; mais les poulets sont lents à s'emplumer.

CARACTÈRES GÉNÉRAUX ET MORAUX

Coq.

Tête. — Très-forte, large entre les yeux, courte et déprimée; arcades orbitaires proéminentes donnant à la tête un aspect sinistre et féroce.

Bec. — Fort à sa base, très crochu, plus crochu que chez aucune autre race.

Couleur du bec. — Jaune clair.

Crête. — D'une forme particulière, ni simple ni frisée, petite, épaisse, formant un seul lobe hérissé de petites éminences arrondies, s'avançant sur la base du bec entre les cavités nasales et s'arrêtant au milieu du crâne.

Barbillons. — Rouges comme la crête et très courts.

Coq malais.

Joues. — Entièrement nues et rouges.

Oreillons. — Courts et formant avec les joues une seule plaque rouge.

Œil. — Très enfoncé dans les cavités orbitaires, regard sinistre.

Iris. — Jaune clair, perlé ou jaune aurore.

Pupille. — Noire.

Cou. — Très long, très peu arqué, porté presque droit.

Camail. — Collant sur le cou ; composé de plumes courtes et minces.

Corps. — Conique, large en avant, étroit en arrière, très incliné en arrière; poitrine très large; dos bombé; reins étroits, beaucoup plus bas que le dos et formant avec celui-ci une seule ligne descendante depuis la naissance du cou jusqu'au croupion; épaules extrêmement saillantes; ailes longues, portées très haut et serrées contre les flancs; jambes longues, garnies de plumes courtes; talons ou calcanéums nus.

Port. — Fier et provoquant. La tête haute et le regard menaçant.

Tarses. — Très longs, forts, nerveux et nus.

Couleur des tarses. — Jaune éclatant.

Doigts. — Au nombre de quatre à chaque patte, longs, droits et minces.

Queue. — Assez courte, serrée, portée presque horizontalement, faucilles peu recourbées.

Taille. — Hauteur du plan de position à la partie supérieure de la tête dans l'attitude fière, 70 à 75 centimètres, dans l'attitude de repos, 65 à 68 centimètres.

Poids. — A l'âge adulte, 4 à 5 kilogrammes.

Squelette. — Lourd.

Chair. — Très médiocre.

Plumage. — Les plumes sont courtes, dépourvues de duvet et collées au corps, ce qui lui donne un aspect maigre et anguleux.

Physionomie de la tête. — Quand on regarde la tête de face, on n'aperçoit pas les yeux, tellement ils sont enfoncés dans les cavités orbitaires; c'est ce qui lui donne une apparence sinistre et l'on ne saurait guère la comparer à la tête d'un coq d'aucune autre race.

Caractère. — Détestable, querelleur au plus haut degré, hargneux et pillard.

Poule.

Poule malaise.

Les caractères physiques et moraux des deux sexes sont identiques. Les poules sont hargneuses comme les coqs, et peu sociables entre elles. Poids, environ 3 kilogrammes.

La race malaise comporte plusieurs variétés; celles qui méritent une description spéciale sont la variété noire rouge, la variété rousse et la variété pile, auxquelles il faut ajouter la variété noire et la variété blanche qui n'exigent aucune description : les sujets des deux sexes de ces deux dernières variétés étant entièrement noirs ou entièrement blancs, suivant la variété à laquelle ils appartiennent.

Variété noir rouge;

Black red Malays.

DESCRIPTION DU PLUMAGE.

Coq.

Plastron et toute la partie inférieure du corps noirs; camail, dos, reins, épaules roux foncé acajou; grandes tectrices ou plumes du recouvrement du vol noir brillant, formant une barre en travers de l'aile; rémiges secondaires roux foncé ou marron; barbes internes des rémiges primaires noires, barbes externes rousses ou marron; queue noire à reflets verts.

Poule.

Couleur perdrix, ou marron doré d'un bout à l'autre, ou d'un jaune neutre.

Variété rousse;

Brown red Malays.

Coq.

Tête et camail roux ardent; dos et épaules marron rouge; lancettes d'un roux ardent un peu plus clair que celui du camail; plumes du recouvrement des ailes noir brillant; rémiges primaires et secondaires noir mat; plumes du plastron noires, bordées d'un liséré marron; queue noire à reflets métalliques; cuisses, jambes et abdomen noir mat.

Poule.

Plumes du camail noires, bordées d'un liséré jaune doré;

le reste du corps noir brillant, ou noir mat, ou marron foncé.

Variété pile;

Pile Malays.

Description du plumage.

Coq.

Camail roux ardent ou marron rouge; dos marron rouge; épaules blanches; plumes du recouvrement supérieur des ailes marron rouge ou rouge violacé; grandes tectrices ou plumes du recouvrement du vol blanches, bordées d'un liséré marron et formant réunies une ligne blanche en travers de l'aile; barbes externes des rémiges secondaires marron ou café au lait, barbes internes ou cachées blanches, formant une seule masse marron quand l'aile est ployée, chaque plume est marquée d'une tache blanche à son extrémité; plumes du plastron blanches, celles de la partie supérieure du plastron légèrement bordées d'un liséré marron ; toute la partie inférieure du corps blanche ; queue blanche et le moins possible marquée de noir.

Poule.

Plumes du camail marron clair, légèrement rayées de blanc au milieu; plastron marron à sa partie supérieure, s'éclaircissant graduellement en gagnant les cuisses; le reste du corps blanc, plus ou moins marbré de marron, ou blanc, chaque plume bordée d'un liséré marron.

RACE DE BRUGES OU RACE DE COMBAT DU NORD.

La *race de combat du Nord* qu'on désigne aussi sous le nom de *race de Bruges*, est très répandue dans le nord de la France, dans la Flandre occidentale, et dans plusieurs autres provinces de la Belgique.

Les volailles de cette race ont la taille plus élevée que dans toutes les autres races connues de l'Europe; elles ont le plumage, la physionomie, les mauvais instincts et toutes les allures de la race de combat anglaise; mais, par leur grande taille, elles se rapprochent le plus de la race malaise.

Le *coq* a la tête grosse; le bec court, mais fort, crochu et de couleur corne foncée; l'œil aurore, le regard féroce; la crête rudimentaire, noirâtre, que les amateurs coupent ordinairement de même que les barbillons et les oreillons, en vue de donner moins de prise sur eux dans les combats; le corps volumineux, conique, bien charpenté, large en avant et étroit en arrière, incliné en arrière comme dans le coq malais; les épaules saillantes; les ailes longues; le dos large; le plumage serré et collé sur le corps; le cou long mais vigoureux; les plumes du camail longues, minces et collées sur le cou; les jambes grosses; les tarses longs, forts, nerveux et armés d'éperons redoutables; la couleur des tarses, plomb foncé; les doigts longs et bien articulés; la queue bien garnie et portée presque horizontalement.

La *poule* a les formes plus arrondies que celles du coq; mais elle a, comme le coq, le corps volumineux et monté sur des jambes épaisses et longues; la crête rudimentaire; les barbillons petits; la couleur de la crête, des barbillons et des joues, noirâtre.

Plumage. — On rencontre dans les volailles de cette race les mêmes variétés que dans la race de combat anglaise; c'est-à-dire qu'il y en a de toutes les couleurs; mais les couleurs qui caractérisent le mieux la race sont le noir avec camail doré et le bleu ardoise d'un bout à l'autre.

La variété bleu ardoise est très estimée quand les sujets des deux sexes sont uniformément de la même nuance d'un bout à l'autre; mais le plus souvent les coqs de cette variété ont les plumes du camail et les lancettes dorées; les épaules marron rouge ou gris noir et la queue gris foncé noirâtre.

C'est dans la variété noire à camail doré qu'on rencontre les coqs les plus forts et les plus vigoureux.

Qualités et défauts. — Cette race est très rustique; les poules sont bonnes pondeuses, mais mauvaises couveuses; les poulets s'élèvent facilement, mais ils sont loin d'être précoces et leur chair est peu estimée. Les coqs sont hardis, féroces et querelleurs entre eux; mais très complaisants pour leurs poules, doux et dociles pour les personnes qui s'en occupent.

Les combats de coqs.

Le coq était consacré par les Grecs à Mercure, à Minerve, à Bellone et à Mars, dieu de la guerre, comme emblème de la vigilence et du courage.

Pausanias rapporte que le casque de la déesse de la sagesse dans la citadelle d'Elis était surmonté d'un coq.

Les Dardaniens et les Gaulois avaient pris le coq dans leurs enseignes.

L'antipathie naturelle et invincible qu'un coq ressent pour son semblable, la fureur qu'il éprouve à la vue d'un rival, expliquent suffisamment la signification de son image dans ce symbolisme religieux et militaire, et comment l'idée est venue à l'homme de tirer parti de ce penchant belliqueux.

Il n'est donc pas étonnant que la coutume barbare de faire combattre les coqs remonte à la plus haute antiquité, comme nous l'apprend Pindare, dans une de ses Olympiques, et Columelle, dans son traité d'agriculture, qui n'en parle que par allusion et en passant, comme d'un fait connu de tous :

Il ne faut pas négliger, dit Columelle, le revenu que peuvent produire les poules des métairies, pour peu qu'on les élève avec cette intelligence qui a rendu célèbres la plupart des Grecs et principalement les habitants de Délos en cette partie. Il est vrai que, comme ces peuples recherchaient ceux de ces animaux qui avaient la plus grande taille et qui montraient le plus de courage dans les combats, ils préféraient à tous les autres ceux de Tanagra et de Rhodes, ainsi que ceux de Chalcidie et de Médie, que le vulgaire appelait par changement d'une lettre, poules de Mélie; tandis que nous préférons ceux de notre pays (Italie) à tous les autres,

Tête de coq de combat ayant la crête et les barbillons coupés.

parce que nous ne faisons pas grand cas de cette passion des Grecs qui les portaient à élever pour les combats les plus fiers de ces oiseaux. En effet, notre but est d'assurer un fond de revenu aux chefs de famille industrieux, et non pas aux gens qui s'adonnent à dresser des oiseaux pour les combat et *qui compromettent tout leur patrimoine, au risque de s'en voir assez souvent dépouillés à l'occasion d'un coq qui aura remporté la victoire sur son adversaire.*

A Athènes, les combats de coqs furent introduits, dit-on, par Thémistocle, en mémoire de la victoire qu'il avait remportée sur les Perses à Salamine. Selon quelques historiens, il avait tiré un heureux présage du chant du coq ; car les devins, dans l'antiquité, considérèrent le chant du coq entendu la nuit comme de bonne augure, parce que cet oiseau ne chante point quand il est vaincu. Selon d'autres historiens, Thémistocle avait vu, avant la bataille, deux coqs se battre avec fureur, et ce fut en appelant l'attention de ses soldats sur l'acharnement avec lequel les coqs se battaient qu'il parvint à enflammer leur courage et à leur faire remporter la victoire sur les Perses.

Il paraît tout au moins certain que Thémistocle donna à l'*alectryonon*, ou combat de coqs, le caractère et l'appareil d'une fête religieuse. Cette solennité se célébrait dans le grand théâtre d'Athènes vers le 20 du mois *boédromion* ou septembre. On faisait précéder les combats de prières et de sacrifices. Sur certaines médailles d'Athènes, on voit encore un coq avec une palme, signe de la victoire. Les Grecs attribuaient à ce genre de spectacle une influence morale particulière, puisque, si l'on en croit Lucien, tous les adolescents qui devenaient jeunes hommes étaient tenus d'y assister.

Il existe aussi un grand nombre de pierres gravées d'origine romaine où des coqs combattent sous le regard des génies du cirque. Hardouin cite une médaille à l'effigie de Géta où se trouvaient deux coqs combattants.

A Pergame, dit Pline, on donna chaque année des combats publics de coqs, comme à Rome on donna des combats de gladiateurs.

Les hommes, dit Buffon, qui tirent partie de tout pour leur amusement, ont bien su mettre en œuvre cette antipathie invincible que la nature a établie entre un coq et un coq; ils ont cultivé cette haine innée avec tant d'art, que les combats de deux oiseaux de basse-cour sont devenus des spectacles dignes d'intéresser la curiosité des peuples, même des peuples polis, et en même temps des moyens de développer ou d'entretenir dans les âmes cette précieuse férocité, qui est, dit-on, le germe de l'héroïsme. On a vu, on voit encore tous les jours, dans plus d'une contrée, des hommes de tous états accourir en foule à ces grotesques tournois, se diviser en deux camps, chacun des partis s'échauffer pour son combattant, joindre la fureur des gageures les plus outrées à l'intérêt d'un si beau spectacle, et le dernier coup de bec de l'oiseau vainqueur renverser la fortune de plusieurs familles. C'était autrefois la folie des Rhodiens, des Tongriens, de ceux de Pergame. C'est aujourd'hui celle des Chinois, des habitants des Philippines, de Java, de l'isthme de l'Amérique et de quelques autres nations des deux continents.

En Angleterre, l'habitude de faire battre les coqs remonte aux temps du druidisme, et, malgré les nombreuses interdictions survenues sous divers règnes, l'usage n'en a jamais été complètement interrompu.

Au temps du roi Jacques Ier, c'était la récréation favorite du roi, de la cour, et aussi du peuple, qui faisait de ces spectacles son passe temps de prédilection pendant les fêtes du carnaval. Il n'y a, du reste, guère plus d'un siècle que l'arène galline de Westminster a cessé d'être autorisée à porter le titre d'*arène royale*.

Hâtons-nous d'ajouter que tous les souverains d'Angleterre n'approuvèrent pas ces spectacles aussi barbares que grotesques et que les rois Édouard III et Henri VIII, de peu aimable mémoire, les interdirent.

A cette époque, l'élève des coqs de combat était une occupation aussi importante que celle de l'élève du cheval de course, et beaucoup de fils de famille s'y acquirent une grande réputation.

Il existait aussi plusieurs ouvrages anglais sur les combats de coqs, où les auteurs retraçaient les règles du combat, traitaient de l'éducation des coqs et citaient les noms des fabricants les plus renommés pour la supériorité des éperons, ou lames d'acier ou d'argent, dont on avait l'habitude d'armer les ergots des coqs.

Ce genre de divertissement plaît beaucoup aux Américains. Autrefois, en Amérique, les combats de coqs furent annoncés avec pompe et eurent lieu en champ clos, à certaines époques de l'année, surtout pendant l'hiver ; mais là comme en France la civilisation les a interdits.

Quoique ces spectacles répugnants soient interdits depuis longtemps en France, ils ont néanmoins encore lieu en secret dans le nord, où l'on arme les ergots des coqs d'un éperon d'acier, afin de rendre plus meurtriers les coups qu'ils se portent mutuellement.

Combats de coqs à l'ancien hippodrome de Paris.

Jusqu'en 1853 des combats de coqs avaient lieu à Paris aux arènes nationales, rue de l'Étoile, et à l'*Hippodrome* de la place d'Eylau.

Les coqs employés par M. Arnault, directeur de l'ancien hippodrome de la place d'Eylau [1], étaient tous de provenance anglaise et avaient la crête, les barbillons et les oreillons amputés, suivant une ancienne coutume barbare encore pratiquée aujourd'hui, afin de d'offrir moins de prise sur eux à leurs adversaires dans l'arène.

Le régisseur de l'hippodrome, M. Alphonse Arnault, de qui je tiens ces renseignements, était chargé de la surveillance de ces grotesques spectacles :

1. Il fut brûlé vers la fin de 1869.

Les coqs étaient portés dans l'arène, enfermés dans de petits paniers en osier et placés sur une vaste table de forme carrée.

Coq préparé pour le combat, ayant la crête, les barbillons, les oreillons, les pointes des plumes du camail, des lancettes et de la queue coupées, et les ergots armés de lames d'acier.

Aussitôt que les gladiateurs emplumés se trouvaient en présence, ils se mettaient à battre des ailes et à chanter comme pour se provoquer mutuellement au combat; se montraient impatients de se ruer l'un sur l'autre, et s'épuisaient en violents efforts pour sortir des paniers qui les retenaient prisonniers et les empêchaient momentanément de donner libre carrière à leurs instincts féroces.

Habitués à être nourris, soignés et maniés par les employés de l'hippodrome qui les faisaient combattre, ils se laissaient prendre en mains par eux sans offrir aucune résistance, n'ayant d'autre préoccupation que de fondre sur le premier adversaire de leur espèce qui se présenterait. Ils savaient du reste, par expérience, ce que l'on attendait d'eux : car on faisait combattre les mêmes coqs au moins une fois tous les huit jours.

Placés finalement l'un en face de l'autre, à un mètre de distance, mais retenus par le milieu du corps chacun par un employé de l'hippodrome, l'œil en feu et les plumes du camail hérissées, les deux adversaires, dès qu'ils étaient lâchés, se précipitaient l'un sur l'autre avec une foudroyante impétuosité et se portaient mutuellement un nombre prodigieux de vigoureux coups d'éperons, avec une rapidité qui n'était surpassée que par leur indomptable animosité.

Cependant ces passes furieuses étaient plus rapides que longues et ne duraient que quelques instants, la fatigue ne tardant pas à s'emparer des deux combattants, mais sans calmer leur emportement. Hors d'haleine, n'ayant plus la force de sauter et de porter les pattes en avant pour faire usage de leurs éperons, mais toujours soutenus par leur fureur frénétique, ils frappaient la table du bec, restant toujours en face l'un de l'autre et prêts à recommencer. Après un moment de trêve ils retournaient à la charge; mais à bout de force et les pattes refusant d'agir par lassitude, on les voyait tournoyer l'un autour de l'autre, leurs corps se confondant au point de ne former qu'une seule masse de plumes ensanglantées; trébuchant comme des hommes ivres; se démolissant l'un l'autre à coups de bec; le sang coulant de plus d'une blessure, jusqu'à ce que finalement l'un des deux combattants perdant courage, sautât en bas de la table et prît la fuite. Alors, le vainqueur resté maître du champ de bataille reprenait haleine; se dressait sur les pattes, fier et superbe; battait des ailes et se mettait à chanter sa victoire d'une voix sonore et provoquante, aux applaudissements de la foule.

C'est sur cette même table qu'avaient lieu à l'hippodrome les combats de lutteurs et de boxeurs. Comme les coqs de combat, les boxeurs furieux, l'œil en feu, tout bouillants de colère, s'élançaient l'un sur l'autre avec impétuosité. En un clin-d'œil ils se portaient au visage une volée de vigoureux coups de poing qui faisaient jaillir le sang du nez et de la bouche, et voler les dents en éclats, à la grande joie des spectateurs. Habitué à assister à ces spectacles odieux, le public parisien était devenu comme insensible aux souffrances de ces malheureux et ne demandait jamais qu'on mît fin à la lutte, quand le sang coulait de plusieurs blessures. Il est vrai que ces vils combattants appartenaient à la lie de la société, avaient le visage meurtri, rouge, gonflé, crispé par la douleur, l'aspect repoussant, et inspiraient plutôt la répulsion que la compassion.

A l'hippodrome de la place d'Eylau, les combats de coqs n'étaient jamais suivis de mort, parce qu'on n'y armait pas les ergots des combattants de lames d'acier.

Mais il n'en était pas de même au café de l'Étoile, tenu par un Anglais, où des compatriotes de l'aubergiste se réunissaient tous les dimanches pour y faire combattre des coqs dont les ergots étaient armés de lames d'acier tranchantes. Là, l'un des deux combattants trouvait toujours la mort sous les coups de l'autre.

Dans le même établissement, il y avait aussi des combats de chiens, auxquels on voyait accourir en foule les déclassés anglais qui habitaient Paris; on y faisait combattre ces bêtes féroces jusqu'à ce que l'un d'eux fut tué et l'autre en sortait toujours ensanglanté et fort mutilé.

A la même époque, il y avait également des combats de chiens et de coqs dans une autre taverne anglaise, tenue par un nommé Robert Bull, et aussi fréquentée par des Anglais qui y apportaient des coqs et des chiens de forte taille qu'ils faisaient combattre à mort, comme au café de l'Étoile. Mais la police a fini par saisir les coqs et les chiens et a mis fin, là comme partout ailleurs, à ces spectacles barbares et indignes d'une nation civilisée.

Le docteur Eydona qui a assisté à des combats de coqs, aux Iles Philippines, en fait l'intéressante description suivante : Les combats de coqs, dit-il, sont pour les habitants de Manille ce que les courses de taureaux sont pour les Espagnols. Il y a dans la ville, les faubourgs et même les provinces, des endroits désignés par l'autorité pour les combats de coqs; c'est là que ces intrépides animaux viennent défendre au prix de leur sang et souvent de leur vie, les intérêts de leurs maîtres. Avant le combat, les arbitres, tirés de la foule des spectateurs qu'entoure une petite arène couverte de sable fin, décident, après bien des discussions, si les combattants sont égaux en force et surtout en pesanteur. La question résolue, de petites lames d'acier, longues, étroites et d'une excellente trempe, arment la patte gauche de chacun des gladiateurs, que les caresses et les exhortations intéressées de leurs propriétaires excitent au combat. Pendant ce temps les paris ont lieu, l'argent est prudemment opposé à l'argent; enfin le signal est donné, les deux coqs se précipitent à la rencontre l'un de l'autre; leurs yeux brillent, les plumes de leur camail sont hérissées et prennent un frémissement que partage tout le corps. C'est alors que l'animal le mieux dressé oppose l'adresse à la force et au courage aveugle de son ennemi. Ils dédaignent les coups de bec; ils savent combien est dangereux l'acier dont leurs pattes sont armées, aussi les portent-ils toujours en avant en s'élançant au-dessus du sol. Il est rare que le combat dure longtemps ; un des champions tombe, le corps ouvert ordinairement par une large blessure; il expire sur le sable et devient la proie du maître du vainqueur; celui-ci, le plus souvent blessé lui-même, ne chante pas sa victoire; emporté loin de l'arène, il est comblé de soins et reparaît au combat quelques jours après, plus fier encore qu'auparavant, jusqu'à ce que le fatal coup d'éperon d'un rival heureux vienne terminer sa vie glorieuse. Si quelquefois les combattants tiennent la victoire en suspens et s'arrêtent pour reprendre haleine, le vin chaud aromatisé leur est prodigué. Alors avec quelle avide et inquiète curiosité chaque parti compte leurs blessures! Après quelques courts instants de repos, le combat recommence avec une nouvelle fureur et ne finit que par la mort de l'un des champions. Il arrive quelquefois qu'un coq, craignant la mort, ou reconnaissant la supériorité de son adversaire, abandonne le champ de bataille après quelques efforts. Si ramené deux fois au combat, les cris, les encouragements de son maître ne peuvent ranimer son courage, les paris sont perdus et le coq déshonoré va le plus souvent expier sa lâcheté sous l'ignominieux couteau de cuisine d'une maîtresse doublement irritée.

CHAPITRE X.

RACES ALLEMANDES

Race d'Elberfeld.

Variétés dorée, argentée et noire.

Il serait extrêmement difficile de remonter à la source primitive des nombreuses variétés de volailles qui ornent nos volières et peuplent nos basses-cours; cependant la race d'Elberfeld rappelle assez par ses formes le coq de la ferme, et son plumage caractéristique a assez d'analogie avec celui de la poule de Padoue, pour qu'il soit permis de supposer que cette belle variété est le résultat d'un croisement entre ces deux races.

On admet généralement qu'elle a été créée à Elberfeld, où elle est très répandue et jouit d'une grande renommée, à cause de sa chair fine et blanche, de sa ponte abondante, de ses œufs volumineux et de sa grande propension à l'engraissement.

La race est rustique, s'acclimate facilement partout, n'exige aucune précaution contre les intempéries de nos climats et est aussi recommandable par la distinction de son plumage que par sa surprenante fécondité.

Le coq a une superbe physionomie et est un fort bel oiseau. Il a la tête grosse; le bec fort et crochu, de couleur corne claire; l'iris rouge; la crête simple, droite, très haute, largement dentelée, prenant en avant des narines et prolongée en arrière de la tête; les barbillons longs, larges et pendants; les joues dénudées autour de l'œil; les oreillons petits, rouges aux extrémités, d'un blanc nacré près du conduit auditif; les tarses bleus et nerveux, de longueur moyenne; les doigts assez forts et au nombre de quatre.

Son plumage exige une description spéciale. (Voir caractères généraux, description du plumage du coq et de la poule de chaque variété.)

La poule a les mêmes caractères que le coq et a beaucoup d'analogie, pour les formes du corps, avec nos poules communes, dont elle se distingue par une taille plus élevée, un corps plus volumineux, et un plumage qui a beaucoup de ressemblance avec celui de la poule de Padoue, dans les variétés dorée et argentée; tandis que, dans la variété noire, il est identiquement pareil à celui de la poule commune. L'on admet trois variétés principales : la dorée ou chamois, l'argentée et la noire.

On estime une variété autant que l'autre pour sa fécondité, sa précocité, son aptitude à prendre la graisse, la délicatesse et la finesse de sa chair.

Les coqs des trois variétés sont très vigilants, très attentifs et très complaisants pour leurs poules. Ils ont un chant très clair, extrêmement prolongé, et plus il s'entend de loin, plus l'oiseau est estimé en Allemagne.

Les éleveurs allemands apportent de grands soins à la conservation et à la reproduction de cette race; et c'est avec raison la poule de prédilection des fermiers des environs d'Elberfeld, de Dusseldorf et d'Aix-la-Chapelle.

La poulerie du Jardin d'Acclimatation en contient deux variétés : la variété chamois et la variété argentée qui m'ont permis de faire la description de leurs caractères distinctifs d'après la nature la mieux choisie.

Ces remarquables volailles sont chaleureusement recommandées par M. A. Geoffroy Saint-Hilaire, comme réunissant par excellence la beauté et la distinction du plumage de la poule de luxe ou d'agrément à toutes les qualités de la poule d'utilité ou de produit.

DESCRIPTION DU PLUMAGE.

Variété dorée ou chamois.

Coq.

Coq d'Elberfeld.

Le coq a les plumes du camail d'un rouge orangé à reflets

dorés; le dos, les épaules, les petites et les moyennes couvertures des ailes d'un rouge acajou velouté; les grandes couvertures des ailes chamois, marquées à leur extrémité de taches noires luisantes formant sur l'aile, dans leur ensemble, une double bande noire transversale; les rémiges primaires et secondaires chamois vif bordées de noir; les lancettes rouge marron; les couvertures de la queue noires marquetées de chamois; les faucilles et les rectrices noires à reflets verts et bronzés; les plumes du plastron, de la partie inférieure du corps et des jambes chamois vif et entourées d'une large bordure noire; les plumes anales noires marquetées de chamois.

Poule.

La poule a les plumes de la tête et celles de la partie supérieure du camail noires, légèrement marquées de chamois au milieu; les plumes de la partie inférieure du camail chamois, entourées d'une large bordure noire; le plastron, toute la partie inférieure du corps, les jambes, le dos, les reins et les couvertures des ailes chamois vif, chaque plume étant marquée à son extrémité d'une tache noire affectant la forme du croissant et rappelant le plumage maillé de la poule de Padoue; les rémiges primaires et secondaires chamois, bordées de noir; les couvertures de la queue, les rectrices et les plumes de l'abdomen noires, marquetées de chamois.

Tout le plumage est magnifiquement lustré d'un bout à l'autre et un troupeau de ces volailles produit le plus bel effet qu'on puisse s'imaginer.

Variété argentée.

Cette variété a absolument les mêmes caractères que la précédente, dont elle ne diffère que par le fond de son plumage qui est blanc, au lieu de chamois.

Le coq a le camail blanc; les plumes du dos, les petites et les moyennes couvertures des ailes et les lancettes blanches, marquées au milieu d'une tache noire allongée ; les grandes couvertures des ailes blanches, marquées à leur extrémité d'une tache noire qui, dans leur ensemble, forment deux barres noires transversales qui coupent l'aile; les rémiges primaires et secondaires blanches bordées de noir; les plumes du plastron, des jambes et de la partie inférieure du corps blanches, largement bordées de noir; les plumes anales noires marquetées de gris; les rectrices et les faucilles noires à reflets verts et violacés.

Variété noire.

Le plumage des deux sexes de cette variété est noir, magnifiquement lustré d'un bout à l'autre et n'exige conséquemment pas de description spéciale.

CARACTÈRES GÉNÉRAUX ET MORAUX

Coq.

Tête. — Grosse.

Bec. — Fort et crochu, de longueur moyenne.

Couleur du bec. — Corne claire, blanc à sa pointe.

Narines. — Ordinaires.

Iris. — Rouge.

Pupille. — Noire.

Crête. — Simple, droite, très élevée, dentelée, prenant en avant des narines et se prolongeant en arrière.

Hauteur de la crête. — Six à sept centimètres.

Barbillons. — Longs et pendants.

Oreillons. — Blancs au milieu, rouges aux extrémités.

Bouquets. — Assez épais.

Joues. — Rouges, emplumées, dénudées seulement autour de l'œil et jusqu'au conduit auditif.

Cou. — Court et gros.

Corps. — Très gros, légèrement incliné en arrière, poitrine et dos larges, cuisses et jambes grosses, ailes longues.

Queue.—Très garnie et ornée de faucilles longues et larges.

Tarses. — Forts et nerveux.

Couleur des tarses. — Bleue.

Longueur des tarses. — Dix centimètres.

Doigts. — Forts, au nombre de quatre à chaque patte.

Taille. — Grande, au-dessus de la moyenne.

Port. — Majestueux, allures vives.

Squelette. — Léger.

Chair. — Très blanche et délicieuse.

Physionomie de la tête. — Pareille à celle de nos coqs de race commune.

Poule.

Tête. — Grosse, arrondie.

Bec.
Narines.
Iris.
Pupille. } comme chez le coq.

Crête. — Simple, grande, droite, à grandes dentures.

Barbillons. —Moyens, arrondis.

Joues. — Emplumées.

Oreillons. — Rudimentaires, blanchâtres.

Taille. — Grande, au-dessus de la moyenne.

Corps. — Volumineux, cou court et gros, dos et poitrine larges, brechet proéminent, cul d'artichaut très épanoui, cuisses et jambes grosses, ailes et queue longues.

Tarses. — De longueur et de grosseur moyennes.

Couleur des tarses. —Bleue.

Doigts. — Droits, au nombre de quatre à chaque patte.

Ponte. — Excellente.

OEufs. —Très gros et blancs.

Incubation. — Assez bonne.

Chair. — Fine et très délicate.

Physionomie de la tête. — Beaucoup d'analogie avec la tête de la poule commune.

Qualités à rechercher chez les animaux reproducteurs :

Forte taille et plumage se rapprochant le plus de celui de la race de Padoue, chez les sujets des deux sexes.

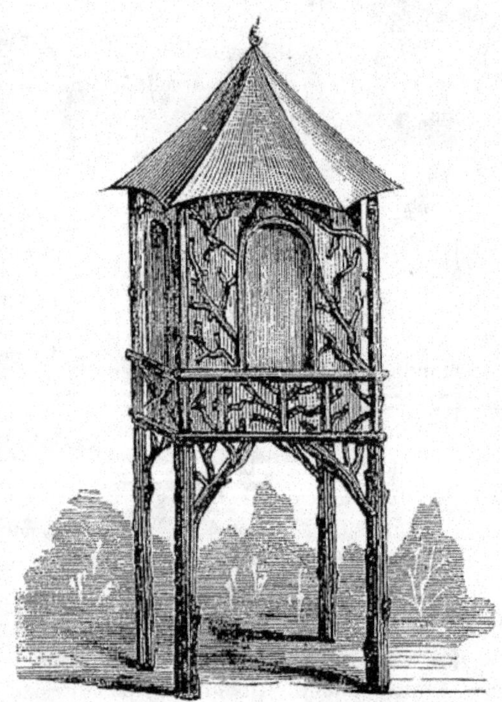

Poulailler monté sur colonnes imitant le bois rustique.

CHAPITRE XI

RACES AMÉRICAINES

Race de Leghorn.

Leghorns.

Cette race semble avoir été obtenue aux États-Unis au moyen de croisements entre la race andalouse, dont elle a hérité la *crête pliée*, et des races asiatiques ou italiennes, dont elle a hérité les pattes *jaunes*.

Les principaux caractères de la race consistent en une crête extrêmement grande, simple, droite chez le coq, et pliée chez la poule, comme celle de la poule espagnole; des oreillons d'un blanc pur et des pattes d'un jaune brillant.

La race est très féconde, rustique, vive, pétulante, vagabonde; aime sa liberté et à aller chercher sa nourriture aux champs.

Elle a beaucoup d'analogie, pour les formes, avec la race andalouse, et sa chair est médiocre.

Elle ne comporte que deux variétés : la variété rouge, — *Brown Leghorns*, et la variété blanche, — *White Leghorns*.

DESCRIPTION DE LA VARIÉTÉ ROUGE

Brown Leghorns.

CARACTÈRES GÉNÉRAUX ET MORAUX.

Coq.

Tête. — Petite, courte et gracieuse.

Bec. — Fort à sa base, légèrement crochu, assez long.

Couleur du bec. — Jaune brillant.

Longueur du bec. — 2 1/2 centimètres.

Narines. — Ordinaires.

Œil. — Grand et d'un rouge vif.

Crête. — Immense, simple, droite, extrêmement haute, aussi haute que celle du coq espagnol, très prolongée en arrière, dentelée de grandes pointes régulières, d'un beau rouge vermillon.

Barbillons. — Très longs, pendants, d'un tissu fin, de la même couleur que celle de la crête.

Joues. — Nues, rouges comme la crête et les barbillons.

Oreillons. — Assez développés, légèrement pendants, recouverts d'une peau lisse sans rides ni sinuosités, d'un blanc pur sans mélange de rouge.

Cou. — Long, gracieusement arqué et enveloppé d'un camail épais formé de plumes longues, fines et soyeuses.

Corps. — Ovalaire, svelte; assez haut sur pattes; épaules larges; reins étroits; dos rond et incliné en arrière; poitrine large et proéminente.

Jambes. — Assez minces.

Calcanéums. — Nus.

Pattes. — Fines, nerveuses et nues.

Couleur des pattes. — Jaune brillant.

Doigts. — Minces, droits, bien articulés, au nombre de quatre à chaque patte.

Queue. — Touffue, portée très relevée, garnie de grandes faucilles longues et larges.

Taille. — Un peu au-dessous de celle de l'espagnol.

Poids. — A l'âge adulte, 2 1/2 à 3 kilogrammes.

Squelette. — Léger.

Chair. — Médiocre.

Allure. — Fière et élégante.

Physionomie de la tête. — La tête du coq de Leghorn a beaucoup d'analogie avec celle du coq andalous.

Caractère. — Assez belliqueux.

Description du plumage.

Plumes de la tête et du camail. — Rouge orangé.

Petites et moyennes couvertures des ailes. — Rouge foncé.

Grandes couvertures des ailes. — Noires à reflets verts, dont l'ensemble forme une barre qui traverse l'aile.

Rémiges primaires. — Invisibles quand l'aile est fermée, entièrement noires, à l'exception des barbes externes qui sont bordées d'un liséré bai brun.

Rémiges secondaires. — Barbes internes, invisibles quand l'aile est ployée, noires; barbes externes, les seules visibles quand l'aile est au repos, bai brun, marquées d'un petit dessin brun foncé.

Lancettes. — Rouge ardent, rayées de noir au milieu.

Plastron et toute la partie inférieure du corps. — D'un noir brillant.

Plumes rectrices. — Noires.

Couvertures de la queue.— Noires, bordées d'un liséré brun bronzé.

Petites, moyennes et grandes faucilles. — Noires à reflets verts et violacés.

Poule.

Poule de Leghorn rouge.

Tête. — Fine, petite et gracieuse.

Crête. — Très grande, fine, régulièrement dentelée, *pliée* et se rabattant sur un des côtés de la tête, d'un rouge vif à l'époque de la ponte.

Barbillons. — Longs, arrondis, de la même couleur que la crête.

Joues. — Rouges et nues, peau fine.

Oreillons. — Assez développés et d'un blanc pur.

Bouquets. — Ordinaires.

Bec,
Œil, } comme chez le coq.
Corps,

Ponte. — Excellente, d'une abondance inouïe.

Œufs. — Blancs, gros et d'un goût délicieux.

Incubation. — Nulle, comme chez toutes les bonnes pondeuses.

Description du plumage.

Plumes du camail. — Jaune doré, rayées au milieu de noir.

Plumes du plastron. — Roux marron clair, la tige des plumes blanches.

Plumes du dos, des reins et du reste du corps. — Couleur perdrix, à l'exception des plumes de la queue qui sont noires et de celles des jambes qui sont brun cendré, marquées du petit dessin qui caractérise le plumage perdrix.

VARIÉTÉ BLANCHE

White Leghorns.

La variété blanche ne diffère de la variété rouge que par la couleur de son plumage, qui est d'un blanc pur d'un bout à l'autre, chez les sujets des deux sexes et par les tarses qui sont un peu plus longs.

Défauts à éviter chez les oiseaux reproducteurs :

1° Crête renversée chez le coq, ou droite chez la poule : la crête renversée est un défaut chez le coq et une qualité caractéristique chez la poule.

2° Oreillons pliés ou défigurés par des sinuosités : il faut

Poule de Leghorn blanche.

que la peau qui les recouvre soit parfaitement lisse, sans rides ni sinuosités.

3° Oreillons blancs sablés de rouge : il faut qu'ils soient d'un blanc entièrement pur.

4° Pattes d'une autre couleur que *jaune.*

5° Plumes noires dans le plumage de la variété blanche.

6° Plumes blanches dans la queue de la variété rouge.

7° Queue portée trop relevée ou trop près de la tête. En

Coq de Leghorn blanc.

Angleterre on préfère les coqs qui portent la queue perpendiculairement, *mais pas près de la tête.*

Race de Dominique.

Dominiques.

Originaire des États-Unis et introduite récemment en France, la beauté de son plumage, sa grande fécondité et sa chair préférable à celle de toutes les autres espèces américaines l'ont fait vivement rechercher par les amateurs.

Ces volailles ont beaucoup d'analogie, pour les formes,

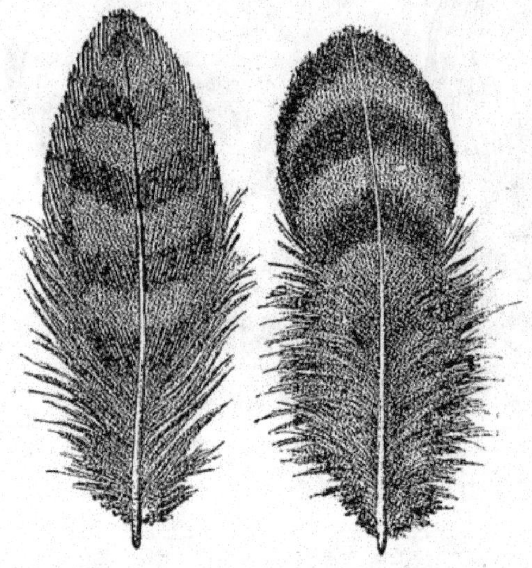

Plume du camail de la Poule. — Plume de la poitrine de la Poule.

avec les Dorking à crête frisée, dont elles ne diffèrent que par la couleur des pattes, qui est d'un jaune clair, comme dans presque toutes les races qui nous viennent de l'Amérique.

La race est rustique, féconde et d'une surprenante précocité. Les poulets s'élèvent facilement et sont très aptes à prendre la graisse; leur chair est blanche, fine, juteuse et d'un goût exquis.

C'est, de toutes les races américaines, celle qui possède le plus de qualités; et elle ne paraît le céder en rien à nos meilleures races françaises.

Sa taille est un peu au-dessous de celle de la race de Dorking, et la couleur du plumage qui caractérise la race, est coucou d'un bout à l'autre.

CARACTÈRES GÉNÉRAUX ET MORAUX.

Coq.

Tête. — Assez forte, proportionnée à la taille de l'oiseau.

Bec. — Fort à sa base, légèrement crochu.

Couleur du bec. — Jaune comme les pattes.

Longueur du bec. — 2 1/2 centimètres.

Narines. — Ordinaires.

Crête. — Volumineuse, frisée, hérissée de petites pointes régulières, longues de trois millimètres, dont l'ensemble forme une surface plane, carrée en devant, recouvrant la base du bec, pointue et se prolongeant en arrière.

Œil. — Rouge ou aurore.

Joues. — Rouges et presque nues.

Oreillons. — Rouges, de forme ovale.

Bouquets. — Petits, composés de petites plumes gris clair.

Barbillons. — De longueur moyenne, bien arrondis, rouges comme la crête et les joues.

Cou. — Court, épaissi par un camail abondant.

Corps. — Gros, arrondi, ayant beaucoup d'analogie, par les formes, avec celui du Dorking; dos et reins larges; poitrine très ouverte et proéminente; pectoraux charnus; ailes de longueur moyenne, serrées contre le corps; cuisses et jambes grosses et courtes.

Taille. — Hauteur du plan de position à la partie supérieure de la tête, dans l'attitude du repos, 45 centimètres; dans l'attitude fière, 50 centimètres. Du dos à l'aplomb, 32 centimètres.

Jambes. — Grosses et courtes.

Pattes. — Courtes, assez grosses et nues.

Couleur des pattes. — D'un jaune brillant comme chez les Leghorns.

Doigts. — Au nombre de quatre à chaque patte, longs, droits et bien articulés.

Queue. — Amplement garnie de faucilles longues et larges, portée assez relevée mais pas près de la tête.

Physionomie de la tête. — Semblable à celle du coq de Dorking à crête frisée.

Poids. — A l'âge adulte, 3 1/2 à 4 kilogrammes.

Chair. — Fine, savoureuse et d'un goût exquis.

Squelette. — Léger.

Plumage. — Coucou d'un bout à l'autre, sans mélange de plumes jaunes ou rouges dans le camail qui sont considérées comme un grand défaut. Chaque plume doit être marquée de *quatre* barres parallèles, transversales, noires, se détachant sur fond blanc, à l'exception des plumes de camail, des lancettes, des rémiges primaires et secondaires, des rectrices et des faucilles dont le nombre des barres augmente en raison de la longueur de la plume.

Poule.

Les caractères de la poule sont identiquement semblables à ceux du coq et ont beaucoup d'analogie avec ceux de la poule de Dorking coucou à crête frisée. Elle est vive, éveillée, porte la queue relevée, est excellente pondeuse et a peu de penchant pour la couvaison. Son plumage est coucou d'un bout à l'autre comme celui du coq.

Poids. — A l'âge adulte, 2 1/2 à 2 3/4 kilogrammes.

Tête. — Fine, d'assez petite dimension.

Crête. — Frisée comme celle du coq.

Barbillons. — Petits et bien arrondis.

Bouquets. — Comme chez le coq.

Joues. — Rouges, presque nues, très légèrement garnies de petites plumes grises.

Bec. — Jaune et assez long.

Œil. — Aurore ou rouge.

Corps. — Gros, arrondi; cou court, épaules et reins larges; poitrine bien développée et proéminente; cuisses et jambes grosses et courtes.

Pattes. — Jaunes et courtes.

Ponte. — Excellente et précoce.

Œufs. — Blancs, très gros et d'un goût exquis.

Incubation. — Très médiocre, comme chez toutes les bonnes pondeuses.

Défauts à éviter chez les oiseaux reproducteurs :

1° Crête simple ou crête pliée se rabattant sur la tête.

2° Plumes jaunes ou blanches dans le camail et parmi les lancettes.

3° Tarses d'une autre couleur que jaune.

4° Plumes blanches ou noires dans la queue.

5° Plumage à fond sale et dont les barres caractéristiques dont chaque plume est marquée, manquent de netteté dans la forme.

Variété de Plymouth Rock;

Plymouth Rocks.

Cette variété, que quelques auteurs élèvent au rang de race, a été fabriquée aux États-Unis au moyen de croisements entre le *Dominique* et le *Cochinchinois.*

La couleur de son plumage qui est uniformément coucou et de ses pattes qui sont jaunes, prouve jusqu'à l'évidence que le Dominique est la souche principale du Plymouth Rock ; de même que sa grande taille, ses formes heurtées et sa grande propension à l'incubation accusent une descendance du Cochinchinois.

Le nom fantaisiste de *Plymouth Rock*, sous lequel cette variété est désignée, n'indique absolument aucune provenance : il lui a été donné par un amateur américain, qui a pensé qu'il était important de donner à ses volailles un nom bizarre, pour assurer leur succès dans les concours.

Du reste, c'est perdre son temps que de chercher à remonter à la source de chaque race et de chaque variété, qui le plus souvent sont les résultats d'une infinité de croisements et dont l'origine est invariablement enveloppée d'un épais nuage.

La race ou la variété, comme on voudra l'appeler, est une des plus fortes et des plus rustiques des races américaines proprement dites. Sa fécondité est surprenante, sa précocité et son aptitude à prendre la graisse ne le cèdent en rien aux meilleures races américaines, et sa chair est, dit-on, fine et délicate.

CARACTÈRES GÉNÉRAUX ET MORAUX.

Coq.

Le coq a la tête de grosseur moyenne, la crête *simple*, droite, de hauteur moyenne et assez régulièrement dentelée ; le bec fort à sa base, un peu crochu et de couleur jaune ; les narines ordinaires ; les joues rouges et nues ; l'œil rouge vif ; les oreillons assez développés et rouges sans mélange de blanc ; les barbillons longs, larges et bien arrondis ; le cou assez court, gracieusement arqué, épaissi par un camail abondamment garni de plumes longues, fines et blanches, marquées de petites barres noires transversales à reflets argentés ; le corps volumineux et bien charpenté ;

le dos large et horizontal; les reins très larges et formant une ligne ascendante vers la queue; les épaules et la poitrine saillantes; les cuisses énormes; les jambes grosses et charnues; les tarses courts, gros, complètement nus, très écartés l'un de l'autre et de couleur jaune brillant; les doigts au nombre de quatre à chaque patte, forts et gros; la queue courte, mais plus longue que celle du Cochinchinois et garnie de faucilles d'assez bonne longueur; la taille un peu au-dessous de celle du Cochinchinois; le plumage coucou d'un bout à l'autre, sans mélange de plumes jaunes ou blanches; l'allure grave et majestueuse; le caractère doux et peu batailleur. — Poids — à l'âge adulte, 4 kilogrammes.

Poule.

La poule a la tête fine et gracieuse; la crête simple, droite, petite, finement dentelée et d'un tissu fin et uni; le bec, l'œil et les joues comme chez le coq; les barbillons petits et bien arrondis; les oreillons rouges, légèrement pendants; le corps volumineux, les formes un peu heurtées mais plus arrondies que chez la poule cochinchinoise : le dos large, les reins très larges et formant une ligne ascendante vers la queue, les épaules saillantes, la poitrine très développée, les pectoraux charnus, les cuisses et les jambes très grosses et amplement garnies de plumes longues et épanouies, mais pas duveteuses comme chez la Cochinchinoise; les plumes de l'abdomen également longues et épanouies; les tarses de longueur moyenne et d'un jaune brillant.

Ponte. — Abondante, surtout en hiver, quand les poules de toutes les autres races, excepté les Brahmapootra et les Cochinchinoises, se reposent.

Œufs. — Blancs et d'un grand volume.

Incubation. — Excellente, mais ne demandant pas à couver à chaque instant comme la poule cochinchinoise.

Chair. — Assez fine.

Squelette. — Lourd.

Taille. — Un peu au-dessous de celle de la poule cochinchinoise.

Poids. — A l'âge adulte, 3 kilogrammes.

Plumage. — Coucou d'un bout à l'autre.

Caractère. — Doux ; venant manger dans la main des personnes qui s'occupent d'elle ; bonne sœur et bonne mère.

Physionomie de la tête. — Très fine, très éveillée, beaucoup de ressemblance avec celle de la poule cochinchinoise.

Défauts à éviter chez les oiseaux reproducteurs :

1° Crête frisée, ou renversée, ou irrégulière ou d'un tissu grossier.

2° Tête forte chez les sujets des deux sexes.

3° Plumage peu étoffé, il faut que le plumage soit abondant comme chez le Crèvecœur, et que la queue soit bien touffue.

4° Plumes rouges ou blanches dans le camail ou dans les ailes ou dans la queue. Il faut que le plumage soit uniformément coucou d'un bout à l'autre ; c'est-à-dire que le fond du plumage doit être blanc et que chaque plume doit être marquée de barres transversales d'un noir bleu ou d'un noir intense, dont le nombre augmente en raison de la longueur de la plume : les plumes ordinaires n'en comptent que quatre.

5° Taille trop au-dessous de celle du Cochinchinois.

6° Manque d'ampleur de poitrine, car une poitrine large ouverte est toujours l'indice d'une bonne constitution.

7° Reins étroits ou inclinant en arrière.

8° Tarses garnis de plumes ou d'une autre couleur que jaune.

CHAPITRE XII

Race de Hambourg. Gallus Hamburgensis.

Die Hamburger race. Hamburghs.

De toutes les races d'utilité et d'agrément, c'est la race de Hambourg qui est la plus belle et la plus gracieuse. Quoiqu'elle soit le plus souvent destinée à l'embellissement des volières, elle n'en est pas moins d'une surprenante fécondité et sa chair est d'une grande finesse.

On prétend qu'elle est d'origine asiatique ; mais elle est connue en Angleterre depuis fort longtemps, et les éleveurs anglais l'ont tellement perfectionnée qu'elle ne ressemble plus à la race primitive.

CARACTÈRES GÉNÉRAUX

Les sujets des deux sexes ont le bec court et petit ; la tête aplatie ; la crête frisée, carrée en avant, *très pointue* en arrière, hérissée de petites pointes régulières dont l'ensemble forme une surface plane ; la crête du coq est beaucoup plus grande que celle de la poule et se prolonge beaucoup plus en arrière, en forme de pointe effilée, légèrement recourbée en haut à son extrémité ; l'œil grand ; les joues nues et rouges sans mélange de blanc ; les barbillons larges, très arrondis, d'un tissu fin et transparent ; les oreillons ronds, d'un *blanc pur*, et posés à plat sur les joues ; les formes du corps moelleuses ; le cou assez long, gracieusement arqué ; le dos et les reins larges ; les ailes longues mais pas pendantes ; la poitrine amplement développée et proéminente ; les jambes et les tarses courts ; la queue assez longue et portée relevée ; l'allure fière et gracieuse.

CARACTÈRES MORAUX

La race est vagabonde, aime sa liberté et à aller chercher

au loin sa nourriture. Le coq est très belliqueux et ne souffre pas de rivaux en sa présence; mais il est très complaisant pour ses poules qui sont douces et très sociables entre elles. Elles sont bonnes pondeuses et couvent très rarement. Les poulets sont faciles à élever.

Cette ravissante race comporte trois variétés, toutes aussi belles l'une que l'autre :

La variété pailletée dorée, *The golden spangled Hamburghs.*

La variété pailletée argentée, *The silver spangled Hamburghs.*

La variété noire, *The black Hamburghs.*

DESCRIPTION DE LA VARIÉTÉ PAILLETÉE DORÉE

Golden spangled Hamburghs.

Les sujets des deux sexes de cette variété sont d'une beauté remarquable. La couleur du fond de leur plumage est roux chamois vif, magnifiquement lustré d'un bout à l'autre, sur lequel se détachent de petites taches rondes d'un noir brillant à reflets vert foncé.

CARACTÈRES GÉNÉRAUX ET MORAUX

Coq.

Couleur du bec. — Corne.

Crête et barbillons. — Rouge vermillon.

Joues. — Rouges et nues.

Œil. — Très grand, rouge.

Oreillons. — D'un blanc pur, sans aucun mélange de rouge, de forme ronde et posés à plat sur les joues.

Plumes du camail et lancettes. — Roux chamois vif, marquées au milieu d'une rayure bien apparente d'un noir brillant à reflets verts.

Plumes du dos, des épaules, petites et moyennes tectrices. —

Même fond roux chamois et marquées aux extrémités d'une goutelette d'un noir intense.

Grandes tectrices ou *couvertures des ailes.* — Roux chamois vif, ayant chacune à l'extrémité une grande tache ronde

Coq de Hambourg doré.

d'un noir vert brillant, dont l'ensemble forme deux barres parallèles qui traversent l'aile.

Rémiges primaires et secondaires. — Roux chamois, bordées d'un liséré noir, s'élargissant aux extrémités.

Plumes du plastron, de la partie inférieure du corps, des cuisses, des jambes. — Même fond chamois lustré, marquées aux extrémités de la tache ronde caractéristique.

Rectrices et faucilles. — Noires à reflets verts.

Couleur des tarses ou *des pattes.* — Plomb foncé.

Poule.

Poule de Hambourg dorée.

La couleur du fond du plumage de la poule est roux chamois vif, superbement lustré comme chez le coq, sur lequel s'enlèvent les taches noires à reflets verts qui caractérisent la race.

Plumes de la tête. — Jaune chamois vif.

Plumes du camail. — Fond roux chamois vif, rayées au milieu de noir comme chez le coq.

Plumes du dos, des épaules, des reins, du recouvrement de la queue, du plastron, de la partie inférieure du corps, des cuisses et des jambes. — Même fond roux chamois bien lustré, marquées aux extrémités d'une tache ronde d'un noir brillant à reflets verts; plus les taches sont grandes, nettement dessinées et uniformément parsemées par tout le corps, mieux l'oiseau est apprécié.

Grandes tectrices ou *couvertures des ailes.* — Roux chamois, marquées à leurs extrémités d'une très grande tache ronde d'un noir vert brillant, dont l'ensemble, quand l'aile est ployée, forme deux barres transversales.

Rémiges primaires et secondaires et couvertures de la queue. — Roux chamois, bordées d'un liséré noir, s'élargissant aux extrémités.

Rectrices ou *grandes caudales.* — Entièrement noires à reflets vert foncé.

Lorsque la poule vieillit, il arrive, *même chez les sujets de race tout à fait pure*, que les pointes extrêmes des plumes soient marquetées de blanc; mais l'amateur ne doit pas se préoccuper de cette apparition de blanc dans le plumage, qui n'est qu'un indice de vieillesse et nullement de dégénérescence.

VARIÉTÉ PAILLETÉE ARGENTÉE

Silver spangled Hamburghs.

Cette adorable variété est infiniment plus féconde que la variété dorée, et un troupeau composé de dix poules et un coq de premier choix de Hambourgs pailletés argentés, offre un aspect ravissant.

Le plumage de la variété pailletée argentée ne diffère de celui de la variété dorée que par le fond qui est d'un blanc pur au lieu d'être chamois.

Coq.

CARACTÈRES.

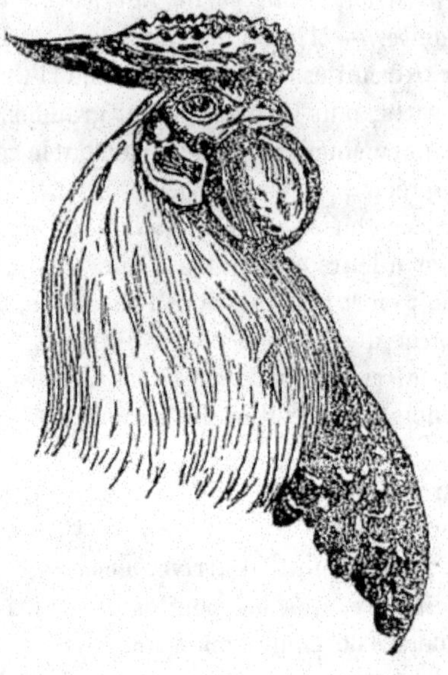

Couleur du bec. — Corne clair.

Crêtes, joues et barbillons. — Rouge vermillon.

Oreillons. — D'un blanc pur, sans mélange de rouge.

Œil. — De vesce, très brillant.

Plumes du camail. — Blanc argentin, sans teintes jaune paille, marquées à la base du cou d'une petite tache noire longuette.

Plumes du dos, des épaules et lancettes. — Blanches, marquées à l'extrémité d'une petite tache noire longuette.

Grandes tectrices ou *couvertures des ailes.* — Blanches, ayant chacune à son extrémité une grande tache ronde d'un noir brillant à reflets verts, dont l'ensemble forme deux barres parallèles, très apparentes, qui traversent l'aile quand elle est ployée.

Rémiges primaires et secondaires. — Blanches, bordées d'un liséré noir aux extrémités, s'élargissant à la pointe des pennes.

Plumes du plastron, des cuisses et des jambes. — Blanches, régulièrement marquées aux extrémités d'une grande tache

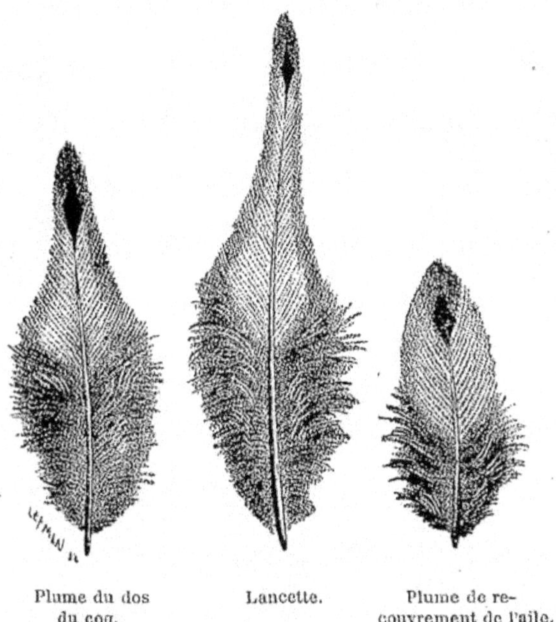

Plume du dos du coq. Lancette. Plume de recouvrement de l'aile.

ronde d'un noir brillant à reflets verts. Plus les taches sont grandes, nettement dessinées, bien rondes et régulièrement parsemées par tout le corps, mieux l'oiseau est apprécié.

Rectrices ou *grandes caudales.* — Blanches extérieurement, grisâtres intérieurement, marquées d'un large bord noir à l'extrémité.

Faucilles. — Blanches, marquées également d'une tache noire à l'extrémité, mais cette tache n'est pas ronde comme celle des plumes du plastron, elle affecte plutôt la forme du croissant.

Plumes de l'abdomen. — D'un gris noirâtre.

Couleur des tarses. — Bleu de plomb foncé.

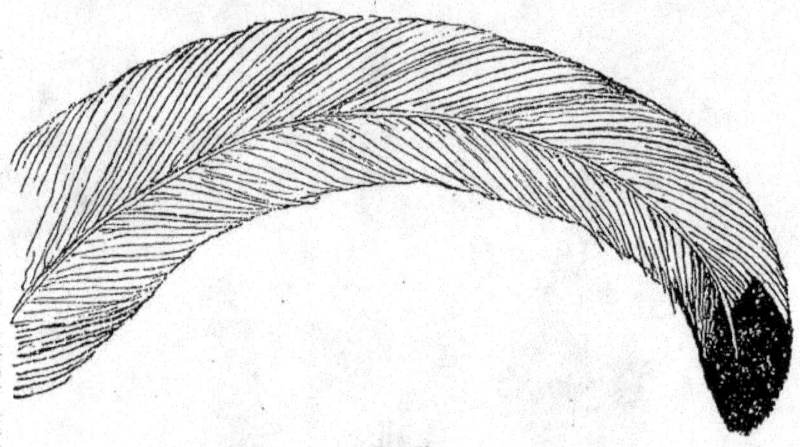

Faucille.

Poule.

CARACTÈRES.

Bec, crête, joues, oreillons et œil. — Comme chez le coq.

Plumes de la tête. — Blanches.

Plumes du camail. — Blanches, marquées aux extrémités d'une tache noire à reflets verts.

Les taches petites et longuettes à la partie supérieure du camail grandissent et affectent une forme plus ronde au fur et à mesure que les plumes augmentent de taille et gagnent la base du cou.

Plumes du plastron, du dos, des épaules, des reins, de la partie inférieure du corps, des cuisses, des jambes et des flancs. — Blanches et chaque plume doit être marquée à son extrémité de la tache noire caractéristique nettement dessinée.

Plumes de l'abdomen. — Grisâtres.

Plumes du recouvrement de la queue. — Blanches, bordées à l'extrémité d'un liséré noir, s'élargissant à la pointe de la plume.

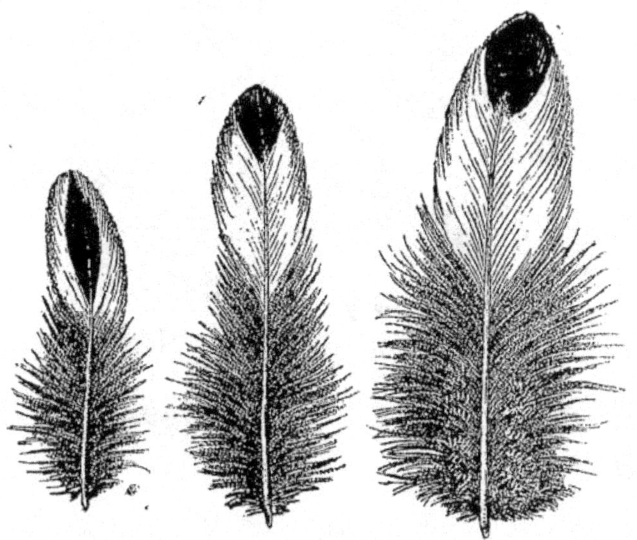

Plume du camail près de la tête de la poule. — Plume du camail du milieu du cou de la poule. — Plume du camail à la naissance du cou de la poule.

Plumes du recouvrement de l'aile ou *grandes tectrices.* — Blanches, marquées à l'extrémité d'une grande tache ronde, d'un noir brillant à reflets verts, dont l'ensemble forme deux barres noires parallèles et transversales quand l'aile est ployée.

Rémiges primaires et secondaires. — Blanches, bordées d'un liséré noir à l'extrémité, s'élargissant à la pointe des pennes.

Rectrices ou *grandes caudales.* — Blanches, marquées à l'extrémité de la tache caractéristique, mais le plus souvent d'une bordure noire.

Tarses. — Plomb foncé.

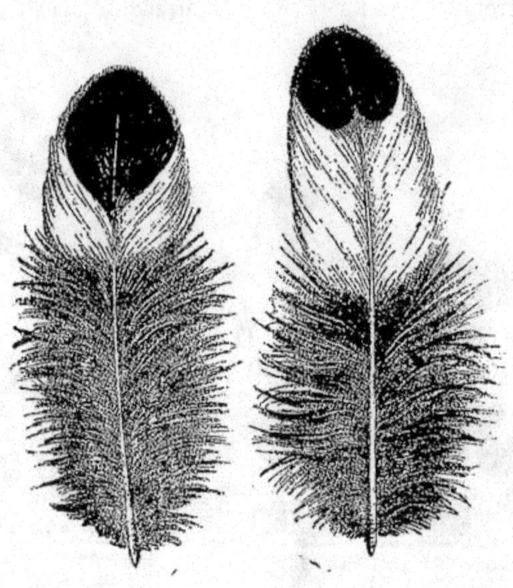

Plume du dos de la poule. Plume de recouvrement de l'aile de la poule.

Défauts à éviter chez les oiseaux reproducteurs des deux variétés :

1° Crête défectueuse ou ne se prolongeant pas suffisamment en arrière en forme de pointe légèrement recourbée en haut à son extrémité.

2° Oreillons sablés de rouge.

3° Plumage marqueté irrégulièrement, taches noires trop serrées, ou trop écartées, ou n'affectant pas la forme ronde.

4° Formes disgracieuses.

5° Tarses d'une autre couleur que plomb foncé ou plomb ardoisé.

6° Plumage mat, ou insuffisamment lustré.

7° Faucilles barbouillées de noir chez le coq argenté.

VARIÉTÉ NOIRE.

Black Hamburghs.

Cette variété est identiquement semblable pour les formes aux variétés pailletées; mais elle les surpasse en taille. Le coq est un oiseau superbe et ressemble beaucoup au coq du Mans; mais il a le plumage plus lustré et les formes du corps plus moelleuses. La poule est excellente pondeuse; ses œufs sont blancs et de très bonne grosseur.

CARACTÈRES.

Couleur du bec. — Noire ou corne foncée.

Crête, joues et barbillons. — Rouge vermillon.

Oreillons. — Ronds, d'un blanc pur, sans mélange de rouge, posés à plat sur les joues qui doivent être rouges sans mélange de blanc.

Œil. — Rouge vif.

Plumage. — Noir vert brillant, magnifiquement lustré d'un bout à l'autre.

Tarses. — Couleur plomb foncé.

Défauts à éviter chez les oiseaux reproducteurs :

1° Crête simple, ou se prolongeant trop peu en arrière.

2° Oreillons sablés de rouge.

3° Joues sablées de blanc, ce qui accuserait un croisement avec la race espagnole.

4° Tarses d'une autre couleur que plomb foncé ou ardoisé.

5° Plumage mat ou insuffisamment lustré.

6° Plumes rouges dans le camail.

L'amateur doit surtout rechercher, chez les coqs qu'il destine à la reproduction, une crête bien frisée, régulièrement hérissée de petites pointes mesurant environ deux millimètres de hauteur, formant dans leur ensemble une surface plane, carrée en avant, se prolongeant considérablement en arrière, en forme de pointe très effilée et *recourbée en haut à l'extrémité.* Les oiseaux des deux sexes qui n'ont pas les oreillons blancs, sans mélange de rouge, doivent être également éliminés de la reproduction.

Rocher.

CHAPITRE XIII

Race de la Campine ou de Hambourg crayonnée.

The pencilled Hamburghs.

Cette charmante race a à peu près les mêmes caractères que ceux de la race de Hambourg, dont elle diffère principalement par le plumage, et comporte deux variétés :

La variété argentée, *The silver-pencilled Hamburghs* et la variété dorée, *The golden pencilled Hamburghs*, qui ne diffèrent entre elles que par la couleur du fond de leur plumage. La variété argentée a le fond du plumage d'un beau blanc et la dorée d'un roux chamois vif.

En Angleterre, où elle est fort répandue, on la considère comme une variété de la race de Hambourg, avec laquelle

elle a, en effet, énormément de ressemblance. Elle tire son nom de la localité où on la cultive le plus; mais hâtons-nous d'ajouter que les volailles de cette race qui nous viennent de Hambourg, de la Belgique et de la Hollande, sont d'une médiocrité déplorable, comparativement à celles qu'on rencontre en Angleterre, où des amateurs sérieux et intelligents ont amélioré la race et l'ont portée à son plus haut degré de perfectionnement, au moyen d'un choix judicieux des oiseaux reproducteurs.

Nos voisins d'outre-Manche désignent cette race aussi sous le nom de *Poule pond tous les jours* (*Dutch every day layers*), et elle est à juste titre la poule de prédilection de beaucoup d'amateurs, à cause de l'élégance de ses formes, de la beauté de son plumage et de sa surprenante fécondité.

La race est rustique, mais elle est vagabonde et aime sa liberté. Les poulets s'élèvent facilement et n'exigent pas plus de soins que ceux de nos races communes.

CARACTÈRES GÉNÉRAUX ET MORAUX.

Coq.

Tête. — Courte, déprimée, de forme gracieuse.

Bec. — Petit et court de couleur corne.

Narines. — Ordinaires.

Œil. — Grand, regard intelligent.

Iris. — Rouge vif, pupille noire chez les deux variétés.

Crête. — Frisée, hérissée de petites pointes régulières dont l'ensemble forme une surface plane, carrée en avant, se prolongeant extrêmement en arrière, en forme de pointe effilée légèrement recourbée *en haut* à son extrémité.

Barbillons. — Larges, bien arrondis, de longueur moyenne, d'un rouge vermillon comme la crête et d'un tissu fin.

Oreillons. — D'un blanc pur, sans aucun mélange de rouge; de forme ronde; posés à plat sur les joues.

Joues. — Nues, rouges et recouvertes d'une peau fine.

Bouquets. — Petits, blancs chez la variété argentée ; fauves chez la variété dorée.

Cou. — Assez long, légèrement mais gracieusement arqué.

Corps. — Arrondi, formes moëlleuses ; dos et reins larges ; poitrine bien développée et proéminente ; ailes longues mais pas pendantes ; pilons et tarses courts ; queue longue et portée relevée, mais pas près de la tête ; allure fière et gracieuse.

Chair. — Fine, très délicate et très savoureuse.

Poids. — A l'âge adulte, 2 kilogrammes 1/2.

Squelette. — Léger. Os minces.

Pilons et tarses. — Courts.

Couleur des tarses. — Bleu cendré chez les deux variétés.

Doigts. — Longs, droits, au nombre de quatre à chaque patte.

Queue. — Très grande, garnie de faucilles longues et larges.

Taille. — Un peu au-dessous de celle de nos volailles de ferme.

Poule.

La poule est plus mignonne que le coq ; sa crête est frisée, mais elle est moins grande et se prolonge moins en arrière que celle du coq.

Ponte. — Merveilleuse.

Œufs. — Petits, mais d'un goût fort délicat.

Incubation. — Presque nulle.

Chair. — Fine, délicate et extrêmement savoureuse.

Poids. — A l'âge adulte, 2 kilogrammes.

DESCRIPTION DU PLUMAGE.

Variété argentée.

Silver-pencilled Hamburghs.

Coq.

Coq de la Campine argenté.

Plumes de la tête, du camail, du dos, des épaules, du plastron, des cuisses, des jambes et les lancettes. — Blanc argentin,

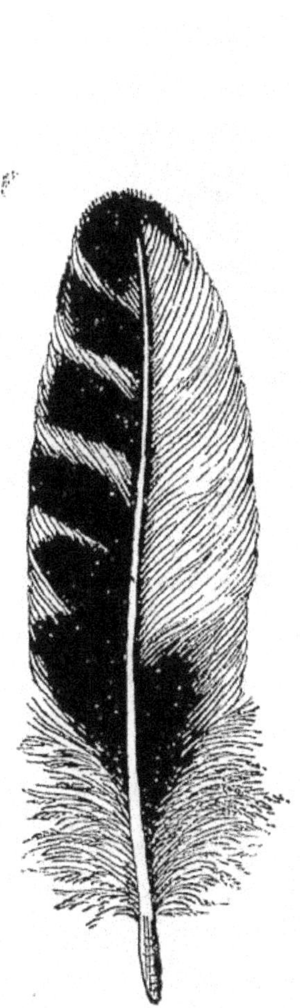

Grande tectrice ou grande couverture de l'aile du coq.

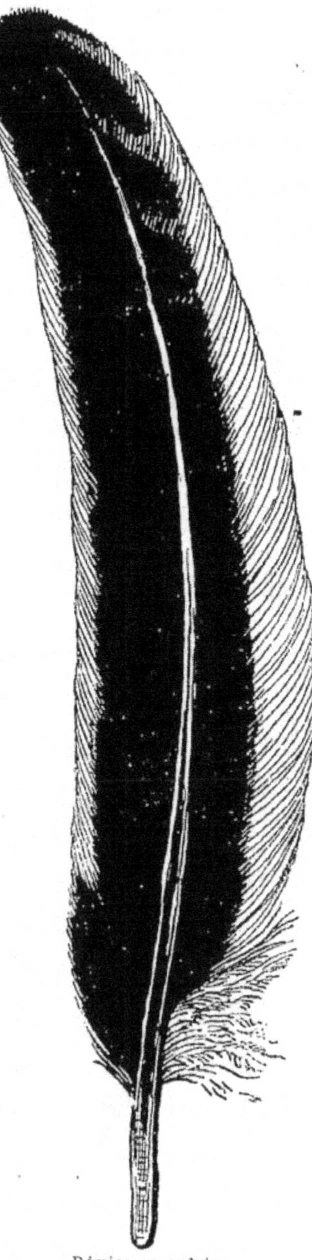

Rémige secondaire.

sans aucun mélange de teintes jaune paille, qui sont considérées comme un grand défaut.

Barbes externes des grandes tectrices ou *des couvertures de l'aile.*— Blanches, excepté aux extrémités des plumes où elles sont noires et dont l'ensemble forme, quand l'aile est ployée, deux barres rudimentaires et indistinctes qui traversent l'aile.

Barbes internes des grandes tectrices. — Marquées de barres transversales caractéristiques, mais cachées quand l'aile est fermée.

Rémiges secondaires. — Noires au milieu près de la tige, lisérées d'une très large bordure blanche, la bordure externe plus large que l'interne; l'extrémité des pennes grise ou blanche.

Rémiges primaires. — Barbes internes noires, barbes externes blanches.

Plumes des cuisses. — Blanches marquées de quelques petites taches noires.

Rectrices. — Noires.

Faucilles. — Noires, bordées d'un liséré d'un blanc pur très mince. Des faucilles blanches marquées de noir sont considérées comme un défaut.

Plumes de l'abdomen. — Gris brouillé.

Le coq n'est dans la plénitude de sa beauté que durant l'année qui suit la première mue. Après la seconde mue son plumage est moins beau, moins lustré et ses oreillons sont souvent sablés de rouge.

Poule.

Plumes de la tête et du camail. — D'un blanc pur.

Plumes du dos, des reins, des épaules, du recouvrement des ailes et de la queue, du plastron, des cuisses, des jambes et des flancs. — Blanches, régulièrement marquées de barres parallèles transversales d'un noir intense à reflets verts, nettement dessinées et se détachant distinctement sur le fond blanc. — Dans les sujets de race pure les barres sont droites, bien parallèles et ont la même largeur que le blanc qui les sépare.

Poule de la Campine argentée.

Rémiges primaires et secondaires. — Blanches, marquées de taches noires irrégulières.

Rectrices ou *grandes caudales.* — Blanches, régulièrement marquées de barres transversales nettement dessinées.

Les poules dont les plumes inférieures du camail sont marquées de petites taches noires et celles dont les barres transversales caractéristiques qui ornent leurs plumes ont peu de netteté dans la forme, après la seconde mue, doivent être éliminées de la reproduction.

Défauts à éviter chez les oiseaux reproducteurs :

1° Mauvaise crête, insuffisamment prolongée en arrière chez le coq, renversée chez les poules.

2° Oreillons sablés de rouge, ou de forme trop longue ; ils doivent être *ronds*, posés à plat sur les joues et d'un *blanc pur* sans aucun mélange de rouge.

3° Camail marqué de noir chez les sujets des deux sexes.

4° Rémiges secondaires irrégulièrement marquées de taches noires chez le coq ; elles doivent être noires au milieu, lisérées d'une large bordure blanche, la bordure externe étant trois fois aussi large que l'interne, noires aux extrémités.

5° Faucilles irrégulièrement marquées, ou bordées d'un liséré gris. Elles doivent être noires et bordées d'un liséré *blanc*, à l'exception de la pointe qui doit être entièrement noire.

6° Plumes du plastron de la poule bordées d'un liséré noir, au lieu d'être marquées de barres transversales droites et parallèles.

7° Épaules rouges chez les coqs.

8° Tarses d'une autre couleur que bleu cendré.

9° Grandes tectrices ou couvertures des ailes qui n'ont pas les extrémités externes marquées de noir et dont l'ensemble ne forme pas, quand l'aile est ployée, une barre rudimentaire qui traverse l'aile du coq.

Variété dorée.

The golden-pencilled Hamburghs.

Le plumage de la variété dorée diffère de celui de la variété argentée par la couleur du fond qui est jaune chamois vif.

Coq.

Le plumage du coq de la variété dorée est identiquement semblable à celui du coq rouge commun à plastron brun. Il a le camail rouge ardent; les épaules rouge foncé velouté; les grandes tectrices ou plumes de recouvrement des ailes brunes marquées aux barbes internes de barres noires transversales et marquées également de noir aux extrémités qui réunies forment deux barres rudimentaires qui traversent l'aile, quand elle est ployée; les rémiges secondaires noires au milieu, lisérées d'une large bordure brune, les bordures externes beaucoup plus larges que les internes et formant dans l'ensemble une seule masse brune quand l'aile est fermée; les rémiges primaires, qui sont invisibles quand l'aile est ployée, ont les barbes internes noires et les barbes externes brunes; les lancettes rouge ardent; les grandes caudales ou rectrices noires; les faucilles noires bordées d'un liséré brun bronzé; le plastron et toute la partie inférieure du corps brun uni.

Poule.

La poule a les plumes de la tête et du camail jaunes, ordinairement celles du camail sont un peu marquetées de noir, mais moins elles ont de taches noires, mieux l'oiseau est apprécié; les plumes du dos, des reins, des épaules, du recouvrement des ailes et de la queue, du plastron, des cuisses, des jambes, des flancs et les grandes caudales, jaune chamois vif, régulièrement marquées de barres parallèles transversales d'un noir intense à reflets verts, nettement dessinées et se détachant distinctement sur le fond chamois du plumage; comme chez les poules de la variété argentée les barres transversales qui distinguent la race, doivent être droites, bien parallèles, exactement de la même largeur que les intervalles qui les séparent et le fond jaune chamois sur lequel elles s'enlèvent, doit être vif et lustré : les poules dont la marqueterie est brouillée ou indistincte et dont le fond du plumage est d'un jaune neutre, n'ont absolument aucune valeur comme oiseaux de luxe. Les rémiges primaires et secondaires sont jaune chamois, marquées de dessins noirs irréguliers.

Après la seconde mue, le plumage devient plus fade chez les sujets des deux sexes. Chez le coq, la couleur du camail,

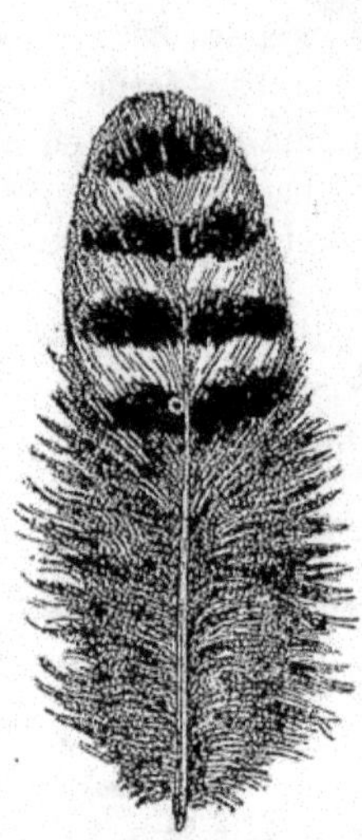

Plume de la poitrine.

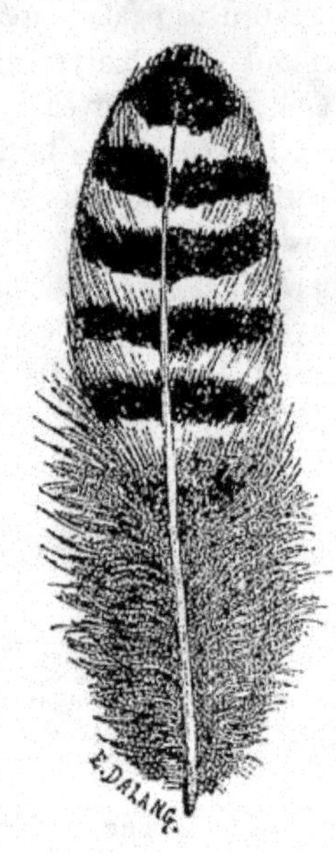

Plume du recouvrement de l'aile.

des lancettes et du plastron devient plus terne, de même que chez la poule le fond jaune chamois vif prend un ton moins vif, moins lustré, la marqueterie devient souvent plus brouillée et les plumes du camail sont plus chargées de noir ; de sorte que ces oiseaux ne sont dans toute la plénitude de leur beauté que durant l'année qui suit la première mue.

Défauts à éviter chez les oiseaux reproducteurs :

1° Crête simple, irrégulière, renversée, se prolongeant trop peu en arrière chez le coq et n'ayant pas la pointe recourbée *en haut.*

2° Oreillons sablés de rouge, ou de forme longue. Les oreillons doivent être d'un blanc pur, sans le moindre mélange de rouge et posés à plat sur les joues.

3° Faucilles entièrement noires ou entièrement brunes chez le coq. Les faucilles doivent être noires au milieu et bordées d'un liséré brun à reflets bronzés.

4° Couleur du fond du plumage fade chez la poule : plus il est vif et lustré, plus l'oiseau est estimé.

5° Pointes des plumes de nuance plus claire que le reste du plumage chez les sujets des deux sexes.

6° Plastron noir chez le coq. Le plastron doit être brun sans aucun mélange de plumes noires.

Poulets.

Les poussins de la variété dorée naissent de couleur fauve foncé, marqués de taches noires à la tête et ceux de la variété argentée naissent de couleur fauve clair portant à la tête des marques semblables à celles de leurs congénères de la variété dorée. Le premier plumage qui remplace le duvet est identiquement pareil chez les sujets des deux sexes à celui des poules adultes, mais il est moins lustré et la marqueterie est d'un noir moins intense, moins brillant et offre moins de netteté dans la forme. On peut distinguer les cochelets des poulettes avant qu'ils soient en couleurs, par la crête qui est visible chez les cochelets dès les premiers jours de leur naissance ; tandis qu'elle reste invisible chez les poulettes jusqu'à ce qu'elles aient atteint un certain développement.

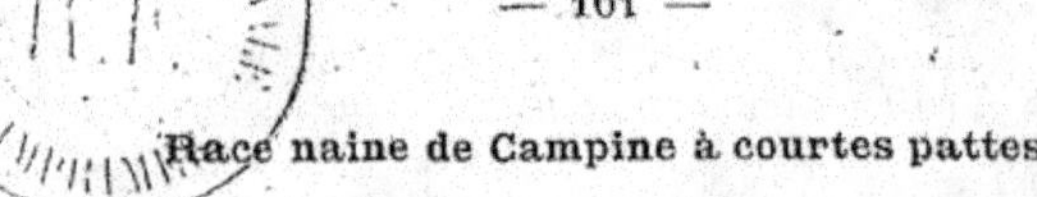

Race naine de Campine à courtes pattes.

On rencontre en Campine, dit M. le notaire Aerts, une espèce qui se rapporte au coq de Cambodge ou coq nain de Bretagne des auteurs d'histoire naturelle. Ce coq est presque aussi gros que le coq de Campine; il a à peu près le même plumage, mais la crête est tantôt simple, tantôt double, accompagnée ou non d'une petite huppe. Ce qu'il y a de remarquable, ce sont ses petites pattes nues, tellement courtes qu'il ne marche que difficilement et *ne peut gratter la terre;* de plus, elles sont souvent torses. Vu de profil lorsqu'il allonge le cou et la queue pour attaquer un autre coq, il paraît ne pas avoir de pattes ou être couché par terre. Comme pondeuses, les poules doivent être mises sur la même ligne que la poule commune, tant pour la grosseur que le nombre des œufs. On conserve cette race parce que *ses petites pattes ne lui permettent pas de s'éloigner de l'habitation, ni de ravager les jardins en grattant la terre.* Ses œufs sont presque ronds.

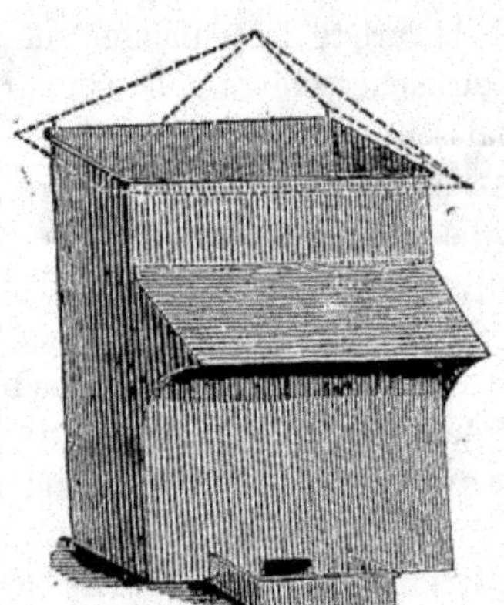

Abreuvoir pour Poules et Faisans.

CHAPITRE XIV.

Race des Ardennes.

Coq et Poule des Ardennes.

Le coq des Ardennes ressemble beaucoup au coq Bankiva. La race est extrêmement rustique, résiste aux froids les plus rigoureux de la contrée, ne réclame presque pas de soins, est très sobre, et, dès le lever de l'aurore, on la rencontre dans les champs faisant la chasse aux escargots, aux vers et détruisant des milliers d'insectes qui forment le fonds de sa nourriture.

Elle a le vol excessivement léger, et, recevant peu ou point de nourriture à la ferme, elle se tient presque constamment dans les champs, dans les taillis et au voisinage des routes, où elle trouve des graines sauvages et des insectes en abondance.

Ces volailles sont presque sauvages et extrêmement farouches. Au moindre bruit elles se cachent et se blottissent dans les broussailles comme des faisans sauvages, et, quand on s'en approche, elles volent sur les arbres.

Le coq est un fort bel oiseau, il a la tête fine et longue; la crête simple, droite, assez haute, régulièrement dentelée; le bec court et noir, ou corne foncée; l'œil rouge vif; les barbillons rouges; les joues recouvertes de petites plumes fines; les barbillons assez longs, larges et arrondis; le cou court et gros; le corps élancé; le dos assez large; les reins ordinaires; la poitrine arrondie mais peu proéminente; les ailes longues et portées bas; la queue fournie et garnie de faucilles longues formant un superbe panache; les jambes minces; les pattes fines, nues et de couleur plomb foncé.

Taille. — Semblable à celle du coq de la Campine.

Poids. — A l'âge adulte, 2 1/4 à 2 1/2 kilogrammes.

Chair. — Fine et délicate.

Plumage. — Plumes du camail rouge orangé; plumes du dos, petites et moyennes couvertures des ailes rouge foncé, velouté; grandes couvertures des ailes noires à reflets verts, dont l'ensemble forme une barre noire qui traverse l'aile; rémiges secondaires brunes; rémiges primaires et rectrices noir mat; faucilles noires à reflets verts; plumes du plastron et des cuisses, noir brillant; plumes de l'abdomen noir mat.

Caractère. — Assez belliqueux, ne supportant pas la présence d'un autre coq.

Poule.

La poule a la tête extrêmement petite et gracieuse ; le bec, l'œil, la crête et les formes du corps comme chez le coq.

Plumage. — Couleur perdrix d'un bout à l'autre.

Ponte. — Excellente.

Œufs. — Blancs et de très bonne grosseur.

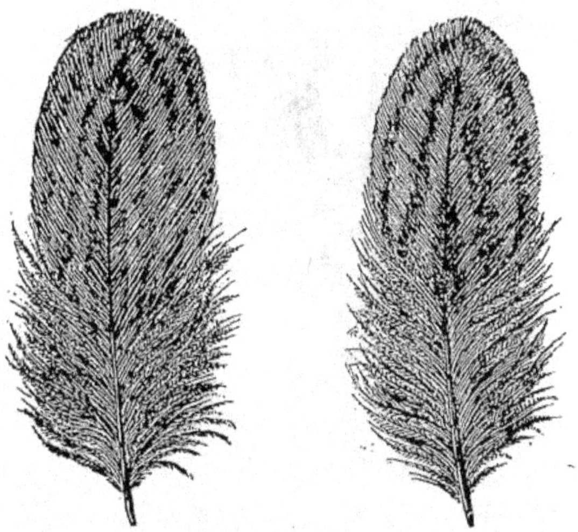

Plumes de la Poule des Ardennes.

Taille. — Petite, comme celle de la poule de la Campine.

Poids. — Environ 1 3/4 à 2 kilogrammes.

Chair. — Fine et délicate.

Caractère. — Doux, mais elle est extrêmement craintive et s'envole ou se cache à la vue de l'homme.

CHAPITRE XV.

Race de Padoue; Gallus patavinus.

Die Polnische race; Polish fowls.

Coq et Poule de Padoue.

Cette ravissante race d'agrément est essentiellement destinée à être parquée; car sa vue obstruée par les plumes de sa huppe la rend complètement inapte à aller chercher au loin sa nourriture.

La race est caractérisée par une huppe abondante et volumineuse qui couvre toute sa tête, par l'absence de crête et de barbillons, ces derniers étant remplacés par une barbe ou collier formé de petites plumes courtes et frisées, qui lui donne un aspect particulier.

Elle est très sédentaire et supporte la captivité mieux qu'aucune autre race. Le coq est extrêmement bon pour ses poules et a le caractère très doux. Les poules aussi sont douces et éminemment sociables entre elles; elles sont bonnes pondeuses et ont peu de penchant pour l'incubation. Les poulets s'élèvent difficilement en hiver, car ils supportent mal le froid et encore moins l'humidité.

Le crâne de ces volailles a une conformation fort bizarre :

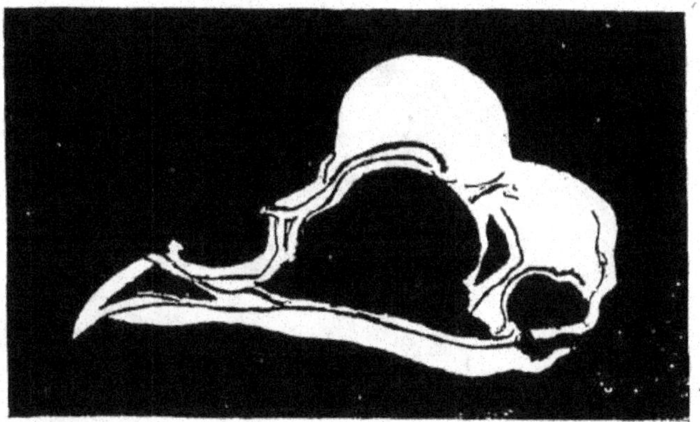

Crâne du Coq de Padoue.

la partie antérieure constitue une grande éminence, en forme de champignon, sur laquelle pousse la huppe. Le développement plus ou moins grand de cette protubérance osseuse est un signe certain auquel on peut reconnaître les poussins, dès les premiers jours de leur naissance, qui auront la huppe grande ou petite; et l'amateur qui a soin de choisir ses oiseaux reproducteurs parmi les sujets qui se distinguent le plus par cette particularité, est certain de s'assurer une souche de bonne descendance abondamment huppée.

Caractères généraux et moraux.

Coq.

Tête. — Grosse, courte, de forme bizarre : la partie antérieure du crâne sur laquelle pousse la huppe formant une

Tête de Coq de Padoue.

grande protubérance osseuse dont la dimension est proportionnée au volume de la huppe.

Bec. — De longueur moyenne.

Couleur du bec. — Corne foncée dans toutes les variétés.

Crête. — Rudimentaire, presque invisible.

Barbillons. — Nuls.

Joues. — Rouges, cachées par la huppe et la barbe.

Narines. — Grandes et saillantes.

Œil. — Rouge vif dans toutes les variétés.

Orcillons. — Blancs, petits et ronds, cachés par la barbe.

Huppe. — Immense, formée de plumes longues et minces ressemblant à celles du camail et couvrant toute la tête.

Barbe ou *collier.* — Composée de petites plumes courtes, minces et frisées, enveloppant la mandibule inférieure et les joues. Plus la barbe et la huppe sont développées plus l'oiseau est estimé.

Cou. — De longueur moyenne, gracieusement arqué et abondamment garni de plumes longues et minces.

Corps. — Elancé; épaules larges; reins étroits; poitrine bien développée, arrondie et proéminente; ailes de longueur proportionnée à la taille de l'oiseau, serrées contre le corps.

Pilons ou *jambes.* — Courts.

Tarses ou *pattes.* — Courts, fins et nus.

Couleur des tarses. — Bleu ardoisé dans toutes les variétés.

Doigts. — Au nombre de quatre à chaque patte, droits, minces, de longueur ordinaire.

Queue. — Amplement garnie, portée à peu près perpendiculairement; faucilles longues et larges formant un superbe panache.

Taille. — Moyenne, à peu près comme celle des coqs de nos races communes.

Poids. — A l'âge adulte, 3 kilogrammes.

Chair. — Extrêmement fine et savoureuse.

Squelette. — Très léger, os très minces.

Allure. — Majestueuse et fière.

Poule.

La poule a les mêmes caractères que le coq et a beaucoup d'analogie avec la poule de Crèvecœur; mais elle a la huppe beaucoup plus arrondie, plus volumineuse et plus compacte. Elle porte la queue un peu en éventail et a l'allure fière comme le coq.

Taille. — Plus petite que celle du coq.

Poids. — A l'âge adulte, environ 2 kilogrammes.

Chair. — D'une très grande finesse.

Ponte. — Très abondante, mais tardive.

Œufs. — De très bonne grosseur et d'un goût exquis.

Incubation. — Presque nulle.

Caractère. — Extrêmement doux.

Cette race comporte plusieurs variétés dont les principales sont :

La variété argentée, *The silver spangled polish fowls.*

La variété dorée, *The golden spangled polish fowls.*

La variété chamois, *The buff spangled polish fowls.*

La variété noire, *The black polish fowls.*

La variété blanche, *The white polish fowls.*

La variété coucou, *The cuckoo polish fowls.*

La variété herminée, *The ermine polish fowls.*

Description du plumage des diverses variétés.

Variété argentée; silver spangled polish fowls.

Coq.

Plumes de la huppe. — Noires à leur base, blanches au milieu, noires aux extrémités. Dès la deuxième mue une partie de la huppe blanchit et les plumes blanches deviennent de plus en plus abondantes au fur et à mesure que l'oiseau vieillit.

Plumes du camail. — Semblables à celles de la huppe, mais plus longues, plus minces, et la tache noire, à l'extrémité de la lancette, plus petite et moins apparente que dans les plumes de la huppe.

Plumes de la barbe ou *du collier.* — Noires entourées d'un liseré blanc.

Lancettes. — Analogues aux plumes du camail, mais plus

blanches à leurs pointes qui sont à peine marquées d'une petite tache noire longuette, presque imperceptible.

Plumes du dos, des épaules, petites et moyennes couvertures

des ailes. — Analogues à celles du camail, mais plus larges et plus pailletées aux extrémités.

Grandes couvertures des ailes. — Blanches bordées d'un liséré noir, la bordure s'élargissant à l'extrémité de la plume, formant réunies deux barres blanches maillées de noir qui traversent l'aile quand elle est ployée.

Rémiges secondaires. — Analogues aux grandes couvertures des ailes, à l'exception des barbes internes qui sont d'un

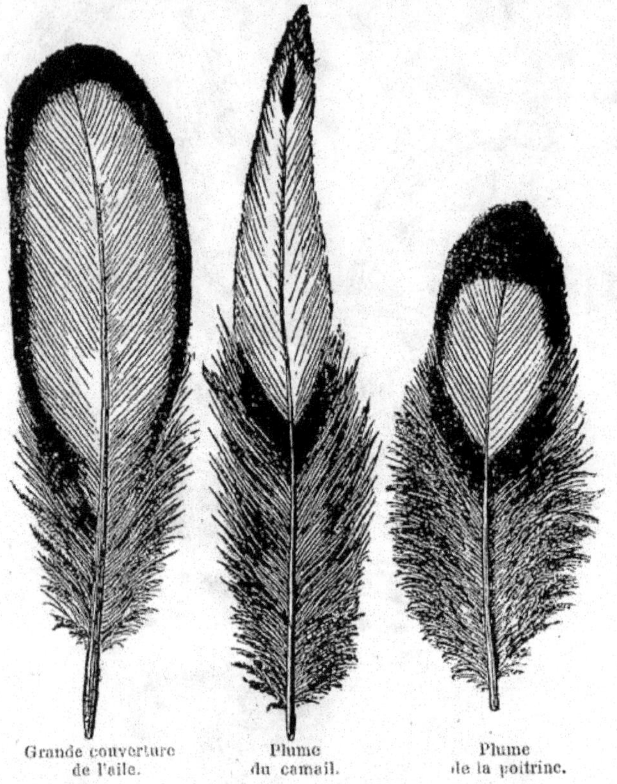

Grande couverture de l'aile. Plume du camail. Plume de la poitrine.

gris noir plus clair que le liséré noir qui borde toute la penne.

Rémiges primaires. — Semblables à peu près aux rémiges secondaires.

Grande faucille du Coq de Pologne de la variété argentée.

Plumes du plastron. — Noires à leur base, blanches au milieu, bordées d'un liséré noir qui s'élargit à l'extrémité des plumes. Quelquefois ces plumes ne sont que pailletées par le bout, et le milieu est blanc uni sans être bordé de noir ; mais la bordure noire est préférable.

Poule de Padoue de la variété argentée.

Couvertures de la queue. — Blanches, marquées au milieu de gris, liserées d'une large bordure très apparente d'un noir vert brillant.

Plume de la huppe de 1re année.

Plume de la huppe de 2e année.

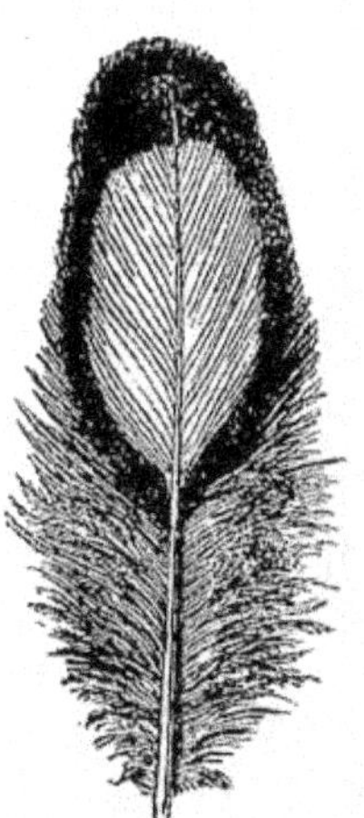

Plume de la poitrine.

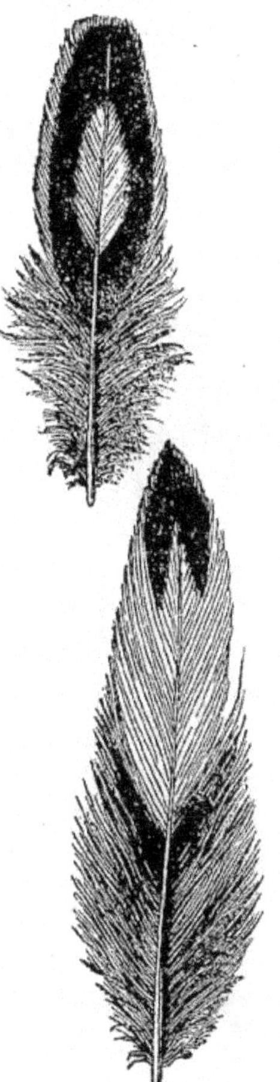

Plume du camail.

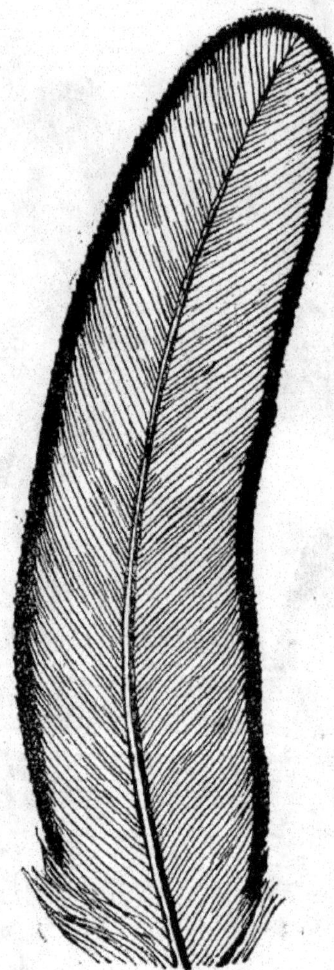

Rémige secondaire de la Poule
de Padoue argentée.

Rectrices ou *grandes caudales.* — Blanches ou grises, pailletées par le bout.

Faucilles. — Analogues aux rectrices ou grandes caudales.

Poule.

Plumes de la huppe. — Après la première mue ces plumes sont *noires* bordées d'un liseré blanc ; mais dès la deuxième mue elles sont au contraires *blanches* au milieu, bordées d'un liséré noir légèrement éclairci ou entouré de blanc extérieurement.

Plumes de la barbe ou *du collier.* — Noires, entourées d'un liséré blanc.

Plumes du camail. — Blanches, marquées aux extrémités d'une tache noire en forme de croissant.

Plumes du plastron, du dos, petites, moyennes et grandes couvertures des ailes, rémiges primaires et secondaires, rectrices, etc. — Blanches, entourées d'un liséré noir s'élargissant plus ou moins à l'extrémité des plumes.

Variété dorée.

Golden spangled polish fowls.

Les plumages des variétés argentée et dorée ne diffèrent l'un de l'autre que par la couleur du fond sur lequel s'enlève la bordure noire.

La variété argentée est marquée de noir sur fond blanc et la variété dorée est marquée de noir sur fond roux chamois vif.

La huppe, le camail, les épaules et les lancettes sont d'un rouge ardent chez le coq, et le reste du corps d'un roux chamois vif, sur lequel on aperçoit les marques noires caractéristiques.

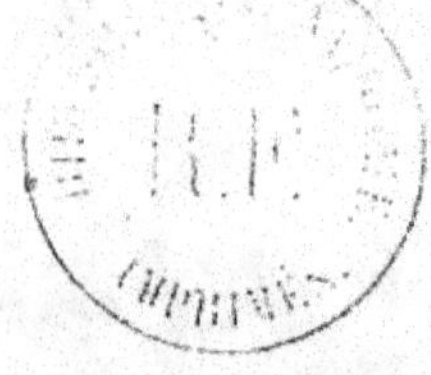

Variété chamois.

Buff polish fowls.

Le plumage de la variété chamois diffère des variétés argentée et dorée par la couleur de la maillure qui est blanche au lieu d'être noire.

Variétés blanche, noire et coucou.

White, black and cuckoo polish fowls.

Ces variétés n'exigent pas de description, étant de nuance uniforme d'un bout à l'autre.

Variété herminée.

Ermine polish fowls.

La couleur du plumage de cette nouvelle et ravissante variété n'est pas moins caractérisque que celle des autres variétés. Chaque plume du camail est blanche, marquée à l'extrémité d'une goutelette noire et le reste du plumage est entièrement blanc, à l'exception de deux petites barres noires parallèles, à peine perceptibles, qui traversent l'aile, et de l'extrémité de la queue qui est marquée de noir.

Les sujets des deux sexes ont le bec blanc, légèrement crochu, l'œil rouge et les pattes d'un bleu très clair presque blanc.

Cette variété, la plus nouvelle de toutes, est la moins fixée et reproduit assez souvent des sujets qui ont le plumage plus ou moins maillé de noir ; mais il est à espérer que, par un choix judicieux des oiseaux reproducteurs, en éliminant constamment de la reproduction les sujets qui n'ont pas le plumage entièrement franc de noir, on finira par fixer la race définitivement.

Il en existe des spécimens très purs au Jardin d'acclimatation; ils y sont entourés de grands soins et installés dans un parc gazonné où ils jouissent d'une liberté presque complète et produisent un fort bel effet.

Description du plumage.

Coq.

Plumes de la huppe. — Blanches.

Plumes du camail. — Blanches, très légèrement marquées de noir aux extrémités.

Plumes du collier. — Blanches.

Plastron et partie inférieure du corps. — Complètement blancs.

Lancettes. — Blanches.

Plumes du dos, des épaules, petites et moyennes couvertures des ailes. — Complètement blanches.

Grandes couvertures des ailes. — Blanches, bordées aux extrémités d'un très mince liséré noir, dont l'ensemble forme deux petites barres noires parallèles qui traversent l'aile quand elle est ployée.

Rémiges secondaires. — Barbes internes blanches, maculées de noir; barbes externes blanches, bordées aux extrémités d'un petit liséré noir.

Rémiges primaires. — Analogues aux précédentes, mais moins régulièrement bordées aux extrémités.

Grandes caudales. — Noires au milieu, bordées d'un liséré blanc irrégulier et très large, excepté aux extrémités qui sont noires.

Faucilles. — Analogues aux grandes caudales.

Poule.

Plumes de la huppe. — Blanches.

Plumes du camail. — Blanches, marquées d'une gouttelette

noire à l'extrémité qui produit un effet ravissant sur le fond blanc du plumage.

Plumes du collier. — Blanches.

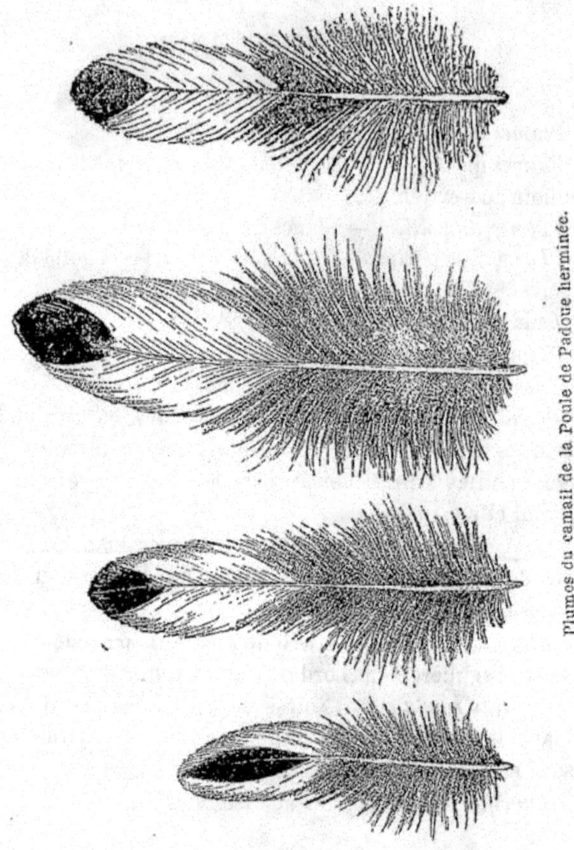

Plumes du camail de la Poule de Padoue herminée.

Plumes du dos, des épaules, des reins, petites et moyennes couvertures des ailes. — Entièrement blanches.

Grandes couvertures des ailes. — Blanches, bordées de noir aux extrémités comme chez le coq.

Rémiges primaires et secondaires. — Blanches, bordées d'un liséré noir.

Plastron et partie inférieure du corps. — Complètement blancs.

Grandes caudales ou *rectrices.* — Blanches, marquées de noir aux extrémités.

Défauts à éviter chez les oiseaux reproducteurs des diverses variétés :

1° Huppe peu développée et peu fournie. Les oiseaux qui n'ont pas la huppe sphérique très volumineuse et *abondamment garnie de plumes* doivent être éliminés de la reproduction. Plus la huppe est grande et sphérique chez les volailles de cette race, plus elles sont estimées et plus il y a lieu de compter sur une progéniture abondamment huppée.

2° Crête trop prononcée ou ressemblant à la crête du crèvecœur. La crête doit être absolument rudimentaire et ne doit pas affecter la forme de deux cornes comme chez le crèvecœur.

3° Plumage irrégulièrement maillé, ou dont la maillure manque d'intensité dans la couleur ou de netteté dans la forme, chez les variétés maillées.

4° Plumes du plastron, du dos, des reins, des cuisses, petites et moyennes couvertures des ailes maillées de noir chez la varité herminée.

5° Absence de liséré noir aux rémiges primaires et secondaires chez les variétés argentée et dorée.

6° Oreillons rouges.

7° Tarses d'une autre couleur que bleue.

Les plumes du plastron chez les deux sexes dans les variétés dorée et argentée sont le plus souvent marquées seulement aux extrémités d'une tache noire en forme de croissant dont les deux pointes se prolongent de façon à border presque toute la plume d'un liséré noir, mais les amateurs accordent, avec raison, la préférence aux oiseaux qui ont les plumes du plastron régulièrement entourées d'une bordure noire qui s'élargit aux extrémités.

Gaveuse-Martin à compression,
Épinette-tournante à deux étages pour 60 volailles et escabeau.

CHAPITRE XVI.

Race hollandaise huppée.

Die Hollandische race; White crested polish fowls.

Cette ravissante race, aussi recommandable par la beauté et la distinction de son plumage que par sa fécondité et par la délicatesse de sa chair, a été importée en Hollande où elle est très répandue, par des navigateurs, à une époque très reculée, car elle est très anciennement connue dans ce pays.

De la Hollande elle est passée en Belgique, de là en Angleterre et enfin en France ; mais on ne sait d'où elle est originaire et on ne saurait citer l'époque de son introduction en Europe.

Au premier aspect on trouve une grande analogie de formes entre cette race et la race de Padoue ; mais cette analogie est plus apparente que réelle, et il existe entre elles des différences assez marquantes pour ne pas confondre les deux races au point de les identifier.

Plus petite, mais plus rustique, plus vive, plus alerte, plus vagabonde et plus féconde que la race de Padoue, la race hollandaise huppée a cela de différent qu'elle a les barbillons extrêmement développés chez le coq, réduits à de plus petites proportions chez la poule et d'un rouge vif, et elle en diffère encore par l'absence de la barbe.

Sa ponte est également plus abondante et plus prolongée que chez la Padoue et les fermiers hollandais qui la recommandent chaudement pour la formation d'un troupeau, lui attribuent tous les mérites de la race commune.

Elle réunit au plus haut point la beauté et l'utilité ; sa

chair est fine et délicate; elle est bonne couveuse et bonne mère; mais elle a peu de propension à la couvaison.

La race comporte trois variétés bien tranchées :

La variété noire à huppe blanche, *White crested black polish fowls.*

La variété bleue à huppe blanche, *White crested blue polish fowls.*

La variété bleue à huppe bleue, *Blue crested blue polish fowls.*

Il en existe d'autres variétés, mais elles ont été obtenues au moyen de croisements avec d'autres races et ne méritent pas d'être cataloguées.

CARACTÈRES GÉNÉRAUX ET MORAUX.

Coq.

Tête. — Grosse et courte comme chez le coq de Padoue.

Bec. — Ordinaire, de longueur moyenne.

Couleur du bec. — Corne foncée.

Crête. — Rudimentaire.

Barbillons. — Très longs, pendants et d'un rouge vermillon.

Œil. — Rouge vif dans toutes les variétés.

Oreillons. — Blancs.

Huppe. — Volumineuse, mais moins grande que chez le coq de Padoue, aplatie, couvrant toute la tête, retombant en avant, en arrière et de côté.

Favoris, cravate ou *barbe.* — Nuls.

Cou. — Court et gros, amplement garni de plumes longues et minces.

Corps. — Ramassé et court; épaules larges; poitrine large et très proéminente; ailes de longueur moyenne, serrées contre le corps.

Jambes. — Courtes et grosses.

Pattes. — Courtes, nerveuses, fines et nues.

Couleur des pattes.— Bleu ardoisé dans toutes les variétés.

Doigts. — Assez longs, droits, minces, bien articulés, au nombre de quatre à chaque patte.

Queue. — Longue, abondamment garnie de faucilles longues et larges, portée relevée, mais pas près de la tête.

Taille. — Un peu au-dessous de celle du coq de Padoue.

Poids. — A l'âge adulte, environ 3 kilogrammes.

Chair. — Fine et délicate.

Squelette. — Très léger.

Allure. — Superbe et gracieuse.

Poule.

Les caractères de la poule sont identiquement semblables à ceux du coq.

Poids. — A l'âge adulte, environ 2 kilogrammes.

Ponte. — Très abondante.

Œufs. — Blancs, de très bonne grosseur et d'un goût fort délicat.

Incubation. — Très peu de penchant à couver.

Caractère. — Extrêmement doux.

Description des diverses variétés.

Variété noire à huppe blanche.

White crested black polish fowls.

Dans un parc, un troupeau de poules hollandaises noires à grandes huppes blanches produit le plus bel effet qu'on puisse s'imaginer.

DESCRIPTION DU PLUMAGE.

Coq.

Race hollandaise huppée.

A l'exception de la huppe qui est blanche, le plumage du coq est entièrement noir; les plumes du camail, les rémiges primaires et secondaires, les rectrices et les faucilles sont magnifiquement lustrées de reflets métalliques vert foncé; celles des épaules sont d'un noir velouté et celles du plastron et de toute la partie inférieure du corps sont d'un noir brillant.

Les plumes de la huppe, du camail et des reins sont longues et touffues comme chez le coq de Crèvecœur. Celles de la huppe surtout sont extrêmement longues et *retombent tout autour de la tête.*

Poule.

Race hollandaise huppée.

Comme chez le coq, le plumage de la poule est entièrement noir, à l'exception de la huppe qui est blanche et produit un contraste ravissant avec son vêtement de satin noir.

La huppe chez la poule doit être de forme sphérique comme chez la poule de Padoue et ne doit pas se séparer en deux lobes par une espèce de gouttière qui part du bec et se perd en s'élevant : elle doit être au contraire bien arrondie, bien sphérique et ne présenter aucune dépression.

Les plumes de la huppe longues et pointues chez le coq sont comme arrondies chez la poule et forment dans leur ensemble une masse compacte et sphérique.

Quoi qu'en disent certains auteurs, il n'existe pas de volailles de cette race qui aient la huppe *entièrement* blanche et, même dans les sujets des deux sexes de *tout premier choix*, les plumes externes de la partie antérieure de la huppe sont *toujours noires ;* mais les marchands ont l'habitude de leur faire leur toilette avant de les mettre en vente et de supprimer, au moyen d'une paire de ciseaux, les plumes noires qui déparent la huppe.

Variété bleue à huppe blanche.

White crested blue dutch or polish fowls.

Cette variété, quoique plus rare, est moins belle que la précédente, parce que la huppe blanche dont elle est coiffée, se détache moins énergiquement sur sa robe bleue que sur la robe de velours de la variété noire avec laquelle elle forme un contraste plus tranché.

Le *coq* a la huppe blanche, très volumineuse, aplatie et retombant tout autour de la tête, comme chez le coq de la variété noire ; les plumes du camail d'un gris noir lustré de reflets bleuâtres ; les moyennes et les petites couvertures des ailes et les lancettes d'un gris noir très foncé ; les grandes couvertures des ailes, les rémiges primaires et secondaires et toute la partie inférieure du corps gris bleuâtre ardoisé ; les rectrices et les faucilles d'un gris bleuâtre marqué de taches noires.

La *poule* a la huppe blanche, comme chez le coq, et le reste du corps uniformément gris bleuâtre ardoisé d'un bout à l'autre.

Variété bleue à huppe bleue.

Blue crested blue dutch or polish fowls.

Cette variété ne diffère de la variété à huppe blanche que par la couleur de sa huppe, qui est d'un gris bleu ardoisé, au lieu d'être blanche.

Elle est moins belle et moins estimée que les deux autres variétés.

Variété blanche à huppe noire.

Black crested white dutch or polish fowls.

Cette variété est presque éteinte et est blanche d'un bout à l'autre, à l'exception de la huppe qui est noire.

Défauts à éviter chez les oiseaux reproducteurs :

1° Crête trop développée ou affectant la forme de celle du Crèvecœur. Il faut que la crête chez les sujets des deux sexes soit rudimentaire et à peine visible.

2° Huppe peu étoffée chez la poule et peu retombante chez le coq. Plus la huppe est volumineuse chez les sujets des deux sexes, plus ils sont estimés.

3° Plumes noires dans la partie *postérieure* de la huppe chez les sujets des deux sexes des variétés noire et bleue à huppe blanche ou trop de noir dans la partie antérieure.

4° Plumes rouges dans le camail du coq de la variété noire.

5° Absence de barbillons dans les trois variétés.

6° Oreillons rouges. Les oreillons doivent être d'un *blanc pur*.

7° Tarses d'une autre couleur que bleue ou plomb foncé.

CHAPITRE XVII.

Race de Padoue dite du Sultan.

The Seraï-Täook or fowls of the Sultan.

Cette ravissante race est une des plus belles parmi les poules d'agrément. Elle a beaucoup d'analogie avec la variété de Padoue blanche, mais elle la surpasse considérablement en beauté et en élégance.

Elle a été obtenue en Turquie, dit-on, au moyen de croisements entre la variété de Padoue blanche et des races asiatiques pattues. (?)

A Constantinople, où elle est aussi rare qu'à Londres, on la désigne sous le nom de *Seraï-Täook*, mot composé de Serai, nom qu'on donne au palais du sultan, et de Täook, mot turc qui signifie volailles.

Elle a à peu près la taille et les formes du corps des autres variétés de Padoue, mais elle est un peu plus basse sur pattes. Son plumage est d'un blanc pur, d'un bout à l'autre. Elle porte une grosse huppe, sphérique chez la poule, formée de lancettes longues, fines, disposées en parasol et retombant autour de la tête chez le coq. Elle est aussi caractérisée par un collier composé de petites plumes retroussées et diffère des Padoue ordinaires par sa crête qui forme deux petites cornes pointues s'écartant à leur sommet comme chez le Crèvecœur, mais de dimensions moindres, et par ses barbillons qui sont petits et d'un rouge vermillon. Des plumes raides recouvrent les calcanéums et s'allongent énormément en forme de manchettes, ce que les Anglais appellent *vulture hocks*. Elle a les pattes entièrement emplumées et munies de *cinq* doigts. Le coq a la queue touffue et garnie de faucilles longues et larges formant un magnifique panache blanc.

La variété est rustique, vive, éveillée, aime sa liberté et à faire la chasse aux insectes. Elle est très sobre, excellente pondeuse, demande très rarement à couver et sa chair est fine et délicate.

Les petits craignent le froid et l'humidité, et leur élevage est assez difficile en hiver, mais pendant la bonne saison on les élève avec facilité.

CARACTÈRES GÉNÉRAUX ET MORAUX.

Coq.

Tête. — Grosse, courte, de forme originale : la partie antérieure du crâne sur laquelle pousse la huppe formant une grande protubérance osseuse dont la dimension est proportionnée au volume de la huppe.

Bec. — Court et crochu.

Narines. — Grandes et saillantes.

Couleur du bec. — Blanche ou blanc rosé.

Crête. — Formant deux petites cornes rouges s'écartant à

Coq du Sultan.

leur sommet, semblables à celles du Crèvecœur, mais de dimensions moindres.

Barbillons. — Petits, d'un rouge vermillon.

Joues. — Couvertes de plumes retroussées en forme de favoris.

Oreillons. — Petits, ronds et cachés par les favoris.

Huppe. — Très développée, formée de plumes longues, fines et recouvrant toute la tête.

Œil. — Rouge vif.

Barbe ou *collier.* — Formé de petites plumes minces et frisées.

Cou. — De longueur moyenne, enveloppé d'un camail épais, composé de plumes longues et fines d'un blanc pur à reflets argentins.

Corps. — Plus ramassé que celui du Padoue; dos large, incliné en arrière ; poitrine large et proéminente ; ailes longues et portées bas.

Pilons. — Courts, amplement garnis de plumes.

Calcanéums ou *talons.* — Recouverts de grandes plumes faisant saillie, s'allongeant énormément en forme de manchettes (*vulture hocks*) comme chez les vautours et les pigeons tambours de Boukharie.

Pattes. — Courtes et enveloppées de plumes s'épatant sur les doigts médian et externe.

Couleur des pattes. — Blanc rosé.

Doigts. — Droits et minces, au nombre de *cinq* à chaque patte.

La patte a beaucoup d'analogie avec celle du Dorking et les éperons ont une tendance à atteindre une très grande longueur.

Queue. — Très touffue, portée à peu près perpendiculairement, garnie de longues faucilles formant un superbe panache blanc.

Taille. — Un peu au-dessous de celle du coq de Padoue.

Poids. — Environ 2 1/2 kilogrammes.

Chair. — Extrêmement fine et délicate.

Squelette. — Léger.

Allure. — Gracieuse et fière.

Caractère. — Doux, venant manger dans la main des personnes qui s'en occupent.

Physionomie de la tête. — Elle a quelque rapport avec celle du coq de Crèvecœur blanc; les yeux disparaissent presque toujours sous les plumes de la huppe. Les petites cornes rouges de la crête et les barbillons lui donnent un aspect différent du coq de Padoue blanc.

Plumage. — Blanc d'un bout à l'autre.

Poule.

Poule du Sultan.

Les caractères de la poule sont identiquement semblables à ceux du coq à l'exception de la huppe qui est bien étoffée et sphérique, comme chez la poule de Padoue, et de la queue qu'elle porte relevée et un peu en éventail.

Taille. — Un peu au-dessous de celle du coq.

Poids.— 2 kilogrammes.

Ponte. — Excellente. Œufs de bonne grosseur et d'un goût délicat.

Incubation. — Presque nulle.

Caractère. — Extrêmement doux, aimant à être caressée.

Défauts à éviter chez les oiseaux reproducteurs :

1° Crête trop développée comme chez le Crèvecœur ou pas assez développée comme chez le Padoue ordinaire. Elle doit former deux *très petites* cornes d'un rouge vermillon chez les sujets des deux sexes, un peu plus grandes chez le coq que chez la poule[1].

2° Huppe peu étoffée ou peu volumineuse : plus la huppe est grosse, plus l'oiseau est estimé, et elle doit être arrondie chez la poule.

3° Pattes noires ou d'une autre couleur que blanc rosé. Les pattes doivent être abondamment garnies de plumes ; et les plumes du calcanéum doivent faire saillie et s'allonger démesurément en forme de manchettes, comme chez les pigeons pattus.

4° Absence de la barbe, ou barbe trop peu développée.

5° Absence du second pouce ou du cinquième doigt à chaque patte.

6° Plumes noires ou rouges dans le plumage.

Variété Ptarmigan.

Ptarmigans.

Cette variété ressemble beaucoup à la race dite du Sul-

1. Le Jardin d'acclimatation du bois de Boulogne possède en ce moment plusieurs coqs de cette race qui ont la crête triple, transversale, composée de deux lobes aplatis dentelés sur les bords, comme chez les coqs de Houdan. Une petite proéminence charnue, détachée des deux lobes ou feuillets, apparaît à la naissance du bec entre les orifices nasaux.

tan; mais elle est plus haute sur pattes, a le corps moins volumineux, plus élancé, la huppe pointue et rejetée en arrière.

Le journal anglais le *Cottage Gardener* du 3 août 1853, dit dans un compte rendu de l'exposition des volailles, de Londres, que les Ptarmigans exposés par le Dr Burney, de Brockhurst Lodge, près de Gosport, formaient alors la grande nouveauté de l'exposition. (The greatest novelty here were the Ptarmigans or grouse-booted Polands, exhibited by Dr Burney of Brockhurst Lodge, near Gosport.)

Le *Cottage Gardener* ne dit absolument rien de l'origine de ces volailles, et je suis disposé à croire qu'elles ont été fabriquées en Angleterre avec la poule de Padoue blanche et le coq Bantam blanc *pattu*, ou peut-être ne sont-elles que des sultans de race dégénérée.

Blanches d'un bout à l'autre, ces volailles portent une huppe pointue, renversée en arrière et beaucoup moins volumineuse que celles des Padoue; elles ont le bec blanc et crochu; la crête petite et excavée; la barbe peu développée; les barbillons petits et arrondis; les joues et les oreillons rouges; le corps assez élancé et petit; la queue longue; les cuisses bien garnies de plumes; les calcanéums recouverts de plumes longues s'allongeant énormément en forme de manchettes comme chez les vautours ou chez les bantams pattus; les pattes blanches assez longues et garnies de plumes; les doigts longs et au nombre de quatre à chaque patte.

Cette variété était assez commune en Angleterre, il y a quelques années; mais aujourd'hui elle ne se rencontre plus que très rarement. — Elle est bonne pondeuse, dit-on, et sa chair est fine et délicate.

CHAPITRE XVIII.

Races sans queue ; Gallus ecaudatus,

Rumpless Fowls.

Race de Choki-Kukullo dite de Wallikiki.

Coq et poule de Choki-Kukullo.

Buffon désigne cette race sous le nom de *coq de Ceylan*, d'où, d'après Temminck, naturaliste anglais, elle est originaire. Aldrovandus l'a décrite au seizième siècle et la désigne sous le nom de *coq de la Perse*.

Linné l'appelle la *volaille sans queue ni croupion, gallina caudâ seu uropygio carens.*

Sonnini de Manoncourt, le célèbre voyageur français qui a décrit pour Buffon vingt-six espèces d'ornithologie étrangère, lui attribue également une origine ceylanaise et dit que les *veddahs* ou les insulaires qui vivent dans les forêts de l'intérieur, hommes petits, grêles et sauvages, qui sont probablement les habitants primitifs de l'île, désignent ces volailles sous le nom de *Wallikikilli* ou *coqs des bois*.

Cependant M. Layard, frère de l'illustre savant qui a retrouvé Ninive, prétend que les poules sans queue sont les volailles domestiques de Ceylan et n'existent pas, à l'état sauvage, dans les forêts épaisses qui couvrent l'intérieur de l'île et *que M. Layard a parcourues dans tous les sens.*

Wallikikilli, dit M. Layard, est le nom sous lequel on désigne la poule de *Stanley* et est un nom composé des mots *Walli* qui signifie jungle et *Kikilli* qui signifie poule, tandis que les Ceylanais désignent les volailles sans queue sous le nom de *Choki-Kukullo*, qui signifie volailles de Cochinchine, d'où M. Layard *croit* qu'elles sont originaires.

Un autre savant anglais, le révérend J. Clayton, affirme que la plupart des volailles qu'il a rencontrées dans la Virginie, l'un des États-Unis de l'Amérique du Nord, n'avaient pas de queue. (*Philosophical transactions for 1691*, page 992.)

Il résulte de ces renseignements contradictoires, que l'origine de la race dite *Wallikiki* est et restera probablement entourée de mystères. Ce n'est pas, ce me semble, une raison suffisante pour croire qu'elle est originaire de Ceylan ou de la Perse, ou de la Virginie, parce qu'elle y a été rencontrée par des voyageurs ou d'illustres savants, à des époques plus ou moins reculées; car, si ces mêmes touristes avaient dirigé leurs pas du côté de Liège, en Belgique, ils y auraient rencontré, dans les fermes environnantes, des troupeaux entiers composés de coqs et de poules sans queue, de même qu'on en rencontre aussi, mais en moins grand nombre, dans diverses contrées de la France.

En 1878, j'en ai remarqué deux lots, composés chacun d'un coq et de trois poules, à l'exposition des volailles, au Palais de l'Industrie de Paris, figurant dans la catégorie des races diverses ; et le jury ne leur a pas même accordé une mention honorable, par la raison bien simple que les coqs de nos races communes qui ont une queue amplement garnie de faucilles longues et bien lustrées, sont infiniment plus beaux que ceux qui sont dépourvus de cet ornement.

Dans la province de Liège, en Belgique, où la race est très répandue, on la désigne sous le nom vulgaire de poules des haies, à cause de son habitude de faire la chasse aux insectes le long des haies qui entourent les fermes.

En Bourgogne, dit M. Mariot Didieux, les habitants des forêts et des fermes isolées élèvent cette race de préférence, parce que, disent-ils, les renards ne peuvent la prendre. En effet, elle est trés éveillée, défiante et vole avec une grande facilité. Elle est estimée pour sa précocité, sa rusticité et sa fécondité. Sa chaire est blanche, délicate, et savoureuse; cependant elle n'est pas recherchée sur les marchés, parce que l'absence du croupion la rend difforme.

Cette race offre la singulière particularité d'être dépourvue de vertèbres caudales et c'est cette absence d'os coxygiens qui détermine l'atrophie du croupion.

L'absence de la queue lui donne beaucoup de ressemblance de conformation avec la caille.

Taille et plumage. — Comme chez nos volailles de ferme.

Caractères moraux. — Vagabonde, vive et alerte. Avant le jour la voilà déjà à la chasse aux insectes le long des haies et dans les broussailles, fouillant avec son bec sous les feuilles pour happer les pucerons, les escargots, les hannetons et détruisant tous les jours des milliers d'insectes qui dévoreraient les récoltes. Elle va chercher au loin sa nourriture, coûte peu à son propriétaire et lui fournit des œufs en abondance. Bref, c'est une race très intéressante et des plus utiles à l'agriculture. Les poulets s'élèvent avec facilité, sont très précoces et très aptes à prendre la graisse.

Race Wallikiki huppée, sans queue.

Crested rumpless fowls.

Comme la race de *Choki-Kukullo*, la race *Wallikiki* huppée a un aspect tout particulier déterminé par l'absence de la queue, qui est d'autant plus remarquable qu'elle forme un étrange contraste avec la grosse huppe qui recouvre la tête de ces volailles.

Originaire, dit-on, de la Turquie d'Asie, la poule Wallikiki huppée a une assez grande analogie avec la poule du Sultan, dont elle diffère principalement par l'absence de la queue.

Elle est extrêmement vive, pétulente et vagabonde, mais elle est peu familière, et l'on est peu renseigné sur son origine.

Le coq est très bon pour ses poules et les défend avec une grande hardiesse contre leurs ennemis.

Caractères. — La race Wallikiki huppée sans queue a la tête chargée d'une grande huppe sphérique, formée de plumes arrondies et droites chez la poule, applatie en forme de parasol et composée de plumes fines, longues et retombant tout autour de la tête, chez le coq; une barbe très touffue, chez les sujets des deux sexes; le bec noir et de longueur moyenne; l'iris aurore; le cou long, porté droit comme chez le pingouin et enveloppé d'un épais camail formé de plumes longues, fines et criblées de superbes reflets satinés chez la variété blanche, et métalliques chez la variété noire; les lancettes extrêmement longues et abondantes chez le coq; le corps court, arrondi et très incliné en arrière; la poitrine assez large; les ailes très longues et portées bas; les jambes courtes; les calcanéums recouverts de plumes raides et longues faisant saillie en forme de manchettes; les tarses courts, de couleur plomb foncé et abondamment garnis de plumes, aussi longues et aussi fournies au haut de la patte qu'en bas, s'épatant sur le doigt médian et l'externe qu'elles cachent sous leur abondance; les doigts longs et au nombre de *cinq* à chaque patte; la taille petite, à peu près comme celle du Bantam argenté.

Il en existe deux variétés connues en France : la variété blanche et la variété noire.

Le plumage de la variété blanche est d'un blanc de neige d'un bout à l'autre, avec des reflets satinés à la collerette, au dos, aux ailes et aux lancettes et le reste du plumage est d'un blanc mat.

Le plumage de la variété noire est entièrement noir avec les plumes du camail, du dos, des ailes et les lancettes criblées de reflets verts et violacés, et le reste du plumage est d'un noir brillant.

Ainsi que les diverses races de coqs sauvages qu'on a essayé de réduire à la domesticité, la race Wallikiki huppée sans queue, à ma connaissance, n'a jamais reproduit en captivité en France. Mme Bush, en a, paraît-il, obtenu des métis en Angleterre qui, quoique issus d'un coq de Padoue et d'une poule Wallikiki, n'avaient pas de queue. Les poules que Mme Bush possédaient avaient été rapportées de la Turquie et, malgré tous ses efforts, Mme Bush n'est jamais parvenue à se procurer ni en Angleterre ni à l'étranger un coq de la même race[1].

Ces tentatives infructueuses de faire reproduire en captivité les races sauvages démontrent jusqu'à l'évidence que c'est à tort que les naturalistes prétendent, sans fournir au-

1. Le Jardin d'acclimatation a possédé pendant longtemps un couple de ces volailles, dont, malgré tous les efforts de M. A. Geoffroy Saint-Hilaire, on n'est point parvenu à obtenir des produits.

cune preuve à l'appui de leurs allégations, que c'est le coq Benkiva qui a donné naissance à toutes nos races domestiques.

Ce qui me confirme dans mon incrédulité, c'est que les coqs sauvages pris dans les forêts, s'habituent difficilement à la captivité et *retournent toujours à l'état sauvage dès qu'on leur accorde la liberté*, et cette observation s'applique également aux poulets éclos d'œufs qui ont été couvés par des poules domestiques : car dès qu'ils savent se passer des soins de la mère ils profitent de la première occasion pour s'échapper.

Brehm raconte que, dans les villages des steppes de l'Afrique centrale, dans les huttes isolées au milieu des forêts, les coqs et les poules domestiques vivent en grand nombre presque sans recevoir des soins de la part de l'homme. Ils doivent chercher leur nourriture eux-mêmes; les poules pondent et couvent dans le buisson qui leur convient le mieux, souvent assez loin de la demeure de leur maître; elles passent la nuit dans les forêts perchées sur des arbres; *Mais nulle part je les ai vues, ajoute Brehm, à l'état sauvage; toujours et en tous lieux elles reviennent dans l'habitation de l'homme.* Le coq se rencontre partout où l'homme est établi et partout il est complètement domestiqué.

Or, quand on lâche, dans un parc, des poules sauvages, ou des cailles, ou des perdreaux, ou des serins élevés en captivité de *générations en générations*, ils retournent immédiatement à l'état sauvage. Il en est de même des tourterelles qui peuplent nos volières depuis *des siècles :* dès qu'on leur ouvre la porte de la cage, elles s'échappent et ne reviennent plus.

Ces exemples de retour à l'état sauvage qui se reproduisent avec constance chez les races sauvages, nous portent à douter que ces races aient donné naissance à nos races d'animaux domestiques, comme on le prétend; et quoique ce nous sera toujours un problème de savoir comment les poules et les pigeons se sont rapprochés de l'homme, il nous paraît important de savoir que les poules et les pigeons domestiques nés dans les forêts ou dans des bâtiments isolés ou abandonnés, reviennent toujours vers l'homme; tandis que les races sauvages retournent toujours à l'état sauvage dès qu'elles parviennent à s'échapper.

Bernstein affirme aussi que les poules sauvages ne s'apprivoisent pas aussi facilement comme on pourrait le supposer; que le coq de Java pris vieux ne s'apprivoise jamais et n'a jamais reproduit en Europe.

Nous nous bornerons à citer ces faits qui relèguent l'idée reçue à cet égard dans le pur domaine de la fable et nous laisserons à plus érudits que nous la tâche ardue de résoudre le problème de l'origine de la poule domestique.

CHAPITRE XIX.

Race de Bréda ou à bec de corneille.

La race de Bréda, d'origine hollandaise, est peu répandue en France et inconnue en Angleterre. Elle comporte quatre variétés : la *variété bleu ardoisé*, la *variété coucou*, la *variété noire* et la *variété blanche*, qui sont toutes représentées au Jardin d'acclimatation par des spécimens de race très pure.

M. Aerts, notaire à Liége, en fait la description suivante :

« Je ne sais d'où peut lui venir le nom de *race à tête ou à bec de corneille*, car il n'y a aucune ressemblance entre son bec ou sa tête et les mêmes parties d'une corneille. C'est une fort jolie race, toute noire, très bien proportionnée, très coquette; le cou a un peu la forme de celui du cygne et est souvent tremblotant. Sa plus grande singularité est de n'avoir point de crête, car on dirait qu'en la coupant, on l'a coupée trop profondément. Le bec est séparé de la tête par deux enfoncements dont la substance est presque cornée comme celle du bec et de la même couleur noir sale. Les barbillons et les joues sont du plus beau rouge, sans plaques blanches derrière les oreilles. Les enfoncements de la base du bec sur le bord extérieur sont aussi un peu garnis de rouge, qui n'est que le prolongement de celui des joues. Une autre particularité, c'est que le bec est droit (comme chez la race de Crèvecœur), c'est-à-dire beaucoup moins renflé sur le dessus que chez les autres coqs, renflement qui détermine chez ces derniers la courbe vers la pointe. »

Sa chair est d'une grande délicatesse; la poule est bonne mère, excellente couveuse, mais couvant rarement; ses œufs sont de très bonne grosseur, d'un goût délicat, et la race est précoce et très apte à prendre la graisse.

Coq et Poule de la race de Bréda.

Variété bleu ardoisé.

Coq.

Caractères généraux et moraux.

Tête. — Très forte et d'un aspect très original à cause de l'absence de la crête.

Tête de Coq de Bréda.

Huppe. — Rudimentaire, formée d'un petit épi de plumes fines, noires et raides.

Bec. — Fort, noir à sa base, blanc à sa pointe.

Crête. — Nulle, formant une toute petite *cavité* ovale de couleur noirâtre, prenant naissance à la base du bec et ayant 15 centimètres de long sur 1 centimètre de large.

Barbillons. — Très longs et d'un rouge vif, formant un singulier contraste avec la crête.

Longueur des barbillons. — Cinq centimètres.

Oreillons. — Rouges.

Joues. — Rouges et presque nues.

Bouquets. — Très touffus.

Iris. — Rouge.

Pupille. — Noire.

Cou. — Court, gracieusement arqué.

Camail. — Très abondant, composé de plumes longues, noires et soyeuses.

Corps. — Bien charpenté, élancé; formes élégantes; poitrine large, ouverte; cuisses grosses; jambes assez longues.

Calcanéums ou *talons.* — Recouverts de plumes longues et raides faisant saillie.

Port. — Fier, allure légère.

Tarses. — De longueur moyenne et emplumés *antérieurement* et *postérieurement*, les plumes se dirigeant de haut en bas et enveloppant le canon.

Longueur des tarses. — Dix centimètres.

Circonférence des tarses. — Cinq centimètres.

Couleur des tarses. — Ardoisée, blanche chez la variété de cette nuance.

Queue. — Abondante et longue comme chez le coq commun.

Taille. — Hauteur du plan de position à la partie supérieure de la tête, dans l'attitude fière, 55 centimètres, dans l'attitude du repos, 50 centimètres.

Poids. — A l'âge de six mois, 2 1/2 à 3 kilogrammes, à l'âge adulte, 3 1/2 à 4 kilogrammes.

Squelette. — Léger.

Chair. — Fine et délicate.

Plumage. — Bleu ardoisé. Plumes du camail et du dos, lancettes, petites et moyennes tectrices ou plumes du recouvrement supérieur des ailes et des épaules, grandes, moyennes et petites faucilles gris ardoisé noirâtre; plumes de la poitrine, des cuisses, des jambes, de l'abdomen, d'un bleu ardoisé ou gris bleu.

Physionomie de la tête. — Son aspect est tout particulier et ne permet de la comparer à la tête d'un coq d'aucune autre race, à cause de sa crête qui forme une cavité au lieu d'une proéminence.

Poule.

La poule a la même crête et les mêmes caractères que le coq et son plumage est gris bleu ardoisé d'un bout à l'autre.

Variété coucou.

Les quatre variétés ont identiquement les mêmes caractères, et ne diffèrent entre elles que par le plumage.

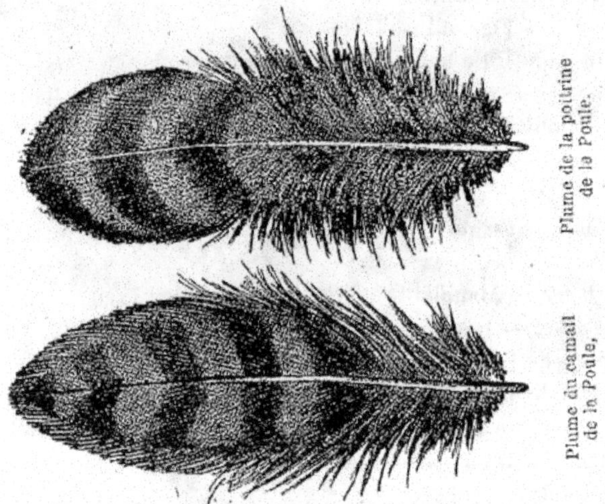

Plume de la poitrine de la Poule.

Plume du camail de la Poule.

Plumage. — Dans la variété coucou, le coq et la poule ont le même plumage coucou d'un bout à l'autre; chaque plume étant rayée transversalement de gris foncé sur fond gris clair ou blanc.

Variété noire.

Plumage. — Entièrement noir à reflets métalliques violacés.

Variété blanche.

Plumage. — Entièrement blanc. Cette variété est fort belle et est très estimée par les amateurs.

Qualités à rechercher chez les oiseaux reproducteurs :

1° Corps bien redressé, plastron large et ouvert, cou gracieusement arqué.

2° Crête formant une petite cavité ovale à bords arrondis et peu accusés, de couleur noirâtre, de substance cornée, et ayant 15 centim. de longueur sur 1 centim. de largeur.

3° Barbillons très longs, d'un rouge vif, ayant presque autant de largeur que de longueur.

4° Calcanéums recouverts de plumes raides, très longues, faisant saillie, en forme de manchettes, comme chez les pigeons pattus.

5° Tarses emplumés antérieurement et postérieurement, et de couleur plomb, excepté chez la variété blanche.

CHAPITRE XX.

Race de Dorking.

Die Dorking race; Dorkings.

Il n'est pas surprenant que des volailles aussi remarquables par la beauté de leur plumage, si précieuses par leurs éminentes qualités, la blancheur, la succulence, la finesse et l'abondance de leur chair, aient conquis la faveur et excité le zèle de John Bull.

Le Dorking de race pure ne le cède en beauté à aucune race d'utilité, et comme volaille de table il est supérieur à toutes les autres races connues. Ses os et son épiderme sont d'une remarquable finesse; sa précocité et son aptitude à l'engraissement sont étonnantes; la graisse qu'il acquiert se répand uniformément par tout le corps; gras et troussé, il ressemble à une boule de chair blanche, fine, délicate et digne de figurer sur la table du plus fin gourmet.

Cette race qui est extrêmement répandue en Angleterre est, paraît-il, moins ancienne qu'on ne le prétend. Elle est caractérisée principalement par un cinquième doigt qu'elle porte à chaque patte, et c'est à cause de cette particularité, ou monstruosité, que les Anglais lui attribuent une origine romaine qu'ils font remonter à la conquête de la Grande-Bretagne par les Romains.

La raison d'analogie sur laquelle est fondée cette présomption que je viens d'indiquer, repose sur l'existence à Rome, à l'époque de la conquête, d'une race de volailles ayant cinq doigts à chaque patte, dont Columelle a publié une courte description dans le premier siècle de l'ère chrétienne; mais ce n'est pas là, à mon sens, une raison suffisante pour en conclure que les conquérants romains aient transporté des poules de cette race en Angleterre, où les volailles existaient déjà en abondance et *où la religion interdisait l'usage de leur chair comme aliment.*

En effet, Jules César rapporte dans ses *Commentaires*, que les naturels de la Grande-Bretagne possédaient beaucoup de bétail; et que, parmi les animaux qu'ils avaient réduits à la domesticité, il y avait *des poules qu'ils élevaient par agrément seulement*, attendu que le druidisme leur défendait d'en manger la chair. (*Comment.* L. V. C. 5.)

Le bourg de Dorking d'où ces volailles tirent leur nom,

était, du reste, si peu important et si peu connu jusqu'à la fin du seizième siècle que Camdon ne le mentionne pas même dans son ouvrage; et M. John Bailey, qui a écrit une brochure sur la race de Dorking, dit qu'il n'y a guère plus d'un siècle que cette race a été introduite dans le comté de Surrey, où Dorking est situé.

D'autres auteurs anglais lui attribuent une origine normande qu'ils font complaisamment remonter à l'époque de la conquête de l'Angleterre par Guillaume de Normandie, en 1066, sans appuyer leurs allégations sur aucune preuve, ni sur aucun fait authentique!

Les descriptions légendaires des auteurs anglais ne nous apprennent, à la vérité, rien de certain sur ce point; mais ce qui est incontestable, c'est qu'à Rome comme en Normandie, il existe, depuis des siècles, une race de volailles à cinq doigts; tandis qu'il résulte des recherches faites par M. Bailey que cette race n'a été introduite en Angleterre que depuis un siècle. Ces renseignements nous conduisent à la conclusion qu'une origine normande est l'hypothèse qui se rapproche le plus de la vraisemblance et que le superbe coq de Dorking est, selon toute probabilité, le coq de Saint-Omer que les Anglais, par l'application des principes généraux de la sélection, ont amélioré et perfectionné comme toutes leurs races d'animaux domestiques.

Cependant, malgré son origine française, toutes les tentatives d'élever en France des volailles de Dorking aussi bien charpentées et aussi belles que celles que l'on rencontre partout en Angleterre, sont restées infructueuses jusqu'ici; par la raison bien simple que les éleveurs français connaissent peu les caractères propres à la race et se laissent endosser par des marchands aussi ignorants qu'eux-mêmes, des oiseaux reproducteurs d'âge et de généalogie inconnus.

Une autre cause de la non réussite de ces essais, c'est que le plus souvent les amateurs font reproduire ces animaux dans un trop étroit esclavage, sans leur fournir les aliments dont on les nourrit en Angleterre et *auxquels ils doivent leur sang, leur perfectionnement et leurs mérites.* Or, la condition essentielle pour obtenir des résultats heureux, c'est-à-dire des oiseaux de forte taille reflétant les qualités de leurs parents, c'est de se procurer des oiseaux reproducteurs de *bonne descendance, de généalogie connue*, de leur donner un grand espace à parcourir et *de les soumettre au même régime qui a amélioré et perfectionné la race.*

On ne peut bien élever les Dorking en captivité, qu'à la condition de ne pas leur ménager l'espace, car l'expérience a démontré qu'un grand parcours leur est indispensable, et il faut que les enclos où ils sont enfermés, soient gazonnés et pourvus de sable, de gravier, de plantes et d'arbustes. Les volailles qui ont joui de leur liberté, ont généralement plus de peine à s'habituer à vivre dans un espace restreint; mais elles finissent cependant par s'en accommoder, pourvu qu'elles soient tenues proprement et que l'*eau fraîche*, la *verdure* et les aliments *dont elles ont eu l'habitude d'être nourries en Angleterre* ne leur soient pas refusés. Le Dorking aime aussi une température modérée et craint l'humidité.

Les oiseaux reproducteurs de race pure ont toujours la même couleur que celle des parents dont ils sont issus : il est donc utile de connaître leur généalogie, avant de les acheter. Ils doivent être forts, vigoureux et doivent avoir, la tête grosse, sans être lourde, chez le coq, petite chez la poule; le corps *très volumineux et carrément établi;* le dos très large; le sternum long et très amplement développé ; deux pouces à chaque pied, bien droits, régulièrement conformés, nettement séparés à leur base et ne touchant pas à terre quand l'oiseau marche; le plumage abondant, serré, et le chant du coq doit être sonore et prolongé.

CARACTÈRES GÉNÉRAUX ET MORAUX.

Coq.

Tête. — Forte, sans être lourde ni grossière.

Bec. — Fort, bien proportionné, légèrement crochu, de longueur moyenne.

Couleur du bec. — Corne claire, ou jaunâtre.

Narines. — Ordinaires.

Iris. — Aurore foncée.

Pupille. — Noire.

Crête. — Recouvrant la base du bec, prolongée en arrière, grande, simple, droite, largement dentelée ; ou frisée, régulièrement hérissée de petites pointes et formant une surface plane, sans creux, large et carrée en avant, pointue en arrière, et la pointe légèrement recourbée en haut.

Barbillons. — Très longs, larges et pendants.

Oreillons. — Rouges, assez développés, descendant jusqu'au tiers de la longueur des barbillons.

Joues. — Rouges, légèrement garnies de petites plumes fines et courtes.

Cou. — Assez court, gracieusement arqué, épais, abondamment garni de plumes fines, longues et soyeuses.

Corps. — Très ramassé et volumineux, contours arrondis, couvert d'un plumage épais et serré ; dos large et assez long ; reins larges inclinés en arrière ; poitrine extrêmement développée et proéminente, sternum long ; ailes, grandes et larges.

Jambes ou pilons. — Épais et charnus.

Tarses. — Courts, forts, nus, garnis d'un éperon solide.

Couleur des tarses. — Blanc rosé.

Doigts. — Forts, droits, bien articulés, au nombre de cinq, dont trois doigts en avant et deux pouces en arrière, placés l'un au-dessus de l'autre, bien séparés à leur base.

Queue. — Amplement garnie, portée relevée, mais pas près de la tête, faucilles larges et flottantes.

Port. — Majestueux. La poitrine en avant, le cou gracieusement arqué, la démarche fière.

Taille. — Hauteur du plan de position de la partie supérieure de la tête dans l'attitude du repos, 48 à 50 centimètres, dans l'attitude fière, 55 à 60 centimètres.

Hauteur du plan de position sous les pattes à la partie supérieure du dos, 35 à 40 centimètres.

Circonférence du corps prise au milieu, les ailes fermées à l'endroit où les cuisses s'articulent, 60 centimètres.

Physionomie de la tête. — Le coq de Dorking ressemble beaucoup au coq de la race normande à cinq doigts.

Poids. — A l'âge de six mois, 3 1/2 kilogrammes ; à l'âge adulte, 4 à 5 kilogrammes.

Chair. — Extrêmement fine, délicate et succulente.

Poule.

Tête. — Petite, sans huppe.

Crête. — Simple, régulièrement dentelée et renversée, ou frisée et petite.

Oreillons et barbillons. — Rouges comme chez le coq, mais plus petits.

Joues. — Rouges, légèrement garnies de petites plumes fines et courtes.

Bec, Narines, Iris et Pupille. — Comme chez le coq.

Cou. — Court et gros, amplement garni de plumes longues et fines.

Corps. — Très volumineux comme chez le coq, mais proportionnellement plus long, sternum *long* et très développé.

Circonférence du corps prise au milieu, les ailes fermées, les cuisses en arrière à l'endroit où s'articulent ces dernières, mais sans les y comprendre, 50 centimètres.

Jambes et Tarses. — Courts comme chez le coq, mais sans éperons.

Doigts. — Au nombre de cinq à chaque patte comme chez le coq.

Ponte. — Excellente et précoce.

Incubation. — Bonne.

Œufs. — Grands, blancs et lourds.

Poids des œufs. — 90 grammes.

Chair. — Fine, d'une succulence et d'une délicatesse exceptionnelle.

Physionomie de la tête. — Très fine, très éveillée, ayant beaucoup de ressemblance avec la poule andalouse, à l'exception de la couleur du plumage.

Poids. — A l'âge de six mois, 2 1/2 à 3 kilogrammes, à l'âge adulte, 3 à 4 kilogrammes.

Taille. — Hauteur du plan de position à la partie supérieure de la tête dans l'attitude ordinaire, 45 centimètres.

Hauteur du plan de position sous les pattes à la partie supérieure du dos, 35 centimètres.

Variété grise.

Grey Dorkings.

Plumage du coq. — Le plumage du coq de la variété grise diffère peu de celui de nos coqs communs. Il a les plumes du camail et les lancettes de couleur paille, ou blanc paille, plus ou moins rayées de noir; le dos paille, ou jaune roux, ou châtain roux; les épaules jaune paille, ou paille mélangé de noir; les couvertures des ailes noires à reflets vert foncé; les barbes externes des rémiges secondaires blanches et les barbes internes noires; les rémiges primaires noires ou noires ayant les barbes externes entourées d'un liséré blanc; le plastron noir brillant; le reste du corps et les plumes rectrices noir mat, à l'exception des petites, des moyennes et des grandes faucilles qui sont noires à reflets métalliques vert foncé.

Plumage de la poule. — Les plumes du camail de la poule sont gris foncé ou noires et bordées d'un liséré blanc. Elle a le plastron de couleur saumon, chaque plume étant marquée

Poule de Dorking de la variété grise.

à sa pointe d'une tache noire ou gris foncé en forme de croissant; les plumes des ailes sont d'un brun gris tigré et bordées d'un liséré noir. La tige de toutes les plumes, excepté de celles du plastron, est de couleur crême et se détache sur le fond foncé du plumage. Les plumes rectrices sont d'un gris cendré tigré.

Variété argentée.

Silver grey Dorkings.

Poule de Dorking de la variété gris argenté.

Le coq et la poule de cette belle variété ont la crête, les oreillons et les barbillons d'un rouge vermillon; les tarses blancs ou blanc rosé.

Plumage du coq. — Camail et lancettes, blancs à reflets argentins, sans mélange de jaune ou de noir; dos et épaules, blancs à reflets soyeux; couvertures des ailes, noires à reflets verts et violacés; barbes externes des rémiges secondaires, blanches; barbes internes des rémiges secondaires, noires; rémiges primaires noires et non pas blanches comme disent plusieurs auteurs français; plastron, noir brillant; plumes rectrices, abdomen et le reste du corps, noir mat, à l'exception des petites, des moyennes et des grandes faucilles qui sont noires à éclat métallique.

Plumage de la poule. — Les plumes qui bordent les joues et les oreillons sont blanches, forment une espèce de collerette qui se rattache sous les barbillons et produit le plus bel effet; celles du camail sont gris cendré, bordées d'un liséré blanc; le plastron est de couleur saumon se fondant graduellement en gris cendré en gagnant les cuisses; les ailes et le reste du corps, gris cendré, tigré de gris foncé, et les plumes rectrices sont d'un gris tigré noirâtre.

Variété dorée.

Golden Dorkings.

Plumage du coq. — Camail et lancettes rouge doré; dos et épaules rouge acajou et le reste du corps noir comme chez les coqs de nos fermes.

Plumage de la poule.—Couleur perdrix d'un bout à l'autre comme chez nos poules communes de cette nuance.

Variété blanche.

White Dorkings.

Le *coq* et la *poule* de la variété blanche ont la crête frisée ou simple; mais le plus souvent frisée; les joues, les oreillons et les barbillons d'un rouge de corail brillant; le bec blanc, les tarses blancs ou blanc rosé et le plumage entièrement blanc sans teintes *jaunâtres*. Les volailles blanches demandent à ne pas être exposées aux rayons du soleil qui jaunissent promptement leur plumage.

Variété coucou.

Cuckoo Dorkings.

Le *coq* et la *poule* de la variété coucou sont entièrement de couleur coucou, sans mélange de plumes jaunes ni brunes dans le camail ni parmi les lancettes, ou de plumes blanches dans la queue.

Défauts à éviter dans les oiseaux reproducteurs :

Variété grise.

Grey and coloured Dorkings.

1° Tête lourde ou grossière.

2° Crête renversée chez le coq, irrégulièrement dentelée, de forme disgracieuse.

3° Plumage *peu serré* et de mauvaise couleur.

4° Absence du cinquième doigt, ou pouces mal séparés à leur base, ou de conformation irrégulière ou rudimentaire.

5° Sternum *court comme chez les Cochinchinois*, manque de largeur du dos et de la poitrine.

6° Taille inférieure à 55 centimètres dans l'attitude fière, chez le coq, ou de 45 centimètres au repos chez la poule.

7° Tarses jaunes, ou noirs ou gris de plomb, ou d'une autre nuance que blanche ou blanc rosé.

8° Queue mal garnie ou mal portée.

Variété argentée.

Silver grey Dorkings.

1° Les mêmes imperfections que chez la variété grise;

2° Oreillons blancs ou rouges sablés de blanc : les oreillons doivent être rouges.

3° Plumes blanches dans la queue du coq.

Variété blanche, coucou, etc.

1° Les mêmes défauts que dans les autres variétés.

2° Plumes noires dans le plumage de la variété blanche.

3° Plumes jaunes ou rouges dans le plumage de la variété coucou.

4° Plumes rouges au plastron de la variété dorée.

Manière d'élever la race de Dorking.

Les oiseaux reproducteurs doivent jouir autant que possible de leur liberté et doivent être nourris abondamment. Le matin, on leur servira de la pâtée composée de gruau d'avoine et de sarrasin, bien pétrie de façon à ce que la pâtée s'émiette dans la main; et le soir, vers l'heure du coucher, on leur donnera du gros blé ou du sarrasin, ou de la *grosse* orge anglaise.

On évitera avec soin les rapprochements prématurés et l'on tiendra les sexes séparés jusqu'à l'âge de dix mois.

On donnera leurs œufs à couver, à la fin du mois de mars, dans le nord de la France, et au commencement du même même mois, dans le Midi : l'expérience ayant démontré que les poussins, éclos en mars et avril, sont toujours les plus forts et les plus vigoureux, parce que les poules n'étant pas éreintées à cette époque par les fatigues de la ponte, fournissent des œufs généralement fécondés et le coq n'étant pas épuisé par les excès génésiques, a le germe plus vigoureux. A ces avantages incontestables, il convient d'ajouter que les poussins nés en mars et avril, ont tout l'été devant eux pour acquérir leur plein développement.

On ne donnera pas à couver à une poule plus de dix ou onze œufs, au maximum, *car elle ne sait pas en couvrir davantage.*

On sèmera de la poudre de pyrhètre dans la paille dont on

a confectionné le nid, afin d'empêcher la vermine de tourmenter la couveuse pendant l'incubation, et l'on renouvelera la poudre insecticide trois ou quatre fois pendant la couvaison.

Vingt-quatre heures après leur éclosion, on mettra les poussins dans une boîte à élevage qu'on aura soin de placer sous un hangar ou dans un terrain sec et sablonneux; car les poussins de cette race craignent beaucoup l'humidité et tout poussin mouillé est un oiseau perdu.

Pendant les quatre premiers jours, on leur sert, en Angleterre, de la pâtée composée de deux tiers de mie de pain détrempée dans du lait et d'un tiers d'œufs durs finement hachés.

Dès le cinquième jour, on remplace cette pâtée par une autre composée de moitié gruau d'avoine et moitié gruau d'orge ou de sarrasin, à laquelle on ajoute de la salade finement hachée, si les poussins n'ont pas la jouissance d'une pelouse ou n'ont pas d'autre verdure à leur portée.

Pendant les premières six semaines, il est préférable d'assaisonner la pâtée d'un peu de lait.

Si l'on a des larves de fourmis à leur donner, elles ne peuvent qu'activer leur croissance. A défaut de larves de fourmis, on ajoute à leurs aliments ordinaires un peu de viande *très finement hachée :* car la viande, si elle n'est pas finement hachée, provoque l'indigestion presque toujours fatale aux poussins.

Un peu de lait chaud et de l'eau ferrugineuse fortifient le poussin et contribuent puissamment à sa bien venue.

Pendant les quinze premiers jours, indépendamment de la pâtée dont je viens d'indiquer la formule, on leur sert, pendant la journée, du blé ou du sarrasin concassé, et, à partir du quinzième jour, on leur sert du gros blé et du sarrasin en entier.

Les poussins demandent à être nourris souvent pendant

les quinze premiers jours de leur existence, et il est indispensable de mettre de la nourriture constamment à leur portée.

On continuera ce régime pendant six semaines à deux mois.

A partir de cet âge, les volailles qu'on élève en vue de la reproduction et du perfectionnement de la race, doivent être toujours bien nourries jusqu'à ce qu'elles aient atteint leur parfait développement; on doit leur servir trois repas par jour, dont deux repas seront composés de pâtée de gruau d'avoine et d'orge ou de sarrasin, bien pétrie, et l'autre de gros blé, ou de sarrasin, ou de grosse orge, sans jamais oublier la verdure. On leur accordera, si possible, un enclos garni de gazon et de sable où elles trouvent des vermisseaux, des insectes et mille substances mystérieuses qu'elles cherchent avec ardeur, en fouillant la terre de leurs pattes et de leur bec, et qu'elles avalent avec avidité.

Beaucoup d'éleveurs ne servent à leurs volailles que deux repas par jour, et cela me paraît suffisant, pourvu qu'on leur serve des repas copieux consistant *en pâtée le matin* et *en grains le soir*. — Ce dernier repas doit leur être servi peu de temps avant l'heure du coucher.

Pour élever ces lourdes volailles, des boîtes à élevage sont indispensables; car les mères, quand elles sont libres, parcourent les terrains d'élevage dans tous les sens, fatiguent leurs poussins et souvent les tuent en grattant le sol avec fureur quand un ennemi s'approche d'elles.

La boîte à élevage, outre qu'elle tient les poussins logés au sec pendant les premiers jours qui suivent leur éclosion, les préserve des accidents que je viens de signaler.

Parmi les nombreuses boîtes à élevage aujourd'hui à la mode, la meilleure est incontestablement la nouvelle boîte perfectionnée de M. A. Bouchereaux, de Choisy-le-Roi, dont M. A. Geoffroy Saint-Hilaire, directeur du Jardin d'Acclimatation, a eu l'amabilité de me montrer un modèle.

La *nouvelle boîte* de M. Bouchereaux est divisée en deux compartiments inégaux dont l'un, le plus petit, est destiné à recevoir la mère, et l'autre, le plus grand, est réservé aux poussins qui peuvent parcourir les deux compartiments en passant à travers le grillage de séparation. (Grav. 1.)

Grav. 1. — Nouvelle boîte à élevage de M. A. Bouchereaux, vue à vol d'oiseau.

Le toit du petit compartiment où la mère est retenue prisonnière, est en pente pour faciliter l'écoulement des eaux, et des trous pratiqués dans les panneaux latéraux établissent avec la façade principale qui est grillagée un courant d'air purificateur perpétuel. (Grav. 2.)

Grav. 2. — Boîte à élevage, compartiment destiné à recevoir la mère.

Le grand compartiment, ou cage réservée aux poussins,

est grillagé, et peut se recouvrir par un vitrage mobile établi également en pente pour chasser les eaux et qu'on adapte sur le dessus quand le temps est pluvieux. (Grav. 3.)

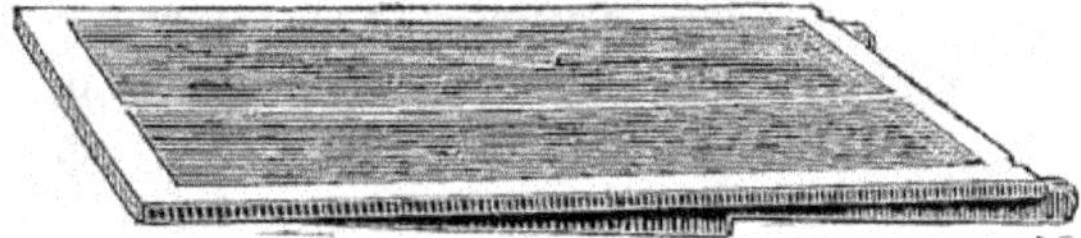

Grav. 3. — Châssis vitré.

Ce vitrage formé d'un seul châssis intercepte tout passage à la pluie; tandis que le vitrage composé de deux vanteaux de la boîte Gérard n'a jamais mis les poussins à l'abri de l'inondation.

Sur les côtés s'adaptent également des panneaux pleins dont l'utilité, en cas de pluie ou de grand vent, n'a pas besoin d'être démontrée.

M. Bouchereaux a fait aussi une boîte à élevage pour bantams, colins, faisans, etc., qui ne diffère de la précédente que par le dessus qui déborde un peu plus en avant pour empêcher l'eau de pénétrer à l'intérieur, et par une cloison grillagée qui divise la boîte en deux compartiments égaux dont l'un sert à la mère èt l'autre aux poussins. (Grav. 4.)

Grav. 4. — Boîte à élevage pour bantams et faisans.

Une trappe vitrée mobile s'adapte sur le devant pour pré-

server la jeune famille du froid et de l'humidité, en cas de besoin.

Après l'élevage, ces boîtes peuvent être utilisées comme épinettes pour engraisser les volailles, de même que la cage grillagée peut servir d'appareilloir pour pigeons, ou comme cage à divers usages et s'adapte aux couveuses artificielles.

Mais, allez-vous me dire, il n'y a rien de bien nouveau dans tout cela. Parfaitement. Mais ce n'est pas là non plus que réside le progrès réalisé par l'inventeur et dont je tiens à mettre ici le mérite en relief. Quelque soin que l'on puisse mettre dans le nettoyage des boîtes à élevage ordinaires, on n'y réussit jamais complètement. Le fond de ces boîtes étant fixe, conserve toujours un dépôt de fiente délayée, d'humidité fangeuse extrêmement difficile à détruire, directement contraire à la salubrité et que la fermentation ne tarde pas à rendre infecte et suffoquante; enfin, à la suite d'un séjour prolongé, la poule se couvre d'une croûte de malpropreté et, dans les interstices des panneaux de la boîte, dont tous les efforts du grattoir et de la brosse ne peuvent atteindre le fond, avec la pluie, les déjections de la mère et des poussins, les plumes et la poussière, s'engendrent, se nourrissent et pullulent une infinité de parasites qui tourmentent la poule et nuisent à la bien venue de la jeune couvée.

M. Bouchereaux a trouvé un moyen aussi simple qu'ingénieux de remédier à tous ces inconvénients, en remplaçant le fond fixe de sa boîte par un fond mobile qu'on met et qu'on retire à volonté.

Pour nettoyer la boîte de M. Bouchereaux, il suffit d'en retirer le fond qui consiste en une planchette glissant dans des coulisses, et d'un seul coup de balai il est nettoyé.

Quand le temps est sec, on retire aussi le fond de la boîte, on la pose sur le sol, on la change de place une ou deux fois par jour et la mère et les poussins ne s'en portent que mieux.

La boîte à élevage de M. Bouchereaux a, en outre, l'avantage inappréciable d'être peu encombrante et facile à serrer ou à mettre à l'abri après l'élevage; car l'inventeur a encore trouvé le moyen de réduire à sa plus simple expression le volume du compartiment ou cage grillagée des poussins. (Grav. 5.)

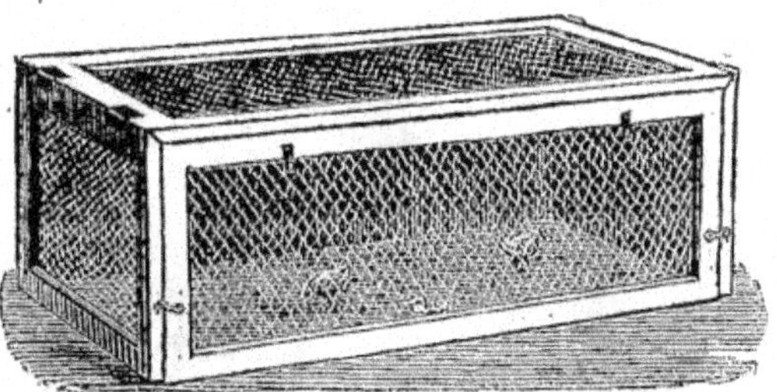

Grav. 5. — Cage grillagée des poussins *dressée*.

En effet, cette cage en grillage qui est assez volumineuse quand elle est montée, se démonte et se replie instantanément sur elle-même à peu près comme un lit pliant : c'est-à-dire que les parois, quand la cage est dressée, n'étant maintenues debout que par de petits crochets, se replient sur elles-mêmes au moyen d'un système de ferrure spécial et réduisent ainsi la cage au huitième de son volume, ce qui facilite considérablement son remisage, après la saison de la reproduction, jusqu'à nouvel élevage; et cet avantage devient doublement précieux quand on a plusieurs boîtes à serrer et qu'on ne dispose pas de beaucoup de place. (Grav. 6.)

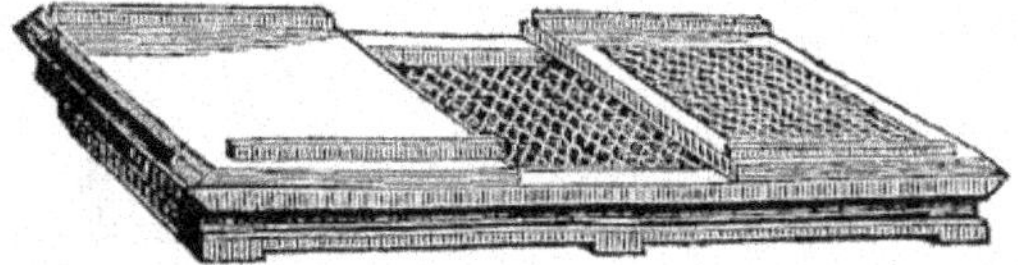

Grav. 6. — Cage grillagée des poussins *pliée*.

Race coucou d'Écosse.

Scotch Greys.

Les formes du corps, le plumage, la taille et le poids de cette race sont identiquement semblables à ceux de la variété coucou de Dorking, dont elle ne diffère que par le nombre de doigts qui est de quatre à chaque patte.

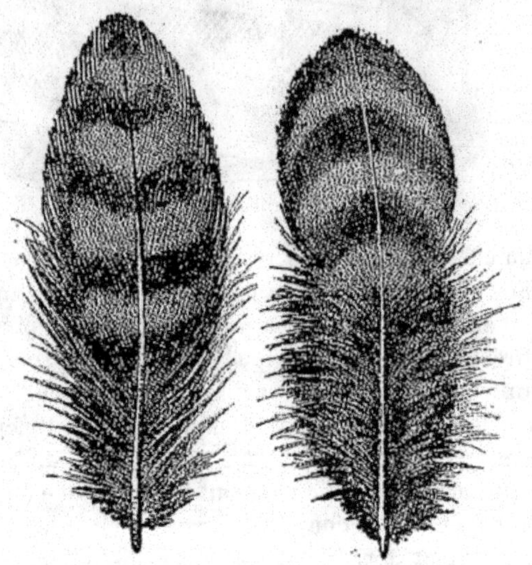

Plumes de la Poule coucou d'Écosse.

La race est rustique, bonne pondeuse, et sa chair est délicieuse.

Coq.

Corps gros et volumineux; dos et reins larges; poitrine large ouverte et proéminente; crête simple, haute, droite, à dentures profondes et aiguës; barbillons longs et pendants; oreillons rouges sans mélange de blanc; œil aurore;

plumage très abondant, de couleur coucou d'un bout à l'autre; cuisses charnues; pattes grosses, de longueur moyenne, complètement nues et de couleur blanc rosé ou couleur de chair; taille très peu au-dessous de celle du Dorking; poids, à l'âge adulte, 3 1/2 à 4 kilogrammes; squelette léger; chair fine et délicate.

Poule.

La poule a la crête ployée, simple et dentelée comme celle de la poule de Dorking; elle a le corps gros et volumineux et la poitrine saillante comme chez le coq; les pectoraux charnus, la queue effilée, et son plumage est coucou d'un bout à l'autre.

Elle est excellente pondeuse, ses œufs sont blancs et gros; elle est bonne mère et est, à juste titre, la poule de prédilection de beaucoup de fermiers écossais.

CHAPITRE XXI.

Race espagnole; gallus hispaniensis.

Die Spanische race. — White faced Spanish fowls.

Splendide race de luxe, répandue depuis longtemps déjà en Angleterre, plus anciennement connue encore en Espagne et sur les bords méridionaux de la mer Méditerranée d'où elle est probablement originaire. On la rencontre aussi partout à l'île de Cuba qui fut découverte par Christophe Colomb en 1492 et où elle fut probablement introduite par le célèbre navigateur qui, à son second voyage au Nouveau-Monde, lâcha, dans la plupart des îles qu'il venait de découvrir, un couple de bœufs, un couple de porcs, un ou deux couples de volailles, de canards et d'autres animaux domestiques de races espagnoles en vue de les peupler de la progéniture de ces animaux.

Tête de Coq espagnol.

Cette superbe race ne comporte que deux variétés qui ne diffèrent entre elles que par la couleur de leur plumage et qui sont :

La *variété noire* et la *variété blanche.*

Variété noire. — Le coq est un magnifique oiseau. Dans son ensemble, dit M. Jacque, le grand peintre d'animaux, le coq espagnol a des façons d'hidalgo qui lui appartiennent en propre ; son vêtement de velours noir, son visage colleté de blanc, sa crête en forme d'aigrette et ses barbillons rouges lui donnant un air tout à fait espagnol.

Tête de Poule espagnole.

Il a, en effet, les joues recouvertes d'une peau épaisse, nue et d'une blancheur farineuse, sur laquelle sont implantés quelques poils noirs, qui lui donnent un aspect, si pas tout à fait espagnol, du moins très étrange. — Son corps ovalaire et élancé est plus remarquable par l'élégance de ses contours que par sa robe de velours noir dont il est revêtu. Il a la tête grosse; le bec fort, de couleur corne foncée; l'iris rouge brun; les joues et les oreillons blancs et ne formant qu'une seule plaque; la crête immense, plus grande que dans aucune race; la poitrine large et proéminente; le cou gracieusement arqué, amplement garni de petites plumes longues et minces à reflets vacillants vert foncé et violacés; le dos arrondi incliné en arrière; la queue épaisse et garnie de faucilles longues et larges d'un noir d'ébène à reflets métalliques vert foncé et violacés; les épaules sont d'un noir de velours; les jambes longues; les tarses légers, longs, minces, nus et de couleur plomb foncé.

La poule est plus petite; elle a la tête plus fine; la crête renversée; les joues et les oreillons blancs, formant une seule plaque comme chez le coq et le plumage entièrement noir comme celui du coq.

Elle est excellente pondeuse; ses œufs sont énormes, mesurant dans leur plus grande grosseur jusqu'à dix-sept centimètres de circonférence; mais elle a très peu de propension à la couvaison.

Sa chair est médiocre et son engraissement laborieux : le coq le plus lourd n'ayant jamais atteint le poids de trois kilogrammes à l'âge adulte.

Si les coqs de cette race aristocratique sont belliqueux, les poules, par contre, vivent entre elles dans l'union la plus parfaite. Ce sont des animaux sociables, dans toute l'acception du mot. — Elles aiment énormément la liberté, cependant elles sont intéressantes en volière à cause de leur pétulance et l'aspect particulier de leur tête. Elles s'habituent, du reste, assez vite en captivité; les amateurs anglais lui accordent les plus grands mérites et l'élèvent, sans s'en lasser, depuis de longues années.

On prétend que ces volailles ont l'instinct très pillard. Si cette accusation repose sur des observations sérieuses, je n'hésite pas à affirmer que les *milliers* de sujets de cette race que j'ai vus en Angleterre, ne m'ont pas paru mériter particulièrement cette réputation qui est, il faut bien l'avouer, un peu applicable à toutes les races de poules, sans exception. J'ajouterai encore qu'en liberté elles exigent peu de nourriture; car, de grand matin, elles se mettent en quête de vermisseaux et d'insectes qu'elles dévorent avec avidité. Sous ce rapport elles sont très utiles au fermier et lui rendent de grands services. Lorsqu'on observe une poule espagnole, en train de chercher sa nourriture, on voit combien elle sait se servir de ses pattes et de son bec pour fouiller la terre. C'est un insectivore des plus ardents et les insectes dont elle débarrasse les alentours de la ferme, forment sa nourriture préférée et le fond de son alimentation.

Sous le rapport de la précocité, de l'abondance de la ponte et de la grosseur des œufs, aucune autre race ne la vaut.

Malheureusement il y a aussi le revers de la médaille ; et, si la superbe race espagnole possède beaucoup de précieuses qualités, elle a aussi ses défauts, dont je vais faire l'énumération avec toute l'impartialité d'un homme consciencieux.

On lui reproche d'être peu rustique et d'exiger de grands soins en hiver, parce qu'elle a la crête très sujette à la congélation. Elle a la mue longue, laborieuse, et elle est assez difficile à élever.

La poule est mauvaise couveuse et les poulets sont très longs à s'emplumer : ce n'est qu'à l'âge de six semaines que leur duvet tombe pour faire place aux plumes, et ce n'est qu'un mois après qu'ils sont entièrement couverts de plumes.

Cette lenteur à s'emplumer rend les poulets très frileux et leur est souvent fatale, quand la température est *froide et humide*. C'est pour cette raison et pour réduire les risques de mortalité à leur plus simple expression, qu'on ne doit pas mettre à couver des œufs de poule espagnole avant le 15 avril.

On ne doit pas s'exagérer cependant les difficultés d'élever des poulets de cette race; car nos voisins d'outre-mer, les

Anglais, qui ont beaucoup moins que nous à se vanter de la clémence de leur climat, en élèvent annuellement des quantités considérables; et il suffit de les enfermer, en hiver, *quand il gèle*, dans un poulailler où la température ne descend pas au-dessous de zéro pour les mettre entièrement à l'abri des accidents de la congélation.

La *variété blanche*, à l'exception de son plumage qui est entièrement blanc, a les mêmes caractères que la variété noire; mais elle est moins recherchée, parce que la peau blanche qui recouvre les joues et caractérise la race, n'est pas assez apparente et se confond avec le plumage.

Variété noire.

CARACTÈRES GÉNÉRAUX ET MORAUX.

Coq.

Tête. — Grosse, longue et de forme étrange, à cause de l'épaisseur de la peau blanche qui recouvre les joues.

Bec. — Droit et fort.

Longueur du bec. — 2 centimètres 1/2.

Couleur du bec. — Corne foncée ou noire.

Narines. — Ordinaires.

Œil. — Large ouvert.

Iris. — Aurore ou rouge brun.

Pupille. — Noire.

Crête. — Extrêmement grande, simple, droite, sortant du bec entre les orifices du nez et s'étendant jusque derrière la tête, épaisse à sa base et mince à la partie supérieure, uniformément dentelée de grandes pointes triangulaires d'une extrémité à l'autre et d'un rouge vif.

Hauteur de la crête. — 6 centimètres.

Barbillons. — Longs, minces et rouges comme la crête, excepté à la partie intérieure, sous le bec, qui est blanche.

Joues. — Nues, recouvertes d'une peau épaisse et lisse, d'un blanc de farine, sans mélange de teintes jaunes.

Coq espagnol.

Oreillons. — Longs et larges, d'un blanc farineux mat de

la même nature que les joues avec lesquelles elles se confondent et ne forment qu'une seule grande plaque de blanc, bien lisse, *sans sinuosités ni plis*, prenant naissance à la commissure du bec, s'étendant au-dessus de l'œil jusque tout près de la crête dont elle n'est séparée que par un mince filet formé de petites plumes noires, se répandant en ligne courbe et correcte derrière l'œil et le conduit auditif, descendant plus bas que les barbillons, et moins la plaque blanche formée par les joues et les oreillons est sinueuse, plus l'oiseau est estimé. L'orifice auriculaire placé au centre de cette plaque est garni de quelques poils noirs que les marchands ont l'habitude d'arracher, avant de mettre ces volailles en vente, afin de donner aux joues une apparence plus blanche.

Hâtons nous d'ajouter, quand le coq vieillit, que la peau de ses joues se ride plus ou moins et perd sa beauté.

Cou. — Vigoureux et gracieusement arqué.

Camail. — Très épais, abondant, formé de plumes étroites, longues minces et soyeuses, noires à reflets métalliques vert foncé et violacés.

Corps. — Élancé, ovalaire et élégant; poitrine arrondie et très proéminente; circonférence du corps les ailes fermées, les cuisses en arrière, à l'endroit où s'articulent ces dernières, mais sans les y comprendre, 45 centimètres; dos rond et incliné en arrière; largeur du dos 20 centimètres; longueur de la naissance du cou au bout du croupion, 25 centimètres; longueur du cou, 16 centimètres 1/2; circonférence du cou, extrémité supérieure, sous le bec, 13 centimètres; extrémité inférieure, 17 centimètres 1/2; longueur du pilon, 17 centimètres 1/2; ailes longues et serrées contre le corps.

Port. — Fier, d'une légèreté toute espagnole.

Chair. — Médiocre, prenant la graisse difficilement.

Tarses. — Longs, fins et nus.

Longueur des tarses. — 12 centimètres.

Circonférence des tarses. — 5 centimètres 1/2.

Couleur des tarses. — Noire ou plomb foncé.

Queue. — Amplement garnie, portée relevée, sans cependant se rapprocher de la tête.

Taille. — Hauteur du plan de position à la partie supérieure de la tête dans l'attitude du repos, 50 centimètres, dans l'attitude fière, 60 centimètres.

Poids. — Léger, à l'âge adulte, 2 kilogr. 1/2 à 3 kilogr. à l'âge de 4 mois, 2 à 2 kilogrammes 1/2.

Squelette. — Léger, os minces, brechet excessivement proéminent.

Plumage. — Entièrement noir, les plumes des épaules sont d'un noir de velours; celles du camail, du dos, les lancettes et les faucilles sont d'un noir d'ébène à reflets métalliques vert foncé et violet pourpre.

Physionomie de la tête. — Les joues et les oreillons forment une plaque blanche, large et apparente qui grossit et épaissit en vieillissant, caractérise cette race et lui donne un aspect particulier qui ne permet pas de la comparer à aucune autre.

Poule.

Tête. — Petite et gracieuse.

Bec. — De longueur moyenne, de couleur corne foncée.

Narines. — Ordinaires.

Iris. — Rouge brun.

Pupille. — Noire.

Joues et oreillons. — D'un blanc de farine mat comme chez le coq.

Plumage. — Noir d'un bout à l'autre.

Crête. — Simple, finement dentelée et ployée, se rabattant sur un des côtés de la tête.

Barbillons. — Longs et rouges, blancs à la partie intérieure près du bec.

Taille. — Hauteur du plan de position à la partie supérieure de la tête, dans la position ordinaire, 45 centimètres.

Bouquets. — Formés de quelques poils noirs qui couvrent l'orifice auriculaire placé au centre de la plaque blanche.

Poule espagnole.

Tarses et doigts. — De longueur moyenne.

Ponte. — Excellente et précoce.

Œufs. — Blancs et gros.

Grande circonférence des œufs. — 17 centimètres.

Petite circonférence des œufs. — 15 centimètres.

Poids des œufs. — 85 grammes.

Incubation. — Nulle.

Caractère. — Pétulante, vive, vagabonde, aimant sa liberté et un grand parcours.

Défauts à éviter chez les oiseaux reproducteurs :

1° Crête trop petite, ayant moins de 5 à 6 centimètres de hauteur, *renversée* chez le coq ou *droite* chez la poule[1].

2° La plaque de peau blanche qui recouvre les joues et entoure l'orifice auriculaire chez les deux sexes, défigurée par des sinuosités ou des plis, ou formant des caroncules comme chez le dindon, ou d'un blanc sale, mélangé de jaune ou de rouge.

3° Vue offusquée par une trop grande épaisseur de la peau blanche qui recouvre les joues et caractérise la race.

4° Plumes rouges au camail chez les coqs de la variété noire ; ou plumes noires dans le plumage de la variété blanche.

5° Plumage trop peu serré.

6° Queue portée trop relevée.

7° Taille insuffisante, manque d'élégance, de symétrie, d'ampleur de poitrine, de vivacité ou de pétulance.

Race de Minorque.

Minorcas or red faced spanish fowls.

Belle et utile race, originaire de Minorque, une des îles Baléares, dans la Méditerranée. Elle ne diffère de la race

1. La *crête droite* est une qualité chez le coq et un défaut chez la poule, comme *la crête renversée* est une qualité chez la poule et un défaut chez le coq.

espagnole que par la couleur des joues qui est rouge au lieu de former une plaque blanche. Elle a néanmoins les oreillons blancs et comporte deux variétés :

La *variété noire* et la *variété blanche* d'un bout à l'autre, dont le plumage n'exige pas de description.

La race de Minorque est très répandue en Angleterre et particulièrement dans les comtés de Devon, Cornwall, Gloucester, Somerset, Dorset et Wilts; mais elle est plutôt la poule de prédilection de l'ouvrier que de l'amateur qui donne la préférence à la race espagnole à joues blanches quoiqu'elle ait la réputation d'être plus délicate.

Elle passe pour être plus rustique, plus facile à élever et à engraisser que la race à joues blanches.

La poule est une merveilleuse pondeuse; les poulets s'élèvent avec facilité et s'emplument plus vite que ceux de la race espagnole.

Bref, cette race possède toutes les qualités et aucun des défauts de la race espagnole à joues blanches.

La race andalouse.

Andalusians.

Cette variété, comme son nom l'indique, est originaire de l'Andalousie, d'où les premiers sujets de cette belle race ont été importés en France et en Angleterre; mais il serait difficile d'établir si elle descend de la race espagnole proprement dite (the white faced Spanish fowls) et si ce sont les changements climatériques ou hygiéniques qui ont déterminé l'apparition des joues rouges chez la race andalouse, ou si, au contraire, les joues blanches, qui caractérisent le type espagnol, ne sont que le résultat d'une sélection judicieuse d'oiseaux reproducteurs et des efforts persévérants de l'homme.

L'Andalous est, après l'Espagnol à joues blanches, l'oiseau le plus remarquable par sa beauté, et, sans contredit, le plus recommandable de toutes les races espagnoles pour la formation d'un troupeau.

Le coq est un splendide oiseau : il a la tête grosse; le bec fort, de couleur corne foncée; la crête droite, extrêmement haute, grande, dentée et s'avançant sur le bec entre les ori-

Coq et Poule de la race andalouse.

fices du nez; l'iris aurore, la pupille noire; les joues rouges et nues; les oreillons très prononcés, longs et d'un blanc farineux; les barbillons longs et rouges; le corps élancé; la poitrine arrondie; le dos rond inclinant vers la queue; la queue touffue portée relevée, *mais pas près du cou;* le plumage serré, le camail, le dos, les épaules, les lancettes gris foncé noirâtre à reflets pourpres; les plumes de recouvrement de la queue, les petites, les moyennes et les grandes faucilles bleu ardoisé semées de taches gris foncé; le plastron, les rémiges primaires et secondaires, les rectrices et le reste du corps uniformément bleu ardoisé; chaque plume étant bordée d'un liséré d'un ton un peu plus foncé qui donne à son plumage l'aspect maillé. Les tarses, de hauteur ordinaire, sont gris de plomb foncé.

La poule a la crête renversée comme celle de la poule espagnole; l'iris aurore; les joues rouges; les oreillons blancs; les barbillons rouges, longs et arrondis; le plumage uniformément bleu ardoisé, chaque plume ayant un liséré de nuance plus foncée, gris noir, bleu foncé ou pourpre; les tarses gris de plomb foncé.

Les poules andalouses, de Minorque et d'Ancône sont les pondeuses les plus précoces et les plus fécondes de toutes leurs congénères d'Espagne; mais, comme toutes les bonnes pondeuses, elles ont peu de propension à la couvaison.

Très sociables entre elles, elles ont les allures vives, gaies joyeuses et ne le cèdent en rien aux autres races espagnoles.

Les poulets s'élèvent sans difficulté, sont très rustiques; très précoces à s'emplumer, à prendre la graisse, et leur chair est fine et savoureuse.

Défauts à éviter dans les oiseaux reproducteurs :

1° Crête ayant moins de 6 centimètres de hauteur. La crête *renversée* chez le coq ou *droite* chez la poule est un défaut à éviter;

2° Oreillons sablés de rouge;

3° Plumage de couleur gris sale. Plus les plumes du camail, du dos, des épaules et les lancettes du coq sont de nuance foncée à reflets violets, plus l'oiseau est estimé; et plus la couleur du plumage de la poule a une teinte uniformément bleuâtre ou gris argenté, mieux elle est appréciée. Le liséré qui borde les plumes du coq et de la poule peut être indifféremment gris foncé, ou noir, ou bleu foncé ou pourpre, pourvu que le fond du plumage ne soit pas d'un gris de plomb sale.

La race dite d'Ancône.

Anconas or mottled spanish fowls.

Une des plus précieuses variétés de la race espagnole, la race dite d'Ancône, ne diffère de la belle race andalouse que par son pennage qui est *coucou d'un bout à l'autre.*

Cette admirable volaille, très appréciée en Espagne, mais très rare en France, est aussi recommandable par sa beauté que par sa fécondité.

Le coq a la crête immense, dentelée de grandes pointes régulières; les joues rouges; les oreillons blancs; les barbillons longs et rouges; le corps élancé, etc., etc., exactement comme chez le coq andalous.

Le plumage du coq et de la poule est identique : uniformément coucou, chaque plume portant sur fond gris clair plusieurs barres transversales gris foncé bleuâtre, dont le nombre augmente en raison de la longueur de la plume.

Ponte. — Abondante et précoce.

Œufs. — Énormes et blancs.

Poids des œufs. — 85 grammes.

Incubation. — Nulle.

Chair. — Fine et délicate.

Grande aptitude à prendre la graisse.

Crête. — Droite chez le coq, renversée chez la poule.

Tarses. — Couleur gris de plomb foncé.

Défauts à éviter dans les oiseaux reproducteurs :

1° Les mêmes imperfections que celles qui doivent être évitées chez la race andalouse.

2° Plumes rouges, blanches ou jaunes dans le plumage.

Toutes ces races sont vives, alertes, pétulantes, aiment leur liberté, un vaste parcours, et méritent d'entrer dans la composition d'un troupeau d'agrément.

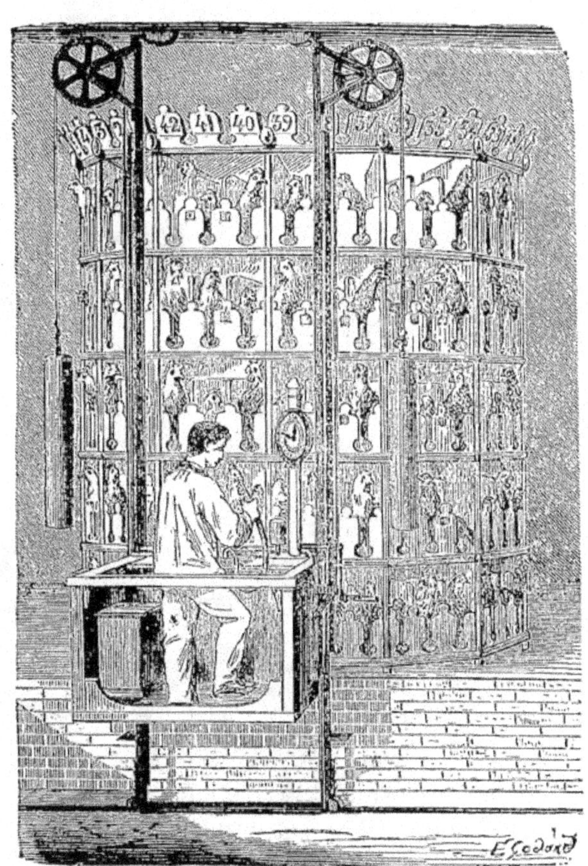

Gaveuse-Martin à pedale, ascenseur et grande épinette tournante à cinq étages pour 210 volailles.

CHAPITRE XII.

Race de Shang-haï, dite cochinchinoise;

Gallus cochinchinensis;

Die Cochinchina race; Cochin China fowls.

La race de Shang-haï, improprement dite cochinchinoise, ne diffère point de nos races françaises par son genre de vie, son régime et son mode de reproduction; mais elle s'en éloigne complètement par sa grande taille, sa corpulence extraordinaire et ses caractères extérieurs qui exigent une description spéciale.

Elle n'est connue en Europe que depuis la guerre de 1843; et c'est la reine d'Angleterre qui eut l'honneur de recevoir les premiers spécimens de cette précieuse race qui furent exportés de la Chine.

Grâce aux efforts de la reine, le cochinchinois s'est rapidement répandu par tout le Royaume-uni et est aujourd'hui l'un des hôtes les plus estimés des basses-cours chez nos voisins d'outre-mer.

En France, cette admirable race ne fut introduite que trois années plus tard, et c'est au vice-amiral Cécile que l'on doit son introduction. C'est au commencement de l'année 1846 que le vaillant vice-amiral expédia de Makao, province de Kouang-Toung, en Chine, au ministre de la marine, six poules et deux coqs de la vraie race de Shang-haï, dite à tort de Cochin-Chine, attendu que le vice-amiral avait acheté ces volailles dans une ferme située près de Shang-haï, sur le Hoang-pou, dans le Yang-tsé-Kiang, en Chine, où la race est très répandue.

Ces superbes volailles arrivèrent en France le 22 mai de la même année et furent appelées à tort, comme je viens de le dire, *cochinchinoises* : nom qui leur est resté et que toutes les protestations du vice-amiral Cécile ne sont pas parvenues à rectifier.

L'amiral de Mackau, alors ministre de la marine, fit don d'un coq et de trois des poules importées au Muséum d'histoire naturelle où ils se multiplièrent rapidement, et le vice-amiral Cécile garda les autres qu'il fit reproduire chez lui en vue d'en propager la race par toute la France.

Si le vice-amiral Cécile s'est donné la peine d'apporter ces volailles de la Chine et en a propagé la race en France avec persistance, c'est que d'avance il lui avait reconnu des qualités éminentes qui ne furent malheureusement pas appréciées par les éleveurs français, toujours routiniers et hostiles à toutes les introductions nouvelles. Après avoir été le sujet d'un engouement général pendant les premières années qui suivirent leur introduction, la savante ignorance leur trouva mille défauts et les abandonna avant qu'elles eussent été suffisamment acclimatées pour pouvoir apprécier leurs mérites en connaissance de cause.

C'est ce regrettable revirement de l'opinion publique, cette défiance contre toutes les innovations les plus recommandables, qui a été cause qu'en France nous n'avons pas su conserver cette belle race dans toute sa pureté, comme les jugements portés par des connaisseurs anglais sur les spécimens que nos éleveurs ont exposés cette année (1880) au Palais de l'industrie, de Paris, le démontrent jusqu'à l'évidence.

Selon le vétérinaire Mariot, qui a décrit ces volailles à l'époque de leur introduction en France, les premiers sujets importés de la Chine offraient des types de trois différentes couleurs : le fauve, le roux et le blanc. Depuis cette époque, soit par de nouveaux arrivages, soit par des croisements ou le hasard de la naissance, on en trouve des perdrix, des noirs et des coucous. La spéculation, toujours attentive à s'emparer de toutes les branches du commerce en faveur, eut recours à des croisements, vendit des métis pour la race pure ; ces métis, aussi gros que la race pure, furent vendus à nos éleveurs peu éclairés comme des *sujets perfectionnés* à des prix fabuleux ; il est résulté de ce fait malheureusement bien constaté, que la race abâtardie s'est rapidement répandue et que la race cochinchinoise se rencontre rarement aujourd'hui en France dans toute sa pureté. Heureusement, en Angleterre, où il existe un type reconnu fixé pour chaque race, dont on ne s'écarte pas, les éleveurs ont, au contraire, accueilli cette race avec enthousiasme ; lui ont donné des soins particuliers et, au moyen d'un choix judicieux des oiseaux reproducteurs, par une alimentation riche, tonique et abondante, par des soins hygiéniques entendus et raisonnés, ils l'ont conservée dans toute sa pureté et perfectionnée avec succès et persistance.

A l'appui de mes allégations je citerai le témoignage suivant de M. Frechon, qui, dans un article publié dans l'*Acclimatation*, nous fait connaître les impressions que les Anglais ont emportées de leur visite à l'exposition des volailles, qui eut lieu au Palais de l'Industrie en janvier 1880 :

« On est fier d'être français, dit M. Frechon, en regardant la colonne Vendôme. On l'est moins, en lisant les jugements portés sur nos animaux, sur nos éleveurs, sur nos juges surtout, par des connaisseurs aussi entendus que les Anglais.

» Si les propriétaires de volailles sont nombreux en France, les éleveurs sérieux qu'a révélés le concours de Paris de 1880 sont clair-semés. Il ne nous déplaît pas, quoi qu'il en coûte à notre amour propre, de voir enfin la vérité mise à nue.

» Pas plus que les éleveurs, les membres du jury ne sont ménagés par la presse anglaise dont les coups portent d'autant mieux qu'ils sont désintéressés.

» Ceci est vraiment fâcheux, car l'élevage sérieux, progressif n'est possible qu'autant qu'il est éclairé par des juges compétents. »

M. Frechon fait suivre ses observations de l'extrait suivant d'un compte rendu de l'exposition par le *Life stock journal*, qu'il a traduit pour l'édification des éleveurs :

« Les décisions du jury ont été, dit le *Life stock journal*, dans un grand nombre de cas, extrêmement injustes et peuvent être comparées à celles qui ont soulevé tant de plaintes lors de l'exposition internationale de volailles en 1878.

» *Cochinchinois fauves*. — *Premier prix*. Coq ayant les ailes traînantes, les jambes chargées de manchettes, et ne *possédant pas les caractères propres de la race*. *Deuxième prix*. Coq de robe trop claire, bref la classe est affreuse. *Poules*. *Premier prix*, vieilles bêtes défectueuses comme formes et robe; *second prix*, belle et forte taille, *mais n'a pas les caractères extérieurs de la race* et les différents sujets du même lot ne sont pas de même nuance.

» *Cochinchinois d'autres couleurs.* — *Premier prix*, coq blanc d'assez bonnes formes, meilleur que les fauves, mais aurait besoin d'être lavé.

» Franchement je ne crois pas utile de continuer à passer en revue les volailles asiatiques, je ne pourrais que fatiguer vos lecteurs; un mot résume mes impressions : c'est pitoyable; la classe des cochinchinois n'est composée que de drogue (trash). »

Ce jugement porté par un journal qui fait autorité en semblable matière en Angleterre, n'exige pas de commentaires, et j'espère que les amateurs, qui se sont laissé tromper jusqu'ici par les marchands, sauront tirer leur profit de cet avertissement.

Si les Anglais, par des soins hygiéniques et des connaissances plus étendues et plus profondes qu'on ne le croit généralement en France, sont parvenus à améliorer et à perfectionner la belle race cochinchinoise sous leur climat brumeux, ce résultat démontre une fois de plus que c'est à tort qu'on attribue aux influences climatériques la dégénérescence qui se produit chez nos races de Crèvecœur, de Houdan et de la Flèche, dès qu'on les transporte dans d'autres contrées, et qu'il faut attribuer cette dégénérescence exclusivement à la routine, à l'ignorance et à l'impéritie des éleveurs.

CONSIDÉRATIONS GÉNÉRALES.

Nous sommes si habitués à voir nos poules et nos oiseaux de basse-cour en général doués de la faculté de voler que ceux auxquels ce don a été refusé, nous semblent être des oiseaux fantastiques. Cependant les volailles de Shang-haï ne sont pas bien doués sous ce rapport et sont incapables de voler; c'est pour cette raison que leurs juchoirs doivent être placés tout près du sol.

Leurs sens paraissent être développés assez uniformément; mais leur intelligence semble être au-dessous du niveau de celle de nos races françaises.

Les particularités qui caractérisent principalement cette race, sont les suivantes : une queue rudimentaire; une grande abondance de plumes duveteuses, bouffantes, d'apparence laineuse, à tiges fines et à barbes longues, qui recouvrent les cuisses, les flancs, l'abdomen, et donnent à la partie postérieure du corps un épanouissement démesuré.

La race est extrêmement rustique. On ne peut dire qu'elle soit vorace. Elle paraît être gloutonne, mais elle ne l'est pas réellement, et l'expérience a démontré qu'elle n'ingurgite pas une quantité d'aliments hors de proportion avec sa taille. En captivité, elle s'habitue promptement à tous les régimes. Elle préfère cependant l'orge et le sarrasin aux autres céréales; elle aime beaucoup les substances végétales; le pain est pour elle une friandise et elle ne laisse jamais échapper une occasion de s'emparer d'une souris dont elle se montre extrêmement friande.

Les personnes qui voient pour la première fois des volailles de cette race, s'extasient sur leur grande taille, et quiconque n'a pas vu en liberté un troupeau de ces oiseaux *de premier choix*, ne peut se faire une idée du bel effet qu'ils produisent.

Outre la beauté, les poules de Shang-haï possèdent d'éminentes qualités qui les rendront toujours précieuses aux amateurs. Elles sont extrêmement sociables entre elles, bonnes, douces, sédentaires et familières. Elles sont bonnes pondeuses, et pondent surtout pendant l'hiver quand les œufs frais sont rares et se vendent très cher.

Leurs œufs sont plus ronds qu'ovales, de couleur fauve

clair ou rosée et parsemés de points de nuance plus claire; ils ne sont pas bien gros, mais ils sont d'un goût extrêmement délicat et contiennent un jaune plus volumineux et moins de blanc albumineux que les œufs de nos poules françaises.

Ce phénomène, dit M. le vétérinaire Mariot, explique la délicatesse des œufs de la poule cochinchinoise; il explique encore un poids aussi considérable relativement au volume d'un œuf plus gros provenant de la poule commune; il explique aussi la naissance d'un plus gros poulet sorti d'un œuf plus petit. Nous avons observé que la grosseur des poulets qui naissent n'est pas proportionnée à la grosseur des œufs pondus par nos diverses races communes, mais bien à la grosseur des jaunes qu'ils contiennent. Les œufs de cette belle race ont donc le double mérite d'être plus délicats à manger et de donner naissance à de plus gros poulets.

Son grand triomphe, a dit un éleveur enthousiaste, est l'incubation. En effet, si la plupart de nos races françaises n'ont pas assez de propension à la couvaison, et si nos faisandiers se plaignent toujours de ne pas avoir assez de couveuses, la race de Shang-haï en fournit le plus souvent plus qu'on en désire. A peine la poule cochinchinoise a-t-elle pondu une vingtaine d'œufs se suivant de jour en jour, qu'elle demande à couver et chaque poule couve deux, trois et quatre fois par an. Elle couve partout, et dans les conditions les plus diverses; elle ne cherche point, comme la poule commune, un endroit convenable pour couver, elle s'accommode, au contraire, du premier nid dont elle peut s'emparer et elle couve souvent en compagnie d'une ou deux autres poules dans le même nid, sans que le plus parfait accord cesse un instant de régner entre elles. Pendant l'incubation elle reste douce, familière, ne craint pas d'être dérangée; et sa propension pour l'incubation est si violente qu'on peut la faire couver durant *plusieurs semaines*, sans crainte de la voir abandonner ses œufs.

Les poulets croissent rapidement, mais ils sont très lents à s'emplumer et conséquemment sensibles aux intempéries climatériques dans les premiers jours qui suivent leur naissance. La poule cochinchinoise ne conduit ses poulets qu'une trentaine de jours et, après trente ou trente-cinq jours, elle les abandonne pour se remettre à pondre une vingtaine d'œufs et recommencer à couver.

A cet âge les poulets ne sont guère assez emplumés ni assez robustes pour pouvoir se passer de mère sous nos climats, en hiver; c'est ce qui explique que les couvées de mars et d'avril réussissent mal et que les éclosions de mai réussisent le mieux.

Les poulets ne sont nullement difficiles à nourrir; prennent les mêmes aliments que nos races françaises; font une chasse assidue aux insectes dont ils se montrent très friands; mangent en abondance des substances vertes qui semblent être indispensables à leur existence, et il est absolument inutile d'avoir recours à ces mélanges fantastiques d'aliments tant vantés par certains amateurs et qui leur sont plutôt nuisibles qu'utiles.

CARACTÈRES GÉNÉRAUX ET MORAUX

Coq.

Le coq de Shang-haï, de *race pure*, ne doit pas peser moins de 5 à 5 1/2 kilogrammes, à l'âge adulte ; il doit avoir la crête simple, droite et régulièrement dentelée. Sa crête, ses joues, ses oreillons et ses barbillons doivent être d'un rouge vermillon, *d'un tissu fin et transparent*. Les coqs qui ont la crête rugueuse, épaisse et d'un grain grossier doivent être éliminés de la reproduction, de même que ceux qui ont la tête forte et lourde. Plus il a la tête fine, bien portée en avant et la crête de nature légère et transparente, plus l'oiseau est estimé. Son cou doit être court, très gros, abondamment garni de plumes fines, longues et soyeuses. Il doit avoir les épaules très larges, anguleuses et saillantes; le plastron haut, la poitrine large et carrée, mais pas aussi arrondie et aussi saillante que chez le coq Brahmapoutra, le sternum court; le dos également très court et *extrêmement large;* les reins (the cushion) aussi larges que le dos et formant avec celui-ci une seule ligne harmonieuse et *ascendante* vers la queue; le

Calcanéums recouverts de plumes molles ne faisant pas saillie en forme de manchettes ou d'éperon.

corps anguleux, très court, extrêmement gros, volumineux, et *incliné en avant;* les ailes courtes, aplaties, portées très relevées, les *rémiges primaires bien cachées sous les rémiges secondaires.* En Angleterre, on considère comme des oiseaux défectueux ceux qui laissent pendre ou traîner les ailes, ou qui montrent leurs rémiges primaires. Les cuisses et l'abdomen doivent être très abondamment garnis de plumes duveteuses, bouffantes, d'apparence laineuse, formant dans eur ensemble un immense épanouissement, et plus cet épanouissement est exagéré plus les amateurs trouvent l'oiseau à leur goût. Les jambes doivent être grosses, solides, *très écartées* l'une de l'autre et enveloppées de plumes molles et frisées qui recouvrent les calcanéums ou talons, *sans les dépasser en forme de manchettes ou d'éperons recourbés intérieurement.*

Rien n'est plus disgracieux que ces coqs qui ont les jambes chargées de plumes raides et résistantes qui dé-

Vulture hocks ou manchettes, ou calcanéums recouverts de plumes faisant saillie.

passent les calcanéums de plusieurs centimètres. C'est ce que les Anglais appellent *vulture hocked birds* et ce que nous appelons des *oiseaux à manchettes.*

Ni aux États-Unis, ni en Angleterre, ni en Belgique, ni en Allemagne on ne veut de ces oiseaux difformes qui ont l'air de sauter sur leurs talons au lieu de marcher sur les doigts du pied ; et il me semble qu'il est à peu près temps que les amateurs français cessent de se laisser endosser à de hauts prix ces rebuts ou oiseaux réformés ailleurs, que des marchands cupides *achètent à l'étranger à vil prix.*

Les tarses du coq cochinchinois doivent être courts, solides, très écartés l'un de l'autre, d'un *jaune éclatant* et garnis extérieurement de trois rangées de plumes raides, dirigées horizontalement, descendant jusqu'aux extrémités du doigt médian et de l'externe qu'elles doivent cacher sous leur abondance, l'interne restant nu. Sa queue ne doit contenir, pour ainsi parler, pas de plumes rectrices proprement dites, elle doit être formée entièrement de petites faucilles molles, courtes et portées horizontalement.

Son allure est gauche et lourde; sa voix rauque et fort peu agréable à entendre. Quoique très sociable et très bon pour ses poules, le coq cochinchinois ne s'occupe pas énormément de ses compagnes qu'il a l'air de regarder comme des êtres exclusivement destinés à la satisfaction de ses instincts sexuels.

Poule.

La poule cochinchinoise a les mêmes formes heurtées que celles du coq, mais encore plus énergiquement accusées. Elle est plus trapue, plus ramassée, plus courte, et proportionnellement à sa taille, plus volumineuse que le coq. Elle doit avoir le corps incliné en avant; la tête petite, fine et de forme gracieuse; le cou court; la poitrine large, très développée; le dos très court et très large; les reins très larges, formant avec le dos une seule ligne harmonieuse et ascendante depuis la naissance du cou jusqu'au croupion; les épaules larges, anguleuses et saillantes; les ailes très courtes, *portées très relevées*, aplaties, serrées contre le corps, les rémiges primaires bien cachées sous les secondaires; la queue formée de rectrices très courtes et s'élevant à peine au-dessus des couvertures caudales qui enveloppent le croupion; les cuisses et l'abdomen surabondamment garnis de plumes duveteuses et bouffantes, de nature légère et d'apparence laineuse, formant dans leur ensemble une plus grande masse et un plus grand épanouissement encore que chez le coq ; les tarses courts, écartés, abondamment garnis de plumes raides qui vont en se multipliant et en grossissant de haut en bas et couvrent le doigt médian et l'externe sous leur abondance, laissant l'interne nu, comme chez le coq. La couleur des tarses doit être d'un jaune brillant chez les sujets des deux sexes.

La couleur typique, qui caractérise le mieux la race, est le blond ou le fauve; mais il en existe un grand nombre de variétés dont les principales sont les suivantes :

La variété fauve clair, *Silver or lemon buff cochins.*

La variété fauve foncé, *Cinnamon cochins.*

La variété perdrix, *Partridge or grouse cochins.*

La variété blanche, *White cochins.*

La variété noire, *Black cochins.*

La variété coucou, *Coucou cochins.*

La variété soie, *Silky cochins.*

Variété fauve clair.

Silverbuff cochins.

CARACTÈRES GÉNÉRAUX ET MORAUX.

Coq.

Tête. — Petite proportionnellement au corps, regard doux.

Bec. — Fort, légèrement crochu.

Couleur du bec. — Jaune.

Longueur du bec. — 2 1/2 centimètres.

Narines. — Ordinaires, longitudinales.

Iris. — Aurore, se rapprochant de la couleur du plumage.

Pupille. — Noire.

Crête. — Simple, droite, de nature légère, d'un rouge vermillon, régulièrement dentelée.

Hauteur de la crête. — Mesurée au milieu, 5 à 6 centimètres.

Oreillons. — Rouges, bien développés et descendant presque aussi bas que les barbillons.

Bouquets. — Épais, formés de petites plumes très fines d'un fauve clair.

Barbillons. — Rouges, d'un tissu fin et transparent, longs, minces et pendants.

Longueur des barbillons. — Cinq à six centimètres.

Joues. — Rouges, nues et d'un tissu fin.

Cou. — Court, porté en avant, gracieusement arqué et abondamment garni de plumes longues, fines et soyeuses.

Longueur du cou. — 22 1/2 centimètres.

Corps. — Volumineux, ramassé et heurté. Épaules proéminentes; plastron haut et large; dos très court et reins très larges et formant avec la queue une seule ligne ascendante depuis la naissance du cou; ailes très courtes, aplaties, serrées contre le corps et portées haut; plumes des pectoraux plaquées sur le corps; sternum court; hanches saillantes, cuisses grosses, garnies de plumes longues, duveteuses et bouffantes; jambes cachées sous les plumes duveteuses des cuisses; abdomen extrêmement garni des mêmes plumes de nature légère, duveteuses et bouffantes.

Circonférence du corps prise au milieu, les ailes fermées, à l'endroit où les cuisses s'articulent, 50 à 55 centimètres. Largeur des épaules, 22 1/2 à 25 centimètres.

Longueur du corps. — De la naissance du cou à l'extrémité du croupion, 28 centimètres.

Jambes. — Courtes, très écartées l'une de l'autre, très grosses et à peu près complètement cachées sous l'abondance des plumes bouffantes des cuisses.

Longueur des jambes. — 20 centimètres.

Calcanéums ou *talons.* — Recouverts de plumes molles *ne faisant pas saillie.*

Tarses. — Courts, forts, très abondamment garnis extérieurement de plumes raides, dirigées horizontalement et faisant saillie, depuis le calcanéum jusqu'à l'extrémité des doigts médian et externe, l'interne restant nu.

Longueur des tarses. — 10 centimètres, circonférence, 7 1/2 à 8 1/2 centimètres.

Couleur des tarses. — D'un jaune clair, avec des teintes rougeâtres entre les écailles qui recouvrent l'épiderme.

Doigts. — Au nombre de quatre, longs, droits et bien articulés. Longueur du doigt médian, 10 centimètres; longueur du doigt interne, 7 centimètres. Dans les sujets de race très pure le doigt médian mesure à peu près deux fois la longueur du doigt externe qui est très court. Couleur des doigts, jaune.

Queue. — Rudimentaire, portée très bas; plumes rectrices ou grandes caudales petites et molles, ayant le moins de noir possible; faucilles très courtes et soyeuses. Longueur des faucilles, 12 à 15 centimètres.

Port. — Grave, mais gauche. Corps très incliné en avant, paraissant plus haut du derrière que de l'avant.

Taille. — Hauteur du plan de position à la partie supérieure de la tête, dans l'attitude du repos, 60 centimètres; dans l'attitude fière, 70 à 75 centimètres.

Physionomie de la tête. — La tête du coq cochinchinois ressemble beaucoup à celle du Dorking, à l'exception du bec qui est d'un beau jaune comme celui du merle commun.

Poids. — A l'âge adulte, 5 à 5 1/2 kilogrammes.

Chair. — Ordinaire, peu succulente.

Squelette. — Lourd.

Plumage. — Plastron et toute la partie inférieure du corps uniformément jaune fauve clair. Tête, camail, lancettes, dos, épaules et ailes d'un jaune fauve un peu plus foncé et doré. Rectrices et faucilles fauve foncé, *mais pas noires* et surtout pas marquées de taches blanchâtres.

Caractère. — Doux, extrêmement familier, venant manger dans la main ; mais ne supportant pas d'être manié et se débattant violemment quand on prend l'oiseau en main pour l'examiner.

Poule.

Tête. — Très petite, fine et gracieuse.

Crête. — Simple, droite, très petite, finement et uniformément dentelée, d'un tissu très fin.

Hauteur de la crête. — Mesurée à la partie la plus haute, 1 1/4 centimètres.

Barbillons. — Très petits, courts, arrondis, d'un tissu très fin et d'un rouge vermillon comme la crête.

Œil. — De nuance se rapprochant le plus possible de la couleur du plumage, dans les sujets de race pure; jaune fauve clair ; regard extrêmement doux.

Oreillons. — Rouges et plus petits que chez le coq.

Joues. — Rouges, nues et d'un grain très fin comme la crête et les barbillons : une peau grossière donne un aspect peu distingué à la tête et est considérée en Angleterre comme un grand défaut.

Bouquets. — Épais, formés de petites plumes très fines d'un jaune fauve clair.

Bec et narines. — Comme chez le coq.

Cou. — Très court. Plus il est court, mieux l'oiseau est estimé; porté en avant; abondamment garni de plumes longues et soyeuses.

Corps. — Plus anguleux, plus heurté et les épaules plus saillantes encore que chez le coq. Dos très plat, large et court. Reins extrêmement développés, formant une surface large, convexe et ascendante vers la queue. Ailes petites, très courtes, aplaties, portées haut, serrées contre le corps, les extrémités cachées sous les plumes bouffantes des reins. Poitrine amplement développée. Brechet proéminent et très bas. Hanches saillantes. Cuisses énormes et cachées sous une abondance de plumes duveteuses et bouffantes. Abdomen pendant, extrêmement développé, recouvert de plumes duveteuses et formant ensemble avec celles des cuisses une masse considérable de plumes ébouriffées de nature laineuse.

Queue. — Rudimentaire, portée presque horizontalement. Plumes rectrices ou grandes caudales très petites et presque cachées par les moyennes caudales et les plumes des reins, ayant le moins de noir possible. Hauteur de la queue, 12 1/2 centimètres.

Pilons. — Longueur, 15 centimètres. Circonférence, 17 1/2 centimètres.

Calcanéums. — Recouverts de plumes molles, mais il ne faut pas qu'elles fassent saillie et soient raides comme chez les pigeons pattus, ce que les Anglais appellent *vulture hocks* et ce que nous appelons des *manchettes.*

Tarses. — Courts, écartés, d'un jaune clair, abondamment garnis extérieurement de plumes raides *d'un fauve clair*, dirigées horizontalement. Plus les tarses sont garnis de plumes plus l'oiseau est estimé, et il faut que les plumes soient plus longues et aussi abondantes au bas du canon de la patte qu'en haut.

Longueur des tarses. — 10 centimètres. Circonférence, 6 1/4 centimètres.

Doigts. — Au nombre de quatre comme chez le coq. Longueur du doigt médian, 8 3/4 centimètres.

Taille. — Hauteur du plan de position à la partie supérieure de la tête, 50 à 52 centimètres. Hauteur du plan de position sous les pattes à la partie supérieure du dos ,28 à 30 centimètres. Largeur des épaules, 20 à 21 centimètres.

Physionomie de la tête. — La poule cochinchinoise a à peu près la même tête que celle de nos poules communes.

Port. — Digne, corps incliné en avant, allure lourde.

Poids. — A l'âge adulte les sujets de race pure pèsent de 3 1/2 à 4 1/2 kilogrammes; à l'âge de huit mois de 3 à 3 1/2 kilogrammes.

Chair. — Plus délicate, et pectoraux plus charnus que chez le coq.

Squelette. — Moins lourd que chez le coq.

Ponte. — Excellente, *surtout pendant l'hiver.*

Œufs. — De grosseur moyenne, de couleur fauve; poids des œufs, 65 grammes.

Incubation. — La rage de couver est un dès plus grands défauts qu'on lui reproche. A peine a-t-elle pondu une vingtaine d'œufs qu'elle demande à couver en toutes saisons.

Caractère. — Extrêmement doux. Les poules cochinchinoises sont très sédentaires, excessivement bonnes et sociables entre elles; très familières avec les personnes qui s'en occupent et elles ne sont ni pillardes ni dévastatrices.

Qualités à rechercher chez les oiseaux reproducteurs :

Quoi qu'en disent les auteurs français, il résulte de mes expériences que les volailles des deux sexes de la race de Shang-haï ne sont dans la plénitude de leur vigueur génératrice qu'à l'âge de deux ans et que dès l'âge de deux ans et demi elles déclinent dejà.

M. Wragg, dont le nom fait autorité en semblable matière de l'autre côté du détroit, est du même avis et dit : « Si l'on a en vue d'obtenir des produits de forte taille, il » faut choisir les oiseaux reproducteurs parmi les mieux » conformés ayant l'âge de deux ans accomplis. C'est à l'âge » de deux ans seulement que le coq et la poule de Shang-haï » sont dans la plénitude de leur puissance génératrice et *ni* » *avant ni après cet âge ils ne donnent d'aussi bons produits.* » (*The poultry book.*)

Il n'est pas absolument nécessaire que le coq reproducteur soit de très forte taille, pourvu qu'il soit de *bonne descendance*, vigoureux, bien charpenté et surtout qu'il ait les *reins bien développés*. Il faut aussi qu'il soit solidement planté sur des jambes épaisses et *très écartées*.

L'amateur recherchera également chez le coq reproducteur un plumage uniformément jaune fauve et éliminera de la reproduction les oiseaux qui ont les rémiges primaires et secondaires marquées de taches blanches ou noires. Il faut que le vol soit d'un fauve clair uni, sans mélange de blanc et de noir. Les plumes rectrices peuvent être plus ou moins noirâtres; mais les faucilles doivent être *d'un brun bronzé* et non pas noires. Les plumes du camail doivent être d'un jaune fauve doré uni et ne doivent pas être marquées de noir comme chez le coq Brahmapootra.

La poule doit avoir le même âge que le coq, et doit être réformée comme le mâle à l'âge de deux ans et demi, si l'amateur a en vue d'en obtenir des produits de premier choix.

Elle doit être grande, volumineuse et sa robe doit être *d'un bout à l'autre d'un jaune fauve clair de la même nuance que le plastron du coq avec lequel on veut l'appareiller;* son camail doit être de couleur citron, *sans taches noires :* car les taches noires accusent un croisement avec le Brahmapootra; ses rémiges primaires doivent être d'un fauve pur comme chez le coq, sans mélange de blanc ou de noir.

Quant aux formes du corps, il faut que la poule cochinchinoise que l'amateur destine à la reproduction, en vue de conserver ses produits, forme, comme l'a dessinée le grand peintre, Jacque, un assemblage de grandes masses énergiquement accusées, saillantes, et se distinguant facilement les unes des autres. Il faut aussi qu'elle ait les tarses d'un jaune brillant, bien écartés l'un de l'autre, abondamment garnis de plumes raides plus longues en bas du canon qu'en haut, et qu'elle ait surtout les reins extrêmement larges.

Quand un coq et une poule cochinchinois ont *les reins* (the cushion) *très larges et très développés, c'est un indice de bonne descendance et il est à peu près certain que l'hérédité dotera leur progéniture de leurs qualités caractéristiques.*

Défauts à éviter chez les oiseaux reproducteurs :

Crête frisée, ou renversée, ou de nature grossière à surface rugueuse.

Tête grosse et forte.

Oreillons blancs ou sablés de blanc.

Camail marqué de noir chez les sujets des deux sexes.

Formes du corps disgracieuses ; corps incliné en arrière ; reins insuffisamment développés : quand la poule a les reins très larges, le reste du corps ne laisse le plus souvent rien à désirer ; partie postérieure du corps trop peu développée ou insuffisamment garnie de plumes duveteuses formant dans leur ensemble une masse insuffisante.

Vulture hocks ou *manchettes*, ou plumes raides qui dépassent les calcanéums : les oiseaux qui ont ce défaut n'ont aucune valeur à l'étranger.

Tarses nus, ou insuffisamment emplumés, ou d'une autre couleur que jaune.

Doigts mal articulés ou difformes : car toutes les difformités sont héréditaires.

Queue trop grande ou portée perpendiculairement, faucilles blanches ou noires dans la queue.

Taille au-dessous de 65 centimètres chez le coq dans l'attitude fière et de 50 centimètres chez la poule.

Plumage de nuance trop foncée.

Manque de vigueur et d'énergie chez le coq.

Variété perdrix.

Partridge or grouse cochins. — *Die rebhuhefarbigen cochins.*

Coq.

Le coq de la *variété perdrix* a le bec jaune ou couleur de corne; l'iris rouge vif, la pupille noire; les plumes supérieures de la tête rouge orange; les plumes du camail et les lancettes rouge doré, marquées au milieu d'une rayure noire; celles du dos des épaules ou les scapulaires rouge acajou; les petites et les moyennes couvertures des ailes rouge velouté; les grandes couvertures des ailes noires et formant dans leur ensemble une large barre transversale d'un noir brillant lustré de reflets verts. Les rémiges secondaires ont les barbes externes marron et les barbes internes ou recouvertes noires : de façon que les barbes visibles, quand l'aile est ployée, forment une seule masse marron, à l'exception des pointes des plumes dont les barbes internes et externes sont noires et qui réunies forment un large liséré noir bordant l'extrémité visible de l'aile. Ses rémiges primaires, ou grandes du vol, sont invisibles quand l'aile est au repos et doivent être noires, à l'exception des barbes externes qui doivent être bordées d'un liséré marron. Tout le reste du corps : le plastron, les cuisses, l'abdomen, la queue, etc., doit être entièrement noir, sans aucun mélange de plumes rouges ou blanches et les tarses doivent être jaunes[1].

Poule.

Il existe deux variétés de poules : la variété claire et la

1. A la vente publique qui a suivi la grande exposition annuelle de volailles, au Palais de Cristal, à Sydenham, il y a quinze jours, un coq cochinchinois perdrix, né en 1879, a été vendu 1,560 fr.) Journal de l'*Acclimatation* du 7 décembre 1879.)

variété foncée, qui ne diffèrent entre elles que par le fond de la robe qui est un peu plus foncée chez une variété que chez l'autre; mais toutes les deux ont les plumes du camail de couleur d'or marquées au milieu d'une large rayure noire

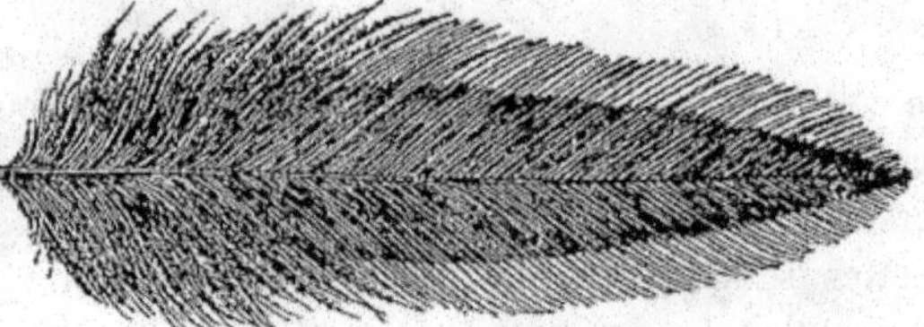

Plume du camail de la poule de la variété claire.

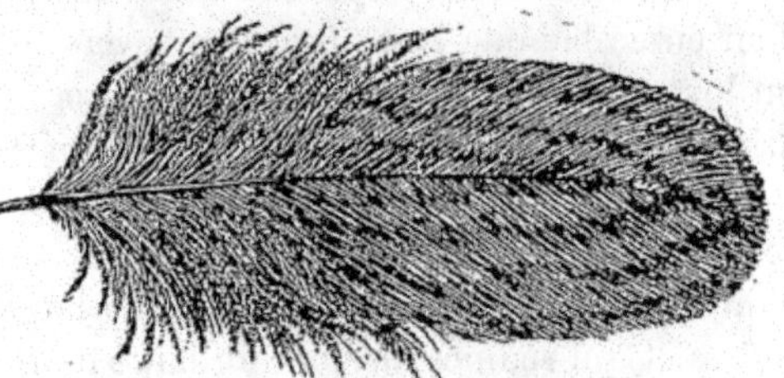

Plume de la poitrine, variété claire.

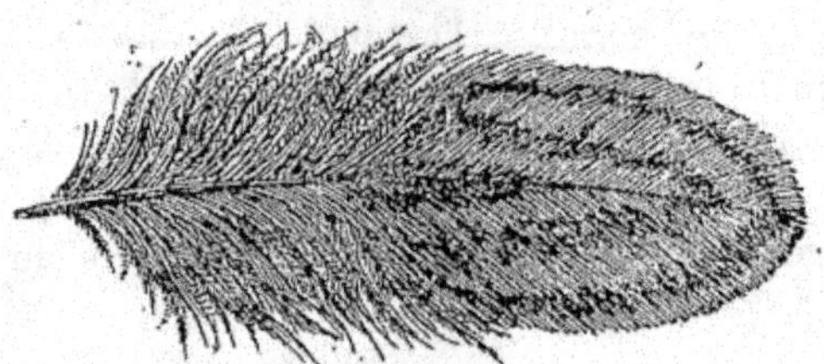

Plume du recouvrement de l'aile, variété claire.

et celles du reste du corps sont marquées de rayures longitudinales, se dirigeant parallèlement aux bords externes des barbes des plumes, de couleur marron foncé se détachant sur fond marron clair, Chez les sujets de race pure les plumes

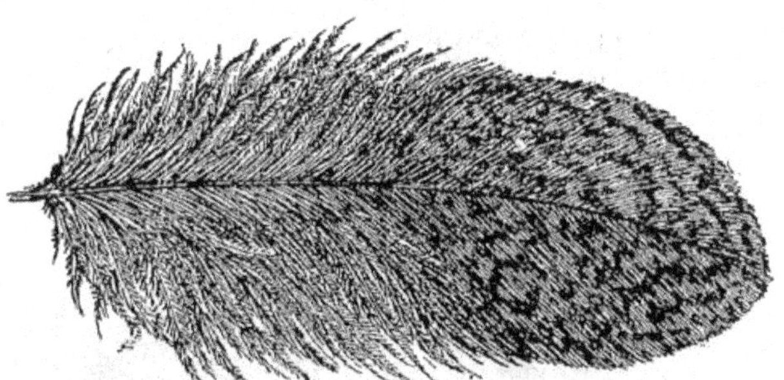

Plume du recouvrement de la queue, variété claire.

du devant du cou et du plastron sont marquées aussi régulièrement que celles des ailes, et les plumes unies ne se rencontrent que chez les oiseaux de second choix. Les

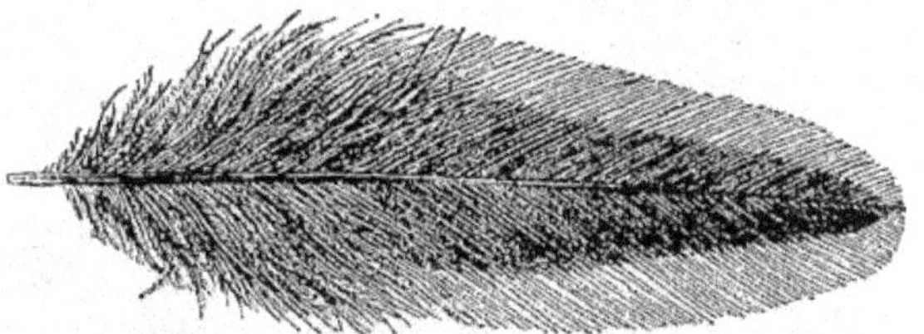

Plume du camail de la poule de la variété foncée.

plumes des reins sont marquées moins nettement et les dessins en sont le plus souvent brouillés, même chez les oiseaux de premier choix. Les rémiges primaires ont les barbes in-

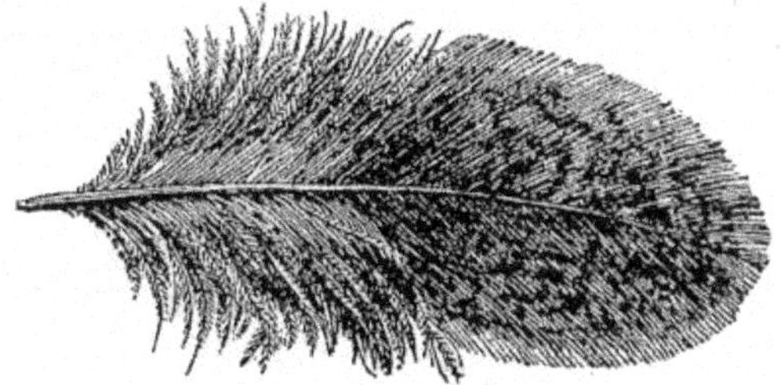

Plume de la poitrine, variété foncée.

ternes marron foncé uni et les barbes externes, celles qui sont visibles quand l'aile est ployée, marron marquées de barres transversales d'un noir brun ; les rémiges secondaires ont les barbes externes pareilles aux précédentes et les barbes internes marquées de dessins brouillés.

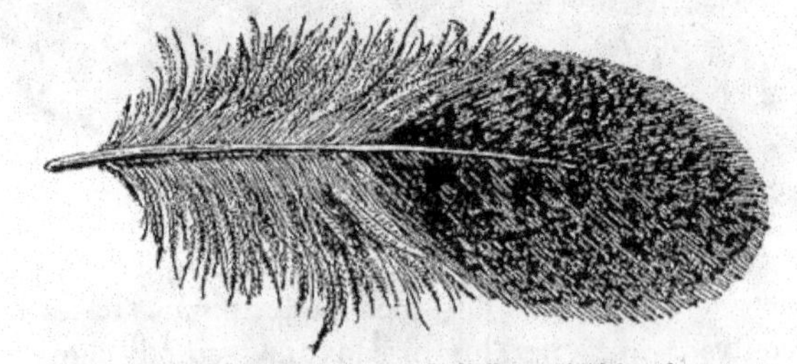

Plume du recouvrement de l'aile, variété foncée.

Plume du recouvrement de la queue, variété foncée.

Les plumes des pattes doivent être marquées de rayures longitudinales marron foncé se détachant sur fond marron clair.

Tarses jaunes comme chez le coq.

Variété blanche.

White cochins.

Le bec chez le coq et la poule de la variété blanche doit

être d'un jaune d'or; l'iris gris, ou d'un rouge vif; le plumage uniformément d'un blanc de neige, sans teintes jaunes au camail ni aux lancettes; les tarses jaunes.

Les volailles des deux sexes de la variété blanche atteignent rarement la taille de leurs congénères fauves et exigent des basses-cours ombragées; car, sous l'action du soleil brûlant d'été, l'éclatante blancheur de leur plumage prend promptement une teinte sale ou jaunâtre qui lui ôte sa fraîcheur et nuit à sa beauté.

Variété noire.

Black cochins.

Les sujets de cette variété qui sont entièrement noirs, sont aussi rares que recherchés. Les coqs ont presque tous des plumes blanches dans la queue ou aux pattes, ou des plumes rouges dans le camail ou parmi les lancettes.

Et ce qui fait surtout le désespoir des amateurs, c'est qu'un coq qui est entièrement noir dans la première année de son existence, gagne presque toujours des plumes blanches ou rouges en vieillissant.

Les sujets des deux sexes de cette variété ont le bec jaune et quelquefois de couleur corne, ou noir à sa base et jaune à son extrémité; l'iris rouge vif, ou rouge foncé ou l'œil de vesce; les tarses *jaune sombre* ou noirs.

Variété coucou.

Le coq et la poule de la variété coucou doivent avoir le bec jaune; l'iris rouge vif; les tarses jaune brillant; le fond du plumage *uniformément d'un gris bleu très clair* presque blanc, chaque plume étant marquée de barres transversales très distinctes d'un noir bleuâtre qui se multiplient en raison de la longueur de la plume; les plumes du camail, les lancettes, les faucilles et les plumes rectrices doivent avoir le même fond et les mêmes marques, et il faut éliminer de la reproduction les coqs qui ont le camail doré et les épaules d'un brun foncé velouté. Les coqs coucou d'un bout à l'autre, sans autres couleurs, sont extrêmement rares ; presque tous ont le camail plus au moins doré et les ailes d'un brun rouge velouté.

De la manière de juger ces volailles dans les concours d'après des bases établies par M. L. Wight et couramment admises par les jurys et les éleveurs anglais.

Étant donné qu'on accorde un total de 100 points à l'oiseau parfait, nos voisins d'outre-mer déduisent de ce total les points suivants pour défectuosités :

Crête défectueuse ou tête trop forte . . . . Points 10
Camail trop peu garni 5
Reins étriqués 8
Abdomen ou partie postérieure du corps trop peu développée 7
Pattes insuffisamment emplumées 7
Manchettes (vulture hocks) 20
Queue portée trop relevée ou de forme défectueuse . 6
Plumes blanches dans la queue (excepté dans la variété blanche 6
Rémiges primaires pendantes ou traînantes 15
Doigts de forme défectueuse ou contournés. 7
Oreillons sablés de blanc. 6
Plumage de mauvaise nuance 24
Manque de taille 20
Manque de symétrie 15
Mauvaise condition ou mauvaise apparence. 12
Mauvaise condition ou manque complet de bonne apparence 35

Disqualifications. — Coq et poules mal appareillés. Rémiges primaires contournées. Absence de plumes aux pattes. Crête renversée. Tarses d'une autre couleur que jaune. Plumes marquées de noir chez la variété fauve. Plumes de la poitrine n'étant pas marquées du petit dessin caractéristique chez la variété perdrix. Plumes caudales blanches ou noires chez la variété coucou. Dos voûté ou toute autre difformité.

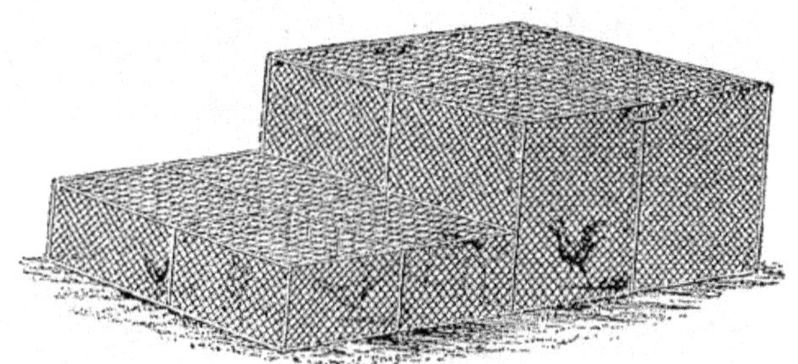

Parquet d'élevage de M. Méry-Picard.

CHAPITRE XXIII.

Race de Brahmapoutra.

Die Brahmapootra race; Brahmas, or Brahmapootra fowls.

Si nous sommes bien renseignés sur la provenance de la race de Shang-haï, il n'en est pas de même de la race de Brahmapoutra dont l'origine est enveloppée d'un certain mystère que le temps n'est pas encore parvenu à éclaircir.

Depuis 1853, date de son introduction en France, on s'est épuisé en conjectures, ou plutôt on a épuisé toutes les conjectures, sans arriver à rien qui n'eût déjà été dit et reconnu dénué de fondement. J'ai parcouru avec soin les ouvrages anglais, allemands et français sur les oiseaux de basse-cour; et certes les origines que les auteurs attribuent à cette race sont nombreuses et variées, mais elles ne sont ni neuves ni vraisemblables.

« Cette race n'est, je crois, dit M. Jacque, qui est un connaisseur entendu, qu'une variété de la Cochinchine ou de Shang-haï et est peut-être la meilleure des variétés. Les pontes sont plus longues, la chair est bonne, et la poule surtout a la propriété d'acquérir un poids supérieur à celui des autres cochinchines. Quant au nom de Brahmapoutra qu'on a fastueusement donné à cette race, nom d'un fleuve de l'Inde, il n'est pas plus raisonnable d'y croire, comme on l'a affirmé, qu'elle est originaire de l'Amérique, ce qui du reste ne ferait qu'embrouiller son origine. »

On ne peut pas dire que cette race dont les caractères rappellent beaucoup ceux de la race de Shang-haï, soit d'origine américaine; mais, ce qui est certain, c'est que les auteurs anglais sont tous d'accord pour reconnaître que l'honneur d'avoir doté l'Amérique, et par suite l'Europe, de cette nouvelle race revient à M. Chamberlain, un modeste mécanicien de New-York, qui a trouvé les trois premiers couples souches de ces volailles, dans le port de New-York, à bord d'un navire marchand qui venait d'arriver des Indes.

Le nom de Brahmapoutra que M. Chamberlain leur a donné, à tort ou à raison, est celui d'un grand fleuve d'Asie qui naît dans le pays de Borkhamti, au pied des monts Langsan, traverse le pays de Mismi, le royaume d'Assam, le Bengale oriental, et, après avoir reçu une branche du Gange, prend le golfe de Megna, et se jette dans le golfe du Bengale, après un parcours de 2,700 kilomètres.

Or, ce n'est pas sur les bords pittoresques du Brahmapoutra que M. Chamberlain a rencontré ces précieuses volailles

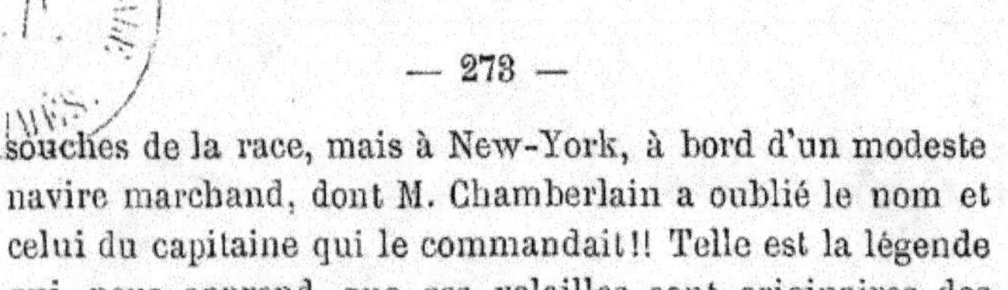

souches de la race, mais à New-York, à bord d'un modeste navire marchand, dont M. Chamberlain a oublié le nom et celui du capitaine qui le commandait!! Telle est la légende qui nous apprend que ces volailles sont originaires des Indes (?).

Si c'est réellement M. Chamberlain qui a introduit le Brahmapoutra aux États-Unis, ces oiseaux ont dû s'y multiplier avec une remarquable rapidité, car on les trouve aujourd'hui parfaitement acclimatés par toute l'Amérique.

La race de Brahmapoutra est caractérisée par un énorme épanouissement des plumes des cuisses et de l'abdomen qui donne à la partie postérieure de son corps une expansion exagérée; elle a la crête petite et frisée; la tête petite proportionnellement à sa taille; le corps extrêmement volumineux et incliné en avant; le dos très-court, large et horizontal; les reins (the cushion) très développés et formant avec le dos, comme chez la race de Shang-haï une seule ligne ascendante depuis la naissance du cou jusqu'au bout du croupion; la queue courte, mais plus grande que chez la race cochinchinoise; les jambes courtes, grosses, très écartées et suivies de tarses également courts, très gros et abondamment emplumés. Sa taille dépasse celle de toutes les autres races connues; sa démarche est gauche, lourde et sa voix est rauque et fort peu agréable à entendre.

Ce sont des oiseaux sédentaires, mais non dans toute l'acception du mot. — Les poules sont extrêmement douces, sociables entre elles et d'une grande fécondité; comme les poules cochinchinoises, elles pondent surtout en plein hiver lorsque la ponte chez les poules de nos races indigènes est complètement nulle. — Leurs œufs sont de grosseur moyenne, mais le jaune est très grand et leur qualité dépend, comme chez les autres races, de la qualité des aliments dont les oiseaux sont nourris.

La propension à la couvaison est malheureusement presque

aussi grande chez la poule Brahmapoutra que chez la cochinchinoise et à peine a-t-elle pondu une vingtaine d'œufs qu'elle demande à les couver en toute saison.

Pour remédier à cet inconvénient on a eu recours à toute sorte de moyens : les uns consistent, dès que la poule manifeste le désir de couver, à l'enfermer dans une cave ou un lieu frais et à la faire coucher par terre ; d'autres conseillent de la priver de toute nourriture durant vingt-quatre heures ou de la saigner sous l'aile d'environ quinze à vingt grammes de sang ; mais la question est de savoir s'il ne peut résulter aucun accident fâcheux de l'application de ces prétendus remèdes préventifs, dont l'efficacité ne me paraît, au surplus, pas suffisamment démontrée ; et je me demande, si l'éleveur n'agirait pas plus sagement en tirant parti de cette propension exagérée à la couvaison, pour faire éclore des œufs précieux en toutes saisons.

La poule Brahmapoutra est non seulement une précieuse couveuse, mais elle possède au plus haut degré le sentiment de la maternité et est la meilleure des mères. Or, son rôle n'est pas de pourvoir la table de l'éleveur d'œufs frais, mais bien de les couver et d'élever en toute saison sa progéniture à laquelle on peut ajouter encore, quand l'occasion se présente, des poussins éclos artificiellement qu'elle adopte presque toujours sans hésitation, dans les premiers jours qui suivent l'éclosion.

Lorsque les poules de cette race jouissent de leur liberté et qu'elles ont à leur disposition toutes sortes de matières calcaires et siliceuses, il arrive assez fréquemment, sous nos climats, que les coquilles de leurs œufs soient épaisses, dures, et que l'éclosion des poussins se fasse laborieusement. Si le poussin y a déjà pratiqué une ouverture et ne peut néanmoins s'y frayer de suite un passage suffisant, il faut l'élargir avec précaution vers le gros bout, et remettre l'œuf sous la poule, sans chercher à en extraire le poussin qui peut avoir besoin de passer encore quelque temps dans la coque et pour lequel la plus légère écorchure deviendrait mortelle.

Quoique les poulets croissent rapidement et n'exigent aucuns soins particuliers, il n'en est pas moins vrai qu'ils sont lents à s'emplumer et sont très sensibles aux influences climatériques pendant les premiers jours qui suivent leur éclosion, lorsqu'ils n'ont pour tout vêtement qu'un léger duvet pour les garantir contre le froid et l'humidité. Cette observation prouve bien évidemment qu'on ne peut bien réussir à élever ces volailles sous nos climats, qu'à la condition de ne pas faire couver leurs œufs avant le 15 avril, et qu'on s'expose à bien des déceptions quand les éclosions ont lieu avant cette époque, comme je l'ai dit dans le précédent chapitre.

Les cochelets arrivent lentement à l'adolescence; le développement de leurs facultés génératrices est tout aussi tardif et ce n'est guère avant l'âge de neuf à dix mois que les besoins génésiques naissent chez eux.

CONSIDÉRATIONS GÉNÉRALES.

Coq.

Le coq Brahmapoutra de race pure pèse à l'âge de six mois, de 3 à 3 1/2 kilogrammes, et à l'âge adulte de 5 à 5 1/2 kilogrammes. Il doit avoir le bec fort à sa base, court et crochu; la tête courte, gracieuse et petite proportionnellement à la taille de l'oiseau; la crête petite et *frisée*, ressemblant à trois petites crêtes réunies, hérissée de petites pointes ou tubercules, la crête médiane étant un peu plus élevée que les deux externes ou latérales. Il est regrettable que, dans nos expositions d'oiseaux de basse-cour qui se tiennent annuellement au Palais de l'Industrie, à Paris, le jury décerne des prix à des coqs de cette race ayant la crête simple, car nulle part, à l'étranger, ni aux États-Unis, ni en Angleterre, ni en Belgique, ni en Allemagne, les amateurs ni *les jurys* ne les veulent à *crête simple.*

Single combed birds are now almost lost, and stand no chance whatever at a good show, dit M. Lewis Wright, dont le nom fait autorité en semblable matière de l'autre côté du détroit[1], (*The illustrated poultry book*) [2].

Il doit avoir les oreillons *rouges et descendant plus bas que les barbillons;* le cou court, très gracieusement arqué et abondamment garni de plumes longues, minces et de nature soyeuse ; le dos plat, horizontal, et *très court;* les reins (the cushion) très larges et ascendants vers la queue : le dos voûté, les reins étriqués et inclinés vers la queue sont considérés à l'étranger, non seulement comme un défaut, mais comme une difformité; la poitrine plus développée, et plus arrondie que chez le coq cochinchinois, le brechet proéminent ; les épaules larges et saillantes, mais moins proéminentes et moins anguleuses que chez le coq de Shang-haï ; les ailes courtes, serrées contre le corps, *portées très haut* et bien ployées, *les rémiges primaires bien cachées sous les secondaires;* les jambes très grosses, *très écartées* l'une de l'autre et suivies de tarses également courts, solides et abondamment garnis de plumes raides dirigées horizontalement, aussi longues et plus fournies en haut du canon qu'en bas, longeant extérieurement le tarse, le doigt médian et l'externe et les cachant sous leur abondance ; la

1. Les coqs à crête simple tendent à disparaître rapidement de nos basses-cours, et *n'ont plus aucune chance de remporter des prix dans un concours sérieux.*

2. M. le vétérinaire Mariot qui a décrit cette race à l'époque de son introduction en Europe, décrit la crête comme suit : le coq a une crête simple, dentelée, épaisse à sa base et comme une rangée de tubercules imitant une petite crête *de chaque côté* de la principale ou centrale.

queue courte, mais plus grande et *portée plus relevée que chez le cochinchinois ;* les deux faucilles supérieures doivent être recourbées en dehors en forme de fourche dont les pointes s'écartent par le haut, ce qui constitue un des principaux caractères de la race. — Sa taille dépasse celle de tous les autres coqs ; mais il a le squelette lourd et sa chair est peu délicate.

Poule.

La poule de race pure pèse, à l'âge de six mois, 3 à 3 1/2 kilogrammes, et, à l'âge adulte, 4 à 4 1/2 kilogrammes. Elle a les mêmes formes du corps que celles du coq, mais plus accentuées et, comme la cochinchinoise, elle a l'abdomen plus bas, plus développé et plus épanoui que chez le coq ; la tête petite, courte et bien faite ; la crête petite et frisée ; le cou court ; le camail épais ; le dos court, extrêmement large ainsi que les reins et formant ensemble, comme chez la poule cochinchinoise, une seule ligne harmonieuse et ascendante vers la queue qui est un peu plus développée et plus haute que chez la cochinchinoise ; les épaules saillantes, mais moins que chez la cochinchinoise ; la poitrine très amplement développée, large et carrée, le jabot et le brechet très bas ; les hanches proéminentes ; l'abdomen ou ventre formant artichaut également très bas, extraordinairement développé, garni de plumes duveteuses, épanouies et bouffantes, formant ensemble avec celles des cuisses et des jambes une immense masse qui constitue le caractère le plus saillant de la race ; les ailes très courtes, portées relevées au niveau du dos et serrées contre le corps ; les plumes des flancs plaquées au corps ainsi que celles de toute la partie antérieure du corps et formant ensemble un grand contraste avec l'immense épanouissement de la partie postérieure ; les jambes grosses et courtes, écartées et à peu près cachées sous l'abondance des plumes des cuisses ; les tarses d'un jaune brillant, courts, très écartés et abondamment garnis de plumes comme chez le coq.

La race ne comporte que deux variétés : la variété herminée et la variété inverse ou contraire qui ne diffèrent entre elles que par la disposition des couleurs du plumage.

C'est une profonde erreur de croire que le coq et la poule Brahmapoutra doivent avoir des *vulture hocks* ou *manchettes*, c'est-à-dire les jambes garnies de plumes longues et résistantes qui, au lieu de recouvrir les calcanéums comme chez les autres races, les dépassent et se prolongent démesurément en forme d'éperon recourbé intérieurement comme chez les vautours et chez les pigeons pattus. Les amateurs anglais, belges, allemands et américains ont réformé depuis longtemps ces oiseaux difformes dont les plumes des jambes dépassent le haut du canon de la patte et qui ont l'air de marcher sur des échasses.

Aux États-Unis et en Angleterre, il existe des caractères admis par les éleveurs, sanctionnés par les meilleurs juges et que nos jurys ne devraient pas ignorer.

Voici, du reste, selon M. Lewis Wright, comment le jury anglais juge ces volailles aux concours d'oiseaux de basse-cour qui se tiennent annuellement dans les principales villes de l'autre côté du détroit :

Coq.

Points de mérite à accorder :

Taille	4
Pureté de la robe	4
Élégance de la tête	1
Camail bien garni.	1
Ailes bien portées.	1
A reporter.	11

Report. 11

Tarses bien écartés et bien emplumés. 2

Grand épanouissement de la partie postérieure du corps 1

Grande largeur des reins. 1

Niveau des reins plus haut que celui du dos et ascendant harmonieusement vers la queue 1

Queue bien portée 2

Élégance des formes du corps. 2

Port majestueux et belle apparence. 3

Total 25

Points de défauts à déduire :

Oreillons sablés de blanc. 1

Tarses blancs, ou blanc rosé ou d'une autre couleur que jaune 3

Ailes traînantes ou pendantes. 3

Manchettes ou *vulture hocks*. 4

Poule.

Points de mérite à accorder :

Taille 3

Pureté de la robe 4

Tête petite et gracieuse 2

Crête frisée et bien faite 1

Dos large et court. 1

Reins larges et ascendant vers la queue 2

Grand épanouissement de la partie postérieure du corps 1

Tarses bien emplumés et d'un jaune brillant. . . . 2

Formes élégantes du corps. 2

Port gracieux et belle apparence. 2

Total. 20

Points de défauts à défalquer :

Tarses blancs ou d'une autre couleur que jaune. . .	2
Queue trop longue.	4
Ailes pendantes.	3
Dessin des plumes trop brouillé chez la variété inverse	2
Plumes des tarses n'étant pas crayonnées comme celles du reste du plumage chez la variété inverse. . .	1
Plumes du dos barbouillées de noir chez la variété herminée	2
Manchettes.	4

Le grand nombre de points que les jurys anglais retirent pour *vulture hocks* ou manchettes, démontre suffisamment que nos voisins d'outre-mer considèrent ce défaut à peu près comme l'équivalent d'une difformité, et qu'il est temps d'empêcher les spéculateurs de placer annuellement sous les yeux du public, au Palais de l'Industrie, des oiseaux réformés à l'étranger, mais comme nos éleveurs peu éclairés les veulent, ou s'imaginent qu'ils doivent être, et dont quelques amateurs fantaisistes sont seuls encore engoués.

DESCRIPTION DE LA VARIÉTÉ HERMINÉE

Light Brahmas.

CARACTÈRES GÉNÉRAUX ET MORAUX.

Coq.

Tête. — Très petite, et courte.

Bec. — Fort à sa base, court et crochu.

Couleur du bec. — Jaune, marqué quelquefois d'un coup de crayon à sa pointe.

Narines. — Ordinaires.

Iris. — Perlé ou rouge vif.

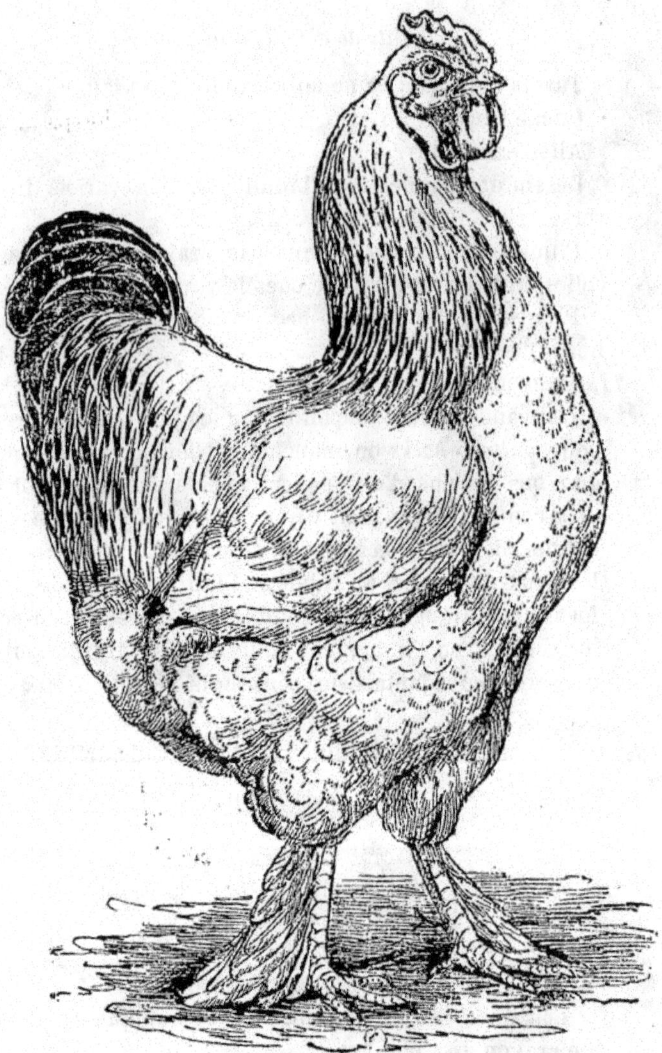

Coq Brahmapoutra de la variété herminée, ayant les plumes du camail et les lancettes très légèrement rayées de noir, de M. le comte Adrien de Brimont, du château de Meslay-le-Vidame.

Pupille. — Noire.

Crête. — Frisée, petite et très basse, ayant l'apparence de trois crêtes réunies, celle du milieu ayant un peu plus de hauteur et étant plus régulièrement hérissée de petites pointes que les deux externes.

Tout coq ayant la *crête simple* doit être éliminé de la reproduction.

Barbillons. — Assez longs et pendants, d'un tissu fin et transparent.

Oreillons. — Rouges, très développés et descendant plus bas que les barbillons.

Joues. — Presque nues, rouges et d'un tissu fin comme celui des barbillons.

Bouquets. — Formés de quelques poils blancs formant une tache blanche au conduit auditif.

Cou. — Court, très gracieusement arqué comme celui du cheval arabe, garni d'un camail épais et abondant.

Corps. — Plus volumineux encore que celui du cochinchinois; épaules saillantes; dos court, très large et plat, plutôt creux ou concave entre les épaules que convexe : le dos rond ou voûté est considéré en Angleterre comme une difformité; reins extrêmement larges et formant ensemble avec le dos une seule ligne harmonieuse et ascendante depuis la naissance du cou jusqu'à la queue; poitrail descendant plus bas que chez le cochinchinois, très large et très amplement développé; ailes petites, ayant une plus grande envergure cependant que chez le cochinchinois, bien ployées, *aplaties, serrées contre le corps et portées très haut :* les ailes traînantes ou formant une surface convexe sont également considérées à l'étranger comme une difformité; plumes des flancs plaquées sur le corps et faisant bien ressortir la proéminence du sternum; cuisses très charnues, très grosses, surabondamment garnies de plumes duveteuses d'apparence laineuse; abdomen démesurément développé et abondamment garni, comme les cuisses, de plumes duveteuses et bouffantes qui donnent à la partie postérieure du corps de l'oiseau un immense développement ou épanouissement.

Pilons. — Courts, *très écartés l'un de l'autre*, presque complètement cachés sous l'abondance des plumes duveteuses des cuisses.

Calcanéums. — Recouverts de plumes molles *ne faisant point saillie en forme de manchettes.*

Tarses. — Courts, solides, abondamment garnis *extérieurement* de plumes raides dirigées horizontalement, plus longues au bas du canon qu'en haut, s'étendant depuis le calcanéum ou talon jusqu'à l'extrémité du doigt médian et de l'externe qu'elles cachent sous leur abondance, le doigt interne restant nu.

Couleur des tarses. — Jaune orange.

Doigts. — Au nombre de quatre à chaque patte, longs et droits.

Couleur des doigts. — Jaune orange.

Queue. — Plus grande que chez le cochinchinois et portée presque perpendiculairement; garnie de plumes rectrices plus longues et plus raides que chez le cochinchinois; chez les oiseaux de premier choix les deux rectrices supérieures présentent un caractère particulier, elles se recourbent en dehors en forme de fourche comme chez le *lyrurus* ou petit coq de bruyère ; les grandes faucilles sont *courtes* et *peu recourbées;* tandis que les moyennes et les petites faucilles et les lancettes sont retombantes, très abondantes et cachent presque complètement les rectrices ou grandes caudales.

Port. — Superbe, majestueux, la tête haute, le corps *très incliné en avant*, allure lourde.

Taille. — Hauteur du plan de position à la partie supérieure de la tête dans l'attitude du repos, 65 centimètres; dans l'attitude fière, 75 centimètres.

Poids. — A l'âge de six mois, 3 à 3 1/2 kilogrammes; à l'âge adulte, 5 à 5 1/2 kilogrammes.

Chair. — Médiocre.

Squelette. — Lourd, ossature épaisse.

Rectrice supérieure ou première grande penne caudale.

Description du plumage.

Le coq Brahmapoutra de la variété herminée doit avoir les plumes de la tête blanches; celles du camail blanc argenté, rayées au milieu de noir ; les rémiges primaires noires ; les barbes externes des rémiges secondaires *blanches* et les barbes internes *noires ;* les lancettes entièrement blanches, mais les amateurs les préfèrent blanches marquées au milieu d'une tache noire allongée comme les plumes du camail ;

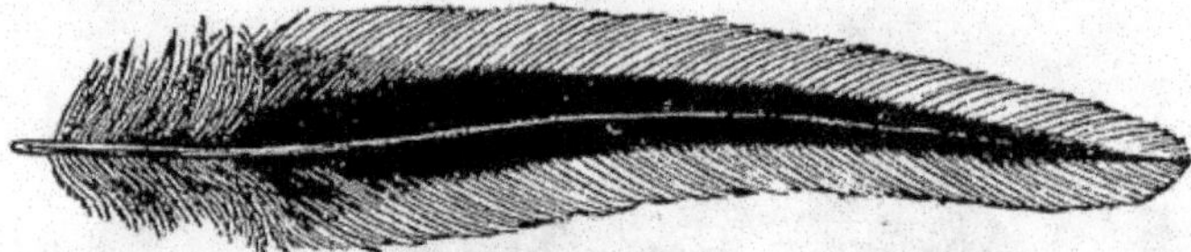

Plume du camail.

les rectrices, les grandes, les moyennes et les petites faucilles entièrement noires à reflets *verts,* à l'exception des deux faucilles supérieures qui sont *noires bordées d'un liséré blanc* chez les oiseaux de race pure ; et le reste du plumage entièrement blanc à l'exception des plumes des pattes qui sont

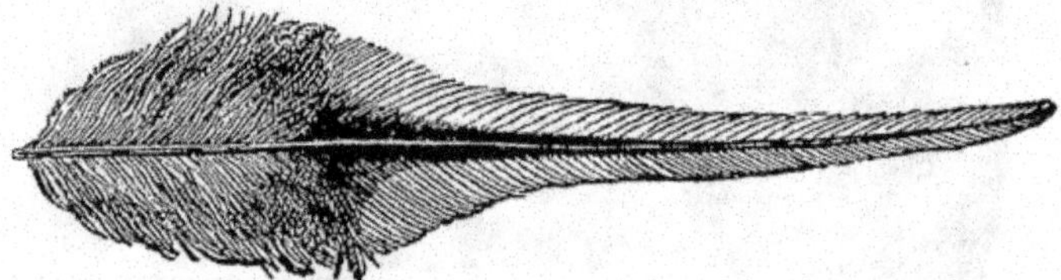

Lancette.

grisâtres ; mais ce plumage n'est blanc qu'en apparence : c'est-à-dire que les barbes supérieures ou visibles des plumes sont seules blanches, tandis que le dessous de la robe est grisâtre, ce qui s'aperçoit en soulevant les plumes.

Poule.

Tête. — Très petite, courte et admirablement bien faite.

Crête. — Petite, triple comme chez le coq : plus la crête est petite et rudimentaire, mieux l'oiseau est apprécié.

Barbillons. — Petits, bien arrondis et de nature fine.

Joues. — Rouges, presque nues, recouvertes d'une peau

Poule Brahmapoutra de la variété herminée, ayant le camail légèrement marqué de noir, de M. le comte A. de Brimont.

fine et transparente : une peau rugueuse ou grossière doit être évitée.

Bouquets. — Formés de quelques poils blancs dirigés de

bas en haut qui, réunis, forment une tache blanche à l'orifice auriculaire.

Bec. — Court, légèrement crochu comme chez le coq de bruyère.

Couleur du bec. — Jaune brillant, quelquefois marqué d'un coup de crayon noir à la pointe.

Cou. — Court et abondamment garni de plumes longues de nature soyeuse, blanches, rayées de noir au milieu ; et il faut que la rayure noire ou tache noire allongée dont chaque plume du camail doit être marquée au milieu, s'enlève nettement sur le fond blanc de la plume.

Iris. — Perlé ou rouge vif; cette dernière couleur est celle que les amateurs estiment le plus.

Pupille. — Noire.

Corps. — Très volumineux ; épaules un peu moins saillantes que celles de la poule cochinchinoise; ailes bien ployées, serrées contre le corps et portées très élevées; dos très large, court et *plat ;* reins larges formant avec le dos une seule ligne continue et ascendante jusqu'à la pointe des plumes rectrices ou grandes pennes de la queue qui est portée plus relevée que chez la poule cochinchinoise; poitrine large, très amplement développée et plus proéminente que chez la poule cochinchinoise; jabot très bas; brechet proéminent et très bas entre les jambes ou pilons; plumes des flancs plaquées sur le corps; cuisses grosses et, de même que l'abdomen, abondamment garnies de plumes duveteuses, bouffantes et épanouies.

Pilons. — Très courts et écartés, presque cachés par les plumes des cuisses.

Calcanéums. — Recouverts de plumes molles et frisées ne faisant pas saillie.

Tarses. — Très courts, solides, abondamment garnis extérieurement de plumes faisant saillie, plus longues en bas du canon qu'en haut et s'étendant depuis le calcanéum jusqu'à la naissance des ongles du doigt médian et de l'externe.

Couleur des tarses. — Jaune orange.

Doigts. — Comme chez le coq.

Queue. — Très petite, portée un peu plus relevée que chez la poule cochinchinoise.

Taille. — Hauteur du plan de position à la partie supérieure de la tête, 55 centimètres.

Physionomie de la tête. — La poule Brahmapoutra a à peu près la même tête que celle de la poule cochinchinoise blanche dont elle ne diffère que par la forme de sa crête.

Port. — Digne, corps très incliné en avant, paraissant plus haut de derrière que sur l'avant, allure lourde et gauche.

Poids. — A l'âge de six mois, 3 1/2 à 4 kilogrammes, à l'âge adulte, 4 à 4 1/2 kilogrammes.

Chair. — Peu estimée, quoique plus délicate que celle du coq.

Squelette. — Lourd, ossature épaisse.

Ponte. — Très abondante, en hiver surtout.

Œufs. — D'un goût très délicat, de grosseur moyenne, de couleur blanc rose.

Incubation. — Grande propension à la couvaison, mais moins grande cependant que chez la race cochinchinoise.

Caractère. — Extrêmement doux.

Plumage. — Semblable à celui du coq : tête blanche, plumes du camail noires bordées d'un large liséré blanc; queue entièrement noire à l'exception des deux rectrices supérieures qui sont bordées d'un liséré blanc chez les poules de race pure; rémiges primaires noires, rémiges secondaires ayant les barbes externes, ou visibles quand l'aile est ployée, blanches et les internes noires; le dessus de la robe du reste du corps blanc et le dessous grisâtre, c'est-à-dire que les plumes sont grisâtres à leur naissance et blanches à leurs extrémités qui dans leur ensemble forment une seule masse

blanche, la partie grisâtre des plumes ne s'apercevant que quand on les soulève.

Il y a quelques années les oiseaux de cette variété avaient fréquemment les plumes du dos, des épaules et des cuisses marquées d'un dessin gris ayant beaucoup d'analogie avec celui des plumes de la poule cochinchinoise perdrix et celles de l'abdomen d'un gris mélangé de blanc; mais au moyen d'un choix judicieux des oiseaux reproducteurs, on est parvenu à obtenir un plumage entièrement blanc, marqué de noir seulement au camail (aux lancettes chez le coq), à la queue, aux rémiges primaires et aux barbes internes des rémiges secondaires qui sont invisibles quand l'aile est ployée.

Quelques auteurs français prétendent que ce plumage a été obtenu au moyen d'un croisement avec le cochinchinois blanc; mais cette allégation ne repose sur aucun fondement, car rien n'est plus facile que de ramener un troupeau de ces volailles au type primitif; j'ajouterai même, sans crainte d'être démenti, qu'une tendance naturelle à retourner à l'ancien type se manifeste constamment chez elles avec une persistance qui fait souvent le désespoir des éleveurs, et ce n'est que par une sélection continue et persévérante des oiseaux reproducteurs qu'on la combat avec efficacité.

Pour ramener la variété herminée à l'ancien type, il suffit, en effet, d'accoupler une poule et un coq ayant les plumes du camail fortement marquées de noir au milieu et il est à peu près certain que leurs produits auront le dos et les ailes barbouillés de gris. Ce n'est pas plus difficile que cela.

Pour produire des *poulettes* ayant le plumage herminé, aujourd'hui à la mode, c'est-à-dire, pour empêcher le retour au type primitif et pour fixer la race, il faut choisir constamment les coqs reproducteurs parmi ceux qui ont le moins de noir possible au camail, et qui ont *les lancettes en-*

tièrement blanches ainsi que le reste du corps, à l'exception, bien entendu, des grandes pennes des ailes et des plumes caudales, et les accoupler avec des poules ayant les plumes du camail *très distinctement* marquées au milieu d'une tache noire allongée et le reste du corps comme chez le coq.

Des oiseaux ainsi accouplés reproduisent des poulettes

Poule ayant les plumes du camail très distinctement rayées de noir, de M. le colonel baron de Reinach.

herminées n'ayant du noir qu'au camail, aux rémiges et à la queue.

Pour produire des *coqs* de plumage correspondant, il faut choisir un coq reproducteur ayant les plumes du camail et les lancettes *fortement* marquées de noir et le reste du corps d'un blanc pur, toujours à l'exception des grandes pennes des ailes, des plumes caudales et de celles des pattes, et l'accoupler avec des poules ayant le camail très légèrement

Coq ayant les plumes du camail très distinctement marquées de noir, de M. le colonel baron de Reinach.

marqué de noir et le reste du corps comme chez le coq.

Les oiseaux ainsi accouplés reproduisent des *coqs* d'un plumage irréprochable; mais le plus souvent les poulettes auront les plumes du dos marquées de noir et devront être éliminées de la reproduction.

Une dernière observation : il ne faut pas accoupler ensemble un coq et une poule dont le *dessous* de la robe est chez *l'un et l'autre* d'un gris foncé ou d'un gris clair, il faut qu'elle soit d'un gris foncé chez le coq et d'un gris clair chez la poule et *vice versa :* car, si le dessous de la robe des deux oiseaux reproducteurs était du même ton, leurs produits seraient marqués de noir sur les ailes dans le premier cas, ou auraient le camail trop peu marqué de noir dans le second cas.

Les oiseaux marqués de noir, ailleurs qu'au camail, aux lancettes, aux rémiges primaires et secondaires des ailes, à la queue et aux plumes des pattes, doivent être impitoyablement éliminés de la reproduction.

VARIÉTÉ GRIS FONCÉ OU INVERSE

Dark Brahmas.

Coq.

Description du plumage. — Tête blanc argentin ; plumes du camail et lancettes blanches marquées au milieu d'une rayure noire ; celles du dos et des épaules blanches, excepté entre les épaules où les plumes sont noires bordées d'un liséré blanc ; grandes couvertures des ailes noires à reflets *verts ;* barbes internes des rémiges secondaires noires et barbes externes blanches, à l'exception de celles de la pointe des pennes qui sont noires, de façon que, quand l'aile est ployée, les barbes externes étant seules visibles forment une seule masse blanche et les pointes des plumes qui sont noires forment, réunies, un liséré noir bordant l'extrémité de l'aile ; les rémiges primaires noires, à l'exception des barbes externes qui sont bordées d'un petit liséré blanc ;

Coq Brahmapoutra de la variété inverse, de M. O. Géré, de Saint-Cloud.

plumes du plastron, des pectoraux, des cuisses et de l'abdomen entièrement noires, ou noires marquées de petites taches blanches. Queue noire à reflets métalliques *verts*.

Bec. — Jaune, ou jaune marqué d'un coup de crayon à la pointe, ou corne foncée, ou noir.

Crête. — Triple, frisée comme celle du coq de la variété herminée.

Oreillons. — Rouges.

Bouquets. — Blancs.

Tarses. — Jaune orange.

Poule.

Plumage. — Plumes de la tête et du camail blanches, marquées au milieu d'une rayure noire ; plumes rectrices ou grandes pennes de la queue noires, à l'exception des deux rectrices supérieures qui sont noires bordées d'un liséré gris ; plumes du plastron, du dos, des reins, des ailes, des pectoraux et des pattes marquées de bandes demi-elliptiques gris foncé sur fond gris clair ; plumes des cuisses et de l'abdomen portant un dessin brouillé gris sur fond gris clair.

Bec, crête, oreillons, bouquets et tarses. — Comme chez le coq.

Considérations générales. — Cette variété a été créée en Angleterre et aux États-Unis, en choisissant constamment les oiseaux reproducteurs parmi les sujets les plus forts et ayant le plumage *très foncé.*

Quelques auteurs français prétendent qu'elle est le résultat d'un croisement entre le Brahmapoutra et le Dorking; mais ces élucubrations fantaisistes ne démontrent que leur ignorance et ne méritent pas même une réfutation.

Cette variété n'est pas plus fixe que la variété herminée, et, sans un choix judicieux des oiseaux reproducteurs, elle disparaîtrait bien vite de nos basses-cours.

Pour empêcher son retour au type primitif, il est indispensable de choisir les poules reproductrices parmi celles qui ont les plumes des ailes, des reins et *surtout celles du plastron* régulièrement marquées du dessin caractéristique se détachant sur fond gris le plus foncé possible, et les coqs

Poule Brahmapoutra de la variété inverse, de M. O. Géré, de Saint-Cloud.

reproducteurs parmi les plus parfaits, ayant les plumes du camail et les lancettes bien marquées de noir, et celles du plastron, des pectoraux, des cuisses, de l'abdomen et de la queue entièrement noires.

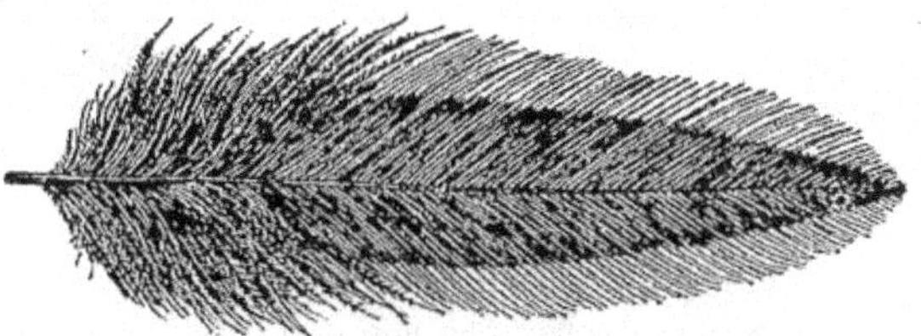

Plume du camail.

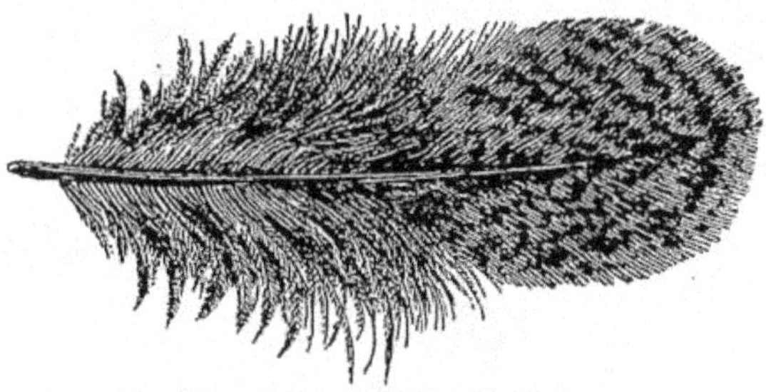

Plume du recouvrement de la queue.

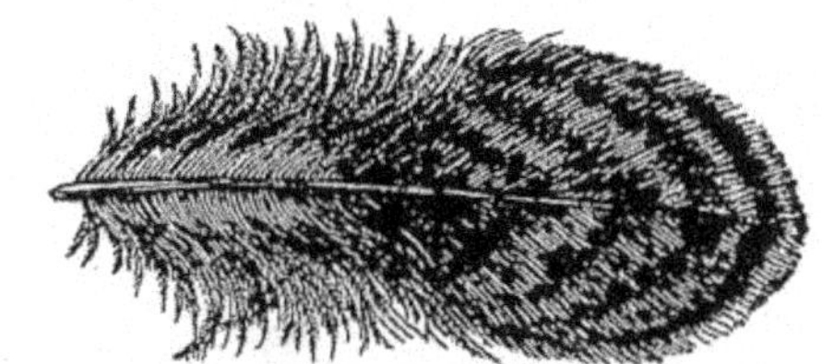

Plume du recouvrement de l'aile.

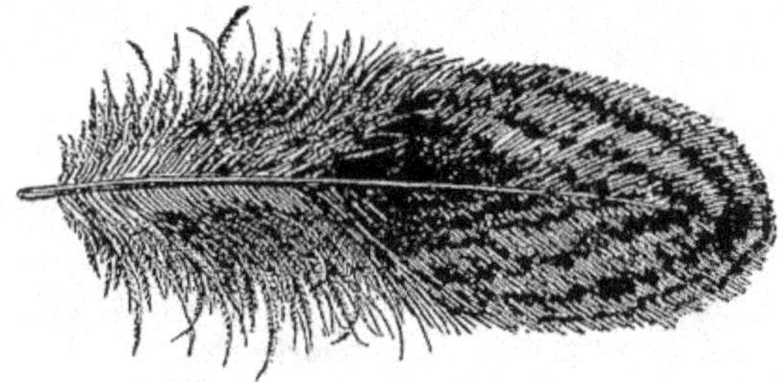

Plume de la poitrine.

Cependant les coqs ayant les plumes de l'abdomen noires bordées d'un liséré gris clair ou blanc produisent des poulettes ayant le plumage irréprochable.

On doit éliminer de la reproduction les coqs qui ont la queue noire à reflets violacés : les reflets doivent être *verts;* car les reflets violacés accusent un croisement avec une race étrangère, et l'on ne peut guère compter sur la bonne prodution d'un coq qui n'est pas de race pure, quelque beau qu'il soit.

On doit aussi éliminer de la reproduction les poules ayant les plumes du plastron irrégulièrement marquées du dessin caractéristique.

Défauts à éviter chez les oiseaux reproducteurs :

1° Plumage défectueux.

2° Crête simple chez les oiseaux des deux sexes. Ces volailles, pour être estimées de race pure, doivent avoir la crête frisée.

3° Plumes raides aux jambes dépassant les calcanéums en forme de manchettes. Les oiseaux qui ont ce défaut, n'ont aucune valeur ni en Angleterre, ni en Allemagne, ni aux États-Unis.

Différences entre le brahmapoutra et le cochinchinois.

Au premier aspect, l'observateur superficiel trouve une grande analogie de formes entre le *brahmapoutra* et le *cochinchinois ;* mais cette analogie est plus apparente que réelle, comme il ne me sera pas difficile de le démontrer.

Le brahmapoutra a les formes du corps plus moëlleuses, moins heurtées ; la corpulence plus forte ; la queue plus grande, plus sortie, portée plus relevée ; les ailes plus longues et les sujets des deux sexes ont la crête petite, épaisse, formée de trois crêtes réunies, imitant par leur réunion une petite crête frisée.

Le brahmapoutra a le plastron bas, la poitrine proéminente et très amplement développée.

Le cochinchinois a, au contraire, le plastron haut et sa poitrine manque généralement d'ampleur.

Le plumage du brahmapoutra est plus serré, de nature moins duveteuse ; et, tandis que le cochinchinois a la queue rudimentaire, entièrement formée de plumes molles, et portée horizontalement, le brahmapoutra a la queue formée, au contraire, de rectrices résistantes, les faucilles chez le coq sont d'assez bonne longueur et forment un petit panache porté presque perpendiculairement.

La ponte chez la poule est aussi plus prolongée et sa propension à la couvaison est moins grande que chez la race cochinchinoise.

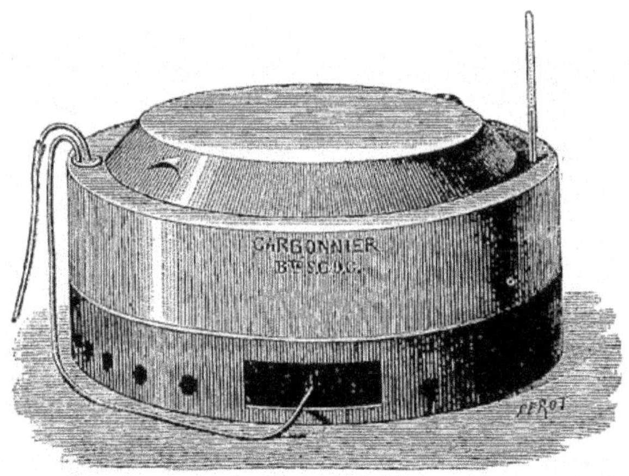

Couvoir à régulateur automatique, chauffé au gaz, de M. Carbonnier, de Paris.

CHAPITRE XXIV.

Race de Langshan.

Cette superbe race de volailles, désignée par les amateurs sous le nom de *race de Langshan*, est originaire du nord de la Chine, comme son nom l'indique.

Elle fut tirée directement de Langshan, en février 1872, et apportée en Angleterre par les soins de feu M. le major Croad, dont le but était de répandre cette vaillante race dans son pays où elle était restée inconnue jusqu'alors.

Si l'on s'en rapporte à une lettre que M. A.-C. Croad a reçue d'un de ses compatriotes qui habite Shang-Haï depuis un grand nombre d'années, le mot *Langshan* est composé des mots chinois : *lang*, qui signifie *deux*, et *shan*, qui signifie *colline*, et la localité de ce nom est ainsi désignée à cause de sa situation au pied de *deux collines*. Selon le même auteur, les volailles de Langshan sont considérées par les indigènes, comme des *joss*, ou oiseaux sacrés, et sont offertes en sacrifice à leurs dieux : « Les Chinois, ajoute l'auteur, n'ayant l'habitude de sacrifier à leurs dieux que ce qu'ils ont de meilleur et la chair du Langshan ayant été reconnue comme *plus délicate que celle de toutes les autres volailles de la Chine.* »

Ce n'est, paraît-il, qu'au moment de la mue que les étrangers peuvent se procurer ces superbes oiseaux sacrés; parce que les Chinois considèrent ces animaux comme indignes d'être immolés aux dieux pendant la chute des plumes : probablement parce que, pendant la mue, les oiseaux sont dans un état valétudinaire, de souffrance et de langueur que doit nécessairement engendrer la naissance de nouvelles plumes et qui ne peut manquer d'exercer une certaine influence sur la qualité de leur chair! Bien difficiles, les dieux!

« M. C.-W. Gedney, un savant ornithologue, qui a parcouru l'Empire du milieu, en tous sens, dit M. Pierre-Amédée Pichot, a rencontré ces volailles au nord de la Tartarie chinoise seulement, *où les races sauvages et domestiques de volailles sont noires comme le Langshan*. Il en a trouvé depuis à Hankow, à 600 milles de l'embouchure du Yang-tze-Kiang, mais à l'époque de cette exploration il n'en existait pas trace à Chusan, à Shaphoo, à Pooloo, ni à Ningpo. Depuis, les *Langshan* paraissent s'être répandus dans ces localités, car les derniers oiseaux de cette race importés en Angleterre venaient de Chusan, où il paraît que l'on en trouve en ce moment abondamment. Les Langshan sont plus allongés et moins trapus que les Cochinchinois, leur queue est plus longue et les plumes légèrement retombantes, et ils ressemblent, lorsqu'ils sont jeunes, à de petits dindons. Leur plumage est d'un noir brillant métallique, sans aucune plume blanche ou dorée, il est rare qu'une plume rouge fasse son apparition dans le camail, et la fixité du type paraît bien établie; les pattes sont ardoisées et plus ou moins chaussées de plumes; la chair est d'un blanc éclatant; les œufs sont de couleur brun chocolat foncé; ils sont délicats au goût et la ponte est abondante. Les poulets s'élèvent bien et ces volailles qui, en Chine, se nourrissent principalement de riz, mangent de tout dans nos pays et sont très rustiques. »

Sa forte taille, son corps volumineux, ses pectoraux charnus, ses formes élégantes, sa rusticité, sa surprenante fécondité, la blancheur et la succulence de sa chair l'ont mise promptement en réputation chez nos voisins d'outre-mer.

Quelques sujets furent élevés d'abord chez le major Croad, où ils se multiplièrent assez rapidement. Après la mort du major Croad, son neveu, M. A.-C. Croad, avec un dévouement à la gallinoculture de son pays qui mérite les plus grands éloges, continua vaillamment l'élevage de cette précieuse race dans sa propriété de *Manor House*, *Durrington*, *Worthing*, dans le comté de Sussex, en Angleterre, et grâce à ses efforts persévérants, elle est aujourd'hui répandue sur toute la surface du Royaume-Uni.

Si M. A.-C. Croad a propagé la race de Langshan en Angleterre avec tant de persistance, c'est parce que son oncle, feu M. le major Croad, l'avait recommandée comme une des plus précieuses races à multiplier dans les campagnes des environs des grands centres de population. En effet, elle fournit en abondance des œufs frais en plein hiver, lorsque les poules de toutes nos races indigènes ont cessé de pondre, c'est-à-dire à l'époque de l'année où les œufs frais sont aussi rares que recherchés et se vendent très cher, de même qu'elle fournit en toutes saisons des poulets d'un poids immense et dont la chair est d'un goût exquis.

C'est une des plus belles et des plus grosses espèces connues, la plus familière, la plus féconde, la plus rustique et la plus facile à élever.

Sa ponte est prolongée et des plus abondantes; ses œufs ne sont pas bien grands, mais ils contiennent, relativement à leur grosseur, un plus gros jaune et moins de blanc albumineux que ceux de nos races indigènes.

La poule est bonne couveuse et la meilleure des mères.

Malgré ses nombreuses qualités qui la rendent si recommandable pour la formation d'un troupeau, ce n'est qu'en 1876 que les premiers spécimens de cette race furent importés en France, par les soins de M. A. Geoffroy Saint-Hilaire, directeur du Jardin d'acclimatation du Bois de Boulogne, qui, pendant l'été de la même année, fit couver tous leurs œufs et eut la satisfaction d'en voir éclore un nombre considérable de vigoureux poussins.

Dès lors, l'acclimatation en France de cette vaillante race, à peine introduite dans le pays, était assurée, et il ne restait plus qu'à la répandre dans les fermes et les campagnes.

Je ne veux pas mettre en question s'il est venu en France, avant 1876, d'autres volailles de Langshan que celles que le Directeur du Jardin d'acclimatation a importées de la Chine, le fait est probable; mais il est incontestable que c'est à M. A. Geoffroy Saint-Hilaire que revient l'honneur d'avoir rapidement répandu en France cette importante race qui réunit au plus haut point l'utilité et la beauté.

D'après son aspect général, le coq de Langshan ressemble assez au coq cochinchinois, dont il diffère principalement par ses conformations moins heurtées, plus arrondies et plus moëlleuses. Sa tête est petite proportionnellement au corps de l'oiseau, surmontée d'une crête simple, droite, haute, mince, dentelée de grandes pointes et portée par un cou de longueur moyenne, gracieusement arqué, enveloppé d'un épais camail et reposant sur un corps extrêmement volumineux rappelant celui du Cochinchinois. Il porte fièrement sa queue, qui est plus sortie et plus développée que celle du coq cochinchinois. Son plumage est complètement noir à éclat métallique vert; les plumes du camail, du dos, les scapulaires, les rectrices, ainsi que les grandes et les petites faucilles sont reflétées de magnifiques couleurs *vertes* et le reste est mat.

La poule a tous les caractères du coq et a beaucoup d'analogie avec la poule cochinchinoise noire, dont elle diffère principalement par sa queue qui est plus sortie et plus longue, et par les tarses qui sont de couleur plomb foncé et moins abondamment emplumés.

Le mode de reproduction de ces volailles ne diffère pas essentiellement de celui du Cochinchinois et du Brahmapoutra. Le jeune Langshan est une ravissante créature, autant par ses conformations que par ses allures vives et originales.

Il arrive assez fréquemment, parmi les poussins de la

même couvée, qu'il y en ait qui ont les pattes d'un blanc rosé, tandis que d'autres les ont de couleur ardoisée, sans qu'il soit permis de conclure de là qu'ils ne sont pas tous de race pure; car peu à peu la couleur blanc rosé des pattes prend une teinte grisâtre et se fond graduellement en couleur de plomb foncé.

Il en est de même de la robe : le Langshan naît couvert d'un duvet noir, irrégulièrement marqué de blanc et de jaune à la tête et à la poitrine. Il conserve son duvet assez longtemps et ce n'est qu'assez tard que son plumage devient complet. La première livrée de plumes qui succède au duvet, fait souvent le désespoir du jeune amateur inexpérimenté : car il arrive fréquemment que des plumes blanches apparaissent dans le vol, dans la queue et aux pattes de ces oiseaux, et ce n'est qu'à l'âge adulte qu'ils revêtent leur plumage complètement noir à éclat métallique vert, sans traces de blanc.

Cependant, quand ces volailles sont arrivées au terme de leur croissance, elles sont loin de se ressembler toutes au point d'avoir l'air d'avoir été jetées dans le même moule; j'ai remarqué, au contraire, un grand manque d'homogénéité parmi les individus nés au Jardin d'acclimatation en 1876, et, cependant, ils étaient tous issus du même couple de reproducteurs.

M. Croad a eu lieu de constater le même manque d'uniformité chez les nombreux oiseaux de cette race qu'il a importés de la Chine : les uns avaient les pattes longues, ou abondamment chaussées; tandis que les autres avaient les tarses courts, ou très légèrement emplumés, ou presque nus.

Parmi les coqs nés et élevés au Jardin d'acclimatation, il y en avait qui avaient un grand cachet de distinction et qui portaient fièrement la tête et la queue ; tandis que d'autres avaient les formes peu élégantes et portaient mal la tête et la queue.

La diversité des formes chez les poules était tout aussi frappante : les unes étaient basses sur pattes, avaient les tarses abondamment emplumés, la crête grande, irrégulièrement dentelée et se rabattant sur un des côtés de la tête; les autres, au contraire, étaient hautes sur pattes et avaient la crête petite, droite et uniformément dentelée.

La couleur de l'œil était également très variable chez les oiseaux des deux sexes : la majorité avait l'iris rouge, ou rouge orangé; d'autres, mais c'était le moins grand nombre, avaient l'œil de vesce ou noir; mais hâtons-nous d'ajouter que les oiseaux des deux sexes avaient tous, sans exception, les tarses de couleur plomb foncé, la peau blanche, fine, transparente et la chair délicate et savoureuse.

Il résulte de ces observations que, pour se créer une souche de bonne descendance, les accouplements parmi ces volailles exigent d'être l'objet de soins éclairés : ce n'est que par une sélection judicieuse des oiseaux reproducteurs qu'on parviendra à perfectionner la race, qu'on obtiendra des poulets qui se ressemblent tous, et c'est la constance dans cette homogénéité des produits que l'amateur doit surtout rechercher.

Lorsqu'on possède un type parfait, auquel on désire ramener tout son troupeau, si c'est un coq, on doit rechercher chez les poules qu'on lui destine, autant que possible, les mêmes conformations; car c'est la circonstance d'uniformité ou de parité des formes du coq et des poules qui assure la reproduction de poulets exactement semblables aux oiseaux reproducteurs. En d'autres termes, si les conformations des poules ont une certaine homogénéité avec celles du coq, on est à peu près certain que l'hérédité les transmettra à leur progéniture.

La savante ignorance qui, sans examen, tranche d'un trait de plume toutes les questions d'histoire naturelle qu'elle ne sait pas résoudre, prétend que la race de Langshan n'est que le résultat d'un croisement entre la race cochinchinoise et la race de La Flèche. D'autres détracteurs systématiques de la race lui attribuent toute sorte de croisements fantaisistes entre la race de Shang-Haï et des races indigènes et exotiques connues et inconnues.

J'ai essayé de faire la nomenclature de tous les croisements qu'on lui prête gratuitement; mais je me suis arrêté, faute d'haleine, dans cette énumération à perte de vue, parce qu'il n'en est, à mon sentiment, aucune qui soit vraisemblable. Or, comme ce serait un travail aussi fastidieux qu'énervant que d'essayer de les citer et de les combattre tous l'un après l'autre, je ne parlerai ici que de l'opinion qui lui attribue une souche cochinchinoise, parce qu'elle a été le plus obstinément soutenue, et, pour cette raison, exige une réfutation spéciale.

Quoique le Langshan paraisse être proche parent du Cochinchinois, marche et se meuve à peu près comme lui, il n'existe pas moins de différences tranchées entre les deux races qui ne permettent pas de les confondre au point de les identifier. Je m'explique : tout d'abord le Cochinchinois noir a presque toujours les tarses d'un noir jaunâtre, et les seuls oiseaux de cette race que j'aie vus ayant les tarses noirs, provenaient précisément d'un croisement entre le Cochinchinois et le *Langshan*. C'est donc le contraire qui est vrai. En outre, les coqs cochinchinois sont *toujours* plus ou moins marqués de blanc à la naissance des faucilles; ces taches s'étendent ordinairement jusqu'au milieu des plumes et les mêmes marques de blanc apparaissent également aux plumes des tarses chez les oiseaux des deux sexes.

Or, les Langshan adultes ont tous, sans exception, les tarses de couleur plomb foncé, sans trace de jaune; le plumage complètement noir, pur de toutes taches blanches, et, parmi les cent cinquante poulets de cette race nés et élevés au Jardin d'acclimatation du Bois de Boulogne, en 1876, provenant de sujets importés, pas un seul n'avait les tarses jaunes, ni une seule plume blanche dans le plumage, *après la première mue*. Je les ai examinés tous avec une scrupuleuse attention et je n'affirme conséquemment que ce que j'ai constaté *de visu*.

Pour l'éleveur instruit et sérieux qui doute de tout et n'accepte rien sans examen, qui sait qu'il existe chez les produits de toutes les races *croisées* ou artificielles une tendance marquée de retour à l'un des types primitifs qui ont contribué à constituer la race, cette remarquable fixité des principaux caractères de la race des Langshan est un fait très significatif et, à défaut d'autres preuves, suffirait pour démontrer que le Langshan forme une race bien déterminée et bien distincte.

Si, comme je l'ai fait remarquer plus haut, les oiseaux de cette race sont loin de se ressembler tous ; s'il existe, au contraire, des différences de formes et de taille quelquefois très accentuées d'individu à individu, comme j'ai eu lieu de le constater ; il ne faut pas oublier qu'ils n'en possèdent pas moins tous des caractères tranchants et exclusifs qui leur sont communs, qui ne varient jamais et qu'ils transmettent à leur progéniture, de générations en générations avec une étonnante fidélité.

D'ailleurs, cette variété dans les formes et la taille a été constatée chez toutes les races exotiques que nous avons importées jusqu'ici, notamment chez la race cochinchinoise dont les premiers spécimens que nous avons tirés de la Chine, avaient les pattes tantôt abondamment, tantôt légèrement chaussées, et les premiers individus de cette race que la reine d'Angleterre a reçus directement de Shang-Haï, avaient même les tarses complètement nus.

Or, tout ce que l'on peut dire de ce manque d'homogénéité qui a été constaté chez les Langshan, c'est que cette race a besoin d'être perfectionnée au moyen de l'application des mêmes procédés d'élevage qui ont amené la race cochinchinoise au type unique que tous les éleveurs connaissent, c'est-à-dire par la sélection pratiquée avec intelligence et avec méthode.

Il est donc indispensable d'apporter une sévérité raisonnée dans le choix des oiseaux reproducteurs de cette race et de rechercher chez le coq, comme chez la poule, la conformation et les qualités qu'on veut perpétuer; car le coq et la poule ont une part égale d'influence dans la transmission des formes et des qualités, et l'on voit tantôt les coqs et tantôt les poules faire hériter leur progéniture de leurs qualités et de leurs défauts. Les mêmes considérations doivent faire éliminer de la reproduction les oiseaux des deux sexes atteints de défectuosités ou chez lesquels les formes qu'on veut faire reproduire, ne sont pas assez énergiquement accentuées.

CARACTÈRES GÉNÉRAUX ET MORAUX

Coq.

Tête. — De forme gracieuse, allongée, petite proportionnellement au corps de l'oiseau, et l'œil surmonté d'une arcade sourcilière assez épaisse.

Bec. — De longueur moyenne, fort à sa base, ayant la mandibule supérieure légèrement recourbée à sa pointe.

Couleur du bec. — Corne foncée.

Longueur du bec. — 2 1/2 centimètres.

Narines. — Ordinaires, longitudinales.

Iris. — Brun rouge.

Pupille. — Noire.

Crête. — Simple, sans ramifications externes, droite, assez haute, prenant en avant des narines, se prolongeant en arrière, dentelée de six à sept grandes dents, d'un tissu fin, transparent et d'un rouge vermillon.

Hauteur de la crête. — Mesurée au milieu, 4 à 5 centimètres.

Barbillons. — D'un rouge vermillon et d'un tissu fin et transparent comme la crête, demi-longs et arrondis.

Longueur des barbillons. — 4 à 5 centimètres.

Oreillons. — Rouges et assez développés.

Bouquets. — Assez épais et formés d'une touffe de petites plumes fines et noires comme le reste du plumage.

Joues. — Presque nues, d'un rouge vermillon, recouvertes d'une peau lisse et d'un grain fin comme la crête et les barbillons.

Cou. — De longueur moyenne, gracieusement arqué, garni d'un épais camail formé de plumes longues, fines, soyeuses et criblées de reflets métalliques *verts*.

Longueur du cou. — 21 à 22 centimètres.

Corps. — Extrêmement volumineux, ayant beaucoup de ressemblance avec celui du Cochinchinois, mais ayant les formes plus moelleuses et plus arrondies, et recouvert d'un plumage abondant; poitrine large, ouverte et saillante, plastron plus arrondi et placé plus bas que chez le Cochinchinois, brechet long, dos large, le niveau des reins plus élevé que celui du dos et formant avec celui-ci une ligne ascendante vers la queue sans solution de continuité, épaules arrondies, ailes assez longues, portées élevées et serrées contre le corps; cuisses charnues, amplement garnies de plumes duveteuses et bouffantes; jambes très grosses, très écartées et suivies de tarses solides : trois rangées de plumes longent extérieurement le canon de la patte, le doigt médian et l'externe, mais ces plumes ne sont pas aussi longues ni aussi abondantes que chez le Cochinchinois; abdomen très développé et amplement garni de plumes duveteuses de la même nature légère que celles des cuisses avec lesquelles elles forment un immense épanouissement qui n'a d'équivalent que dans la race cochinchinoise; queue plus garnie, plus longue et portée plus relevée que chez le coq de Cochinchine ou de Shang-Haï.

Circonférence du corps. — Prise au milieu, les ailes fermées, les cuisses en arrière, à l'endroit où s'articulent ces dernières, mais sans les y comprendre, 45 à 50 centimètres.

Longueur du corps. — De la naissance du cou au bout du croupion, 26 à 28 centimètres.

Largeur des épaules. — 23 centimètres.

Jambes. — Très grosses, très charnues et *très écartées l'une de l'autre.*

Longueur des jambes. — 20 centimètres.

Calcanéums. — Légèrement recouverts de plumes molles ne faisant pas saillie en forme de manchettes (no vulture hocks).

Tarses. — De longueur moyenne, forts et garnis de trois rangées de plumes molles longeant extérieurement le canon de la patte, le doigt médian et l'externe.

Longueur des tarses. — 10 à 11 centimètres.

Couleur des tarses. — Ardoise foncée ou plomb foncé.

Doigts. — Au nombre de quatre à chaque patte, longs, droits, minces, bien conformés, de la même couleur ardoise foncée ou plomb foncé que les pattes, excepté entre les doigts où l'épiderme est d'un rouge vif.

Couleur des ongles. — Corne foncée.

Queue. — Plus sortie et plus longue que celle du Cochinchinois, portée en éventail et assez relevée, mais pas près de la tête, amplement garnie de faucilles retombantes dont les deux supérieures dépassent considérablement les autres.

Port. — Majestueux, corps incliné en avant, allure grave et fière.

Taille. — Hauteur de la partie supérieure de la tête sous les pattes, 58 à 60 centimètres; dans l'attitude fière, suivant qu'il se dresse, 70 à 75 centimètres.

Poids. — Deux jeunes coqs âgés de 8 mois soumis à l'engraissement forcé au Jardin d'acclimatation, pesaient après trente-cinq jours d'engraissement, l'un, 4 kilos 050, et l'autre, 4 kilos 075. A l'âge adulte, 5 kilogrammes.

Chair. — Blanche, fine et délicate; pectoraux extrêmement charnus, donnant beaucoup de chair de première qualité et d'un goût exceptionnel.

Squelette. — Beaucoup plus léger que celui du Cochinchinois.

Plumage. — D'un noir brillant d'un bout à l'autre à éclat métallique *vert*. Il ne doit pas y avoir dans tout le plumage de l'oiseau adulte la moindre trace de blanc.

Caractère. — Peu batailleur, mais vaillant quand il est attaqué; extrêmement doux, familier, confiant, venant manger dans la main des personnes qui s'occupent de lui.

Voix. — Pénétrante, mais moins rauque et moins désagréable à entendre que celle du Cochinchinois.

Poule.

Tête. — Admirablement bien faite, fine, allongée et petite proportionnellement au corps de l'oiseau.

Bec,
Narines,
Iris,
Pupille, } comme chez le coq.

Crête. — Simple, droite, très petite, légère, transparente, finement dentelée et d'un rouge vermillon.

Barbillons. — Courts et bien arrondis.

Oreillons. — Rouge vermillon comme la crête et les barbillons.

Joues. — Rouges, plus ou moins garnies de petites plumes d'un noir de jais comme le reste du plumage.

Bouquets. — Semblables à ceux du coq.

Cou. — De longueur moyenne.

Corps. — Plus ramassé que celui du coq, formes arrondies

et gracieuses; dos large et court; reins très larges, le niveau des reins plus haut que celui du dos; queue plus sortie et plus grande que chez la Cochinchinoise; poitrine large ouverte, brechet long, proéminent et bas entre les jambes; ailes un peu plus longues que celle de la poule de Shang-Haï, mais portées très élevées et serrées contre le corps; cuisses grosses et recouvertes de plumes duveteuses et bouffantes; abdomen très développé et amplement garni de plumes de la même apparence laineuse que celles des cuisses avec lesquelles elles forment une seule masse de plumes ébouriffées de nature légère comme chez le coq.

Jambes. — Grosses, de longueur moyenne, à peu près cachées sous l'abondance des plumes des cuisses.

Calcanéums. — Recouverts de plumes molles ne faisant point saillie en forme de manchettes.

Tarses. — Assez courts et moins abondamment garnis de plumes que chez la poule cochinchinoise, de couleur plomb foncé ou ardoise foncée comme chez le coq.

Doigts. — Droits, minces, au nombre de quatre à chaque patte et de la même couleur que ceux du coq.

Taille. — Hauteur du plan de position à la partie supérieure de la tête, 45 à 50 centimètres. Hauteur du plan de position, sous les pattes à la partie supérieure du dos, 24 à 29 centimètres. Largeur des épaules, 20 à 22 centimètres.

Physionomie de la tête. — Identiquement pareille à celle de la poule cochinchinoise.

Port. — Digne, corps incliné en avant.

Allure. — Vive et plus alerte que la Cochinchinoise.

Poids. — A l'âge adulte, 3 kilos 1/2.

Chair. — Délicate, pectoraux extrêmement charnus et donnant beaucoup de chair de première qualité.

Squelette. — Léger.

Ponte. — Merveilleuse, surtout en hiver quand toutes nos poules se reposent.

Œufs. — Les œufs ne sont pas très gros, mais ils sont assez ronds et aussi lourds que les gros œufs de nos poules de ferme, parce que, relativement à leur grosseur, ils contiennent un plus gros jaune; leur couleur fondamentale est le jaune brunâtre, ils sont parsemés de points plus ou moins serrés d'un jaune brun plus foncé ou d'un brun plus clair, et sont d'un goût plus délicat que ceux de la poule commune.

Incubation. — Assez grande propension à la couvaison, mais infiniment moins grande que chez la poule cochinchinoise, restant douce en travail d'incubation.

Caractère. — Extrêmement doux, mère tendre, dévouée, bonne, douce, assidue pour ses poussins.

La description qui précède était écrite lorsque M. Pierre-Amédée Pichot me fit l'honneur de m'écrire la lettre suivante :

Paris, le 23 avril 1880.

Cher monsieur,

Comme vous allez sans doute un de ces jours traiter de la *race des Langshan*, dans l'*Acclimatation*, je vous signale une intéressante brochure que vient de publier aux États-Unis, le « patron » de cette belle et bonne race, et qui est intitulée « *The Langshan Controversy* », par *A.-C. Croad, Manor House, Durrington, Worthing, England.* Je ne doute pas que M. Croad ne se fasse un plaisir de vous envoyer cette brochure, si vous la lui demandez. Je vous signale encore dans l'*Agricultural Gazette* un article sur le *Langshan farm*, relatant les élevages de M. E. Skelton, de Bardsea Green, près Ulverston.

La brochure de M. Croad est la reproduction des articles du *Fanciers Chronicle* qui avaient été reproduits dans un journal américain *The Poultry Bulletin* sans les réfutations de M. Croad.

Agréez, etc. Pierre-Amédée Pichot.

Le conseil de M. Pichot était trop bon pour ne pas le suivre.

J'écrivis dès le lendemain à M. A.-C. Croad qui eut la gracieuseté de m'envoyer par retour du courrier sa brochure intitulée *The Langshan Controversy*, dans laquelle j'ai trouvé à puiser de précieux renseignements ; et M. Croad eut l'amabilité d'ajouter à sa brochure des portraits photographiés de ses magnifiques volailles, ainsi que l'intéressante description suivante des caractères généraux et moraux du coq et de la poule, que j'ai traduite pour l'édification de l'éleveur français :

« Coq. — *Taille.* La taille et le poids sont les principales qualités que l'éleveur doit rechercher chez des volailles si remarquables par la délicatesse de leur chair et leur grande prédisposition à l'engraissement. A l'âge adulte un coq de Langshan de race pure ne doit pas peser moins de 4 1/2 à 5 kilogrammes. — *Formes du corps et port.* Jambes assez longues pour imprimer au corps un port majestueux et gracieux; tête bien rejetée en arrière et surmontant un cou épaissi par un camail abondamment garni de plumes longues, fines, soyeuses et criblées de *reflets métalliques verts;* queue bien sortie, portée en éventail et assez relevée, amplement garnie de faucilles à éclat métallique vert, les deux grandes faucilles dépassant les autres de quinze centimètres et au delà (*six inches or more*). Allure grave, mais vive, regard doux et intelligent.—*Crête.* D'un rouge vermillon, simple, droite, haute, de nature légère, transparente et n'ayant pas de ramifications externes. — *Bec.* Fort, de couleur corne foncée et légèrement recourbé à sa pointe. — *Tête.* Petite proportionnellement au corps de l'oiseau, gracieusement rejetée en arrière, arcade sourcilière assez accentuée. — *Œil.* Grand et éveillé, de couleur variant du brun rouge clair au brun rouge foncé, pupille noire. — *Oreillons et barbillons.* D'un rouge vif, d'un tissu fin, assez développés. — *Cou.* De longueur suffisante pour faire symétrie et être en harmonie parfaite avec les diverses autres parties du corps. — *Dos.*

Coq et Poule de Langshan, de M. A.-C. Croad.

Large et formant avec les reins une seule ligne ascendante vers la queue, sans creux ni étranglement, les reins abondamment garnis de lancettes d'un noir de jais, magnifiquement lustrées. — *Poitrine.* Large et pectoraux extrêmement charnus, brechet long : ce qui est l'indice d'une grande aptitude à produire une grande quantité de chair de première qualité. — *Ailes.* Serrées contre le corps, portées élevées au niveau du dos, formant ensemble avec les épaules une grande surface plate et horizontale. Les plumes de recouvrement du vol sont reflétées de couleurs vertes, ainsi que les lancettes, les grandes et les petites faucilles. — *Queue.* Portée en forme d'éventail, abondamment garnie de faucilles dont les deux supérieures sont longues et font saillie de quinze centimètres environ. (*Tail. Fan-shaped and abundantly furnished with tail coverts and distinct sickle feathers projecting beyond the rest for a distance of six inches or more.*)

Jambes. De longueur moyenne, très écartées l'une de l'autre, bien emplumées, les calcanéums recouverts de plumes molles ne faisant pas saillie (*not vulture hocked*); trois rangées de plumes longent extérieurement les tarses et le milieu des deux doigts externes de chaque patte. Les plumes qui longent extérieurement la patte, le petit doigt et le doigt du milieu sont beaucoup moins longues, moins abondantes que chez le Cochinchinois, et les efforts dirigés dans le sens d'une production plus abondante de plumes aux pattes ne doivent pas être encouragés. (*This leg-feathering is much less than in the Cochin, and its profuse cultivation is strongly to be deprecated.*) — *Doigts.* Les doigts doivent être minces, longs, droits et de couleur ardoise foncée comme les tarses, excepté entre les doigts où l'épiderme doit être d'un rouge vif. — *Plumage.* D'un noir intense d'un bout à l'autre, à éclat métallique *vert.* Les reflets pourpres ou violacés, ainsi que des taches blanches dans le plumage entraînent la disqualification de l'oiseau dans nos concours. »

« Poule. — *Poids*. La poule de Langshan de race pure ne doit pas peser moins de 3 kilos 1/2 à l'âge adulte. — *Formes du corps*. Contours gracieux, formes arrondies et moelleuses. — *Allure*. Vive et active. — *Regard*. Doux et intelligent. — *Plumage*. Pareil à celui du coq. — *Crête*. Simple, droite et de hauteur moyenne, d'un tissu fin et régulièrement dentelée. — *Queue*. Assez sortie, portée en forme d'éventail et assez relevée. »

Poulets. Cette belle race met de cinq à huit mois pour arriver à peu près à son état de perfection, et ce n'est que vers l'âge de quatre à cinq mois que les oiseaux des deux sexes annoncent la forte taille qu'ils promettent d'atteindre. Dès lors ils croissent et se développent rapidement.

Les *poulettes* pondent dès le mois de novembre et continuent de pondre durant tout l'hiver. A cette époque les œufs frais deviennent très rares et se vendent très cher. C'est pour cette raison que je recommande cette race pour la formation de troupeaux dans les environs des grandes villes qui se disputent, en hiver, à prix d'or, les œufs frais.

Qualités à rechercher chez les oiseaux reproducteurs :

Forte taille; poitrine très développée; brechet très long; crête d'un tissu fin; plumage complètement noir, pur de toutes taches blanches; tarses de couleur plomb foncé, corps incliné en avant.

Défauts à éviter chez les oiseaux reproducteurs :

Taille au-dessous de la moyenne; corps incliné en arrière, il faut que le corps incline en avant et que le niveau des reins soit plus élevé que celui du dos; poitrine trop peu développée; brechet court, le brechet doit être très long; reins étriqués; bec jaune; crête frisée ou chargée de ramifications externes; oreillons sablés de blanc; faucilles blanches ou marquées de blanc à la naissance de la plume chez le coq;

plumes blanches aux pattes chez les oiseaux des deux sexes; plumage d'un noir roux, ou à reflets bleu pourpre ou bronzés : les reflets doivent être d'un *vert* métallique; tarses jaunes, ou jaunâtres ou d'une autre couleur que plomb foncé; queue trop peu sortie chez la poule ou trop peu développée chez le coq, ou développée jusqu'à l'exagération chez les coqs et les poules.

Du nombre de poules qu'il faut donner à un coq de Langshan :

La question du nombre de poules qu'il convient de donner à un coq de race de forte taille a occupé de tous temps les éleveurs.

Sous le règne d'Auguste ou de Tibère, Columelle, un savant agronome, écrivait déjà qu'il ne fallait donner que cinq poules à un coq de l'espèce qui a *cinq doigts* à chaque patte, et trois poules seulement aux coqs de la race forte de Rhodes ou de Médie.

M. Jacque est à peu près du même avis et dit que le coq de nos races de forte taille auquel on donne neuf ou dix poules, s'épuise rapidement dans la distribution de ses caresses et qu'il en résulte que les œufs sont menacés de stérilité. Pour ces raisons, dit M. Jacque, quatre poules suffisent pour un coq.

M. Gayot dit, au contraire, que les observations de M. Jacque n'ont porté que sur de petits groupes d'animaux appartenant aux fortes races plus ou moins acclimatées, et ajoute que plus les reproducteurs *vivent sédentaires, en une étroite captivité*, moins ils ont de pouvoir prolifique. Cette règle ne souffre pas d'exceptions. Les excitations du dehors, la liberté d'aller et de venir, au contraire, sont favorables à l'extension des facultés génératrices, plus encore chez le mâle que chez la femelle. Voilà, dit M. Gayot, ce qui explique des contradictions plus apparentes que réelles, voilà ce qui justifie à certains égards tous les chiffres posés, du plus faible au plus fort.

Buffon accordait douze à quinze poules à un coq et n'était pas sûr qu'on ne pût pas lui en donner utilement beaucoup plus.

M. John Douglas, faisandier du duc de Newcastle, accorde vingt poules à un coq de Dorking âgé d'un à deux ans. « Nourrissez bien vos volailles, dit-il, accordez-leur *beaucoup d'espace*, et ne craignez pas de donner vingt poules à un jeune coq âgé d'un à deux ans, et la moitié de ce nombre à un coq âgé de plus de deux ans. »

M. Farcy, de Foulletourte, dont les magnifiques volailles de la Flèche ont remporté déjà plusieurs fois le prix d'honneur à l'Exposition des oiseaux de basse-cour qui se tient annuellement au Palais de l'Industrie, à Paris, m'a affirmé également qu il ne donne jamais moins de quinze poules à un coq.

Quand un coq est jeune et vigoureux, dit le vétérinaire Mariot Didieux, on remarque que le matin, après son lever, sa lubricité ne s'appaise qu'après avoir caressé trois, quatre et même cinq poules, après quoi il chante.

Aujourd'hui que l'incubation artificielle des œufs de poules est passée dans le domaine des faits, il devenait utile et important, sous le point de vue de l'économie rurale, de constater plus rigoureusement qu'on ne l'avait fait jusqu'alors, le nombre d'œufs fécondés par une *seule approche* du mâle. On conçoit l'importance de cette question. Cette tâche, toute d'expérience, a été entreprise par M. Coste, professeur d'histoire au Collège de France. Cet habile expérimentateur a constaté qu'une poule *fécondée, et qui ensuite est séparée du coq, pond depuis sept jusqu'à dix œufs fécondés*, mais pas au delà.

M. A. Geoffroy Saint-Hilaire, directeur du Jardin d'acclimatation, a pratiqué les mêmes expériences sur diverses races de poules et a obtenu exactement les mêmes résultats.

M. Lewis Wright, dont le nom fait autorité en semblable matière chez nos voisins d'outre-mer, a pratiqué également des expériences, en Angleterre, sur des races du pays, et dit : « Les éleveurs qui croient qu'il ne faut donner qu'un petit nombre de poules à un coq, sont dans l'erreur et, pour s'en convaincre, il suffit, de savoir qu'une poule fécondée et qui ensuite est séparée du coq, pond encore *onze œufs fécondés*, c'est-à-dire que, *trois semaines* après cette séparation, elle pond encore des œufs fécondés. »

Le coq est assez prolifique, ajoute M. Mariot Didieux, pour être le père de deux cents poulets en un jour.

Il résulte de l'ensemble de ces observations qu'un jeune coq âgé d'un à deux ans et demi, jouissant de sa liberté, peut féconder facilement douze à quinze poules et même davantage; mais que la moitié de ce nombre suffit à un coq âgé de plus de deux ans et demi.

C'est donc une erreur de croire qu'un coq ne sait pas féconder neuf ou dix poules; qu'il s'épuise rapidement dans la distribution de ses caresses à un trop grand nombre de poules; car l'expérience a démontré que les coqs de Langshan, de Cochinchine, de Brahmapoutra, aussi bien que les coqs de nos races communes auxquels on n'accorde que cinq ou six poules, fatiguent promptement leurs femelles par leurs approches trop souvent répétées et font exactement le même usage immodéré du plaisir que s'ils étaient entourés d'un plus grand nombre de poules; par la raison bien simple qu'un coq s'adresse toujours à la première poule qu'il rencontre en son chemin et aborde souvent, à de courts intervalles, *plusieurs fois de suite la même poule*. La lubricité du coq est telle, dit Aristote, que, s'il est privé de poules pendant assez longtemps, il s'adresse à la première femelle qui se présente, fut-elle d'une espèce toute différente de la sienne.

Or, en n'accordant qu'un petit nombre de poules à un coq,

on expose les poules à être fatiguées davantage, sans parvenir à mettre un frein aux excès génésiques du mâle.

Quant aux coqs de Langshan, de Cochinchine et de Brahmapoutra, qu'on accuse de penchant à la paresse, je n'ai jamais eu lieu de constater que cette accusation était méritée, et j'ai remarqué, au contraire, que, quoique moins précoces que les coqs de nos races indigènes, leur lubricité n'est pas moins insatiable quand ils ont passé l'âge de l'adolescence, ce qui n'arrive que vers sept à huit mois.

Comme M. Gayot l'a très bien fait remarquer, la plupart des expériences ont été pratiquées sur des animaux maintenus dans un étroit esclavage, et plus les oiseaux *reproducteurs vivent en un lieu restreint, moins ils ont de pouvoir prolifique.*

Des expériences pratiquées par MM. Rouillet et Arnoult ont, du reste, démontré jusqu'à l'évidence qu'en captivité, quel que soit le nombre de poules qu'on donne à un coq, la plupart des œufs sont toujours clairs; parce que, dans un enclos restreint, les volailles s'ennuient, ne trouvent pas à se procurer les graines sauvages, la verdure et les insectes qui, en liberté, forment le fonds de leur nourriture et semblent être indispensables au maintien de leur santé, de leurs facultés génératrices et même de leur existence.

C'est incontestablement aux influences d'un grand parcours, d'une nourriture abondante, d'une hygiène particulière et bien entendue, que nous devons le perfectionnement de nos belles races de Crèvecœur, de Houdan et de La Flèche; car c'est l'hygiène qui est la base fondamentale de toute amélioration, et il n'y a pas le moindre doute que par une sélection judicieuse des oiseaux reproducteurs et *surtout en donnant un peu plus de soins aux poulets* qu'on a l'intention de conserver pour la reproduction, on produirait, en peu de générations, de grandes améliorations dans nos races de volailles en général.

De l'âge que doivent avoir les oiseaux reproducteurs.

Il est généralement admis que le coq et la poule sont bons pour la reproduction jusqu'à l'âge de cinq à six ans, ce qui est une profonde erreur.

Dès avant Jésus-Christ, Columelle recommandait déjà aux éleveurs de réformer tous les ans, en automne, temps auquel les poules cessent de pondre, les vieilles poules, c'est-à-dire celles qui avaient plus de *trois ans.*

M. Lewis Wright dit également que : « Pour que les volailles soient rémunératrices, elles doivent être tuées régulièrement à l'âge de deux ans et demi, à l'époque de la mue[1]. »

Et cette règle n'admet pas d'exception en faveur des races de Langshan, de Cochinchine et de Brahmapootra, dont les facultés prolifiques déclinent après la troisième mue aussi rapidement que dans les autres races.

Quoique la période de la ponte dure un grand nombre d'années chez la poule, il n'en est pas moins un fait avéré que la poule n'est dans la plénitude de sa fécondité que depuis l'âge de six à huit mois jusqu'à l'âge de deux ans et demi, et que, dès lors, sa fécondité diminue et s'éteint graduellement.

Il en est de même du coq : ce n'est qu'à l'âge de deux ans qu'il arrive à son dernier développement et ce n'est qu'alors qu'il est dans la plénitude de sa vigueur génératrice. Arrivé à ce terme, l'usage immodéré du plaisir l'épuise promptement et dès l'âge de *deux ans et demi* il commence à décliner.

Chose étrange, comme si la nature avait tout prévu, c'est précisément lorsque le coq et la poule sont sur le point de disparaître pour faire place à une nouvelle génération, que leurs produits, qui sont destinés à les remplacer et à perpétuer leur race, sont le plus beaux, le plus vigoureux et se rapprochent le plus de la perfection.

1. For fowls to be profitable they must be regularly killed at moulting time, when two and a half years old.

Coq et Poule de Langshan, de M. A.-C. Croad.
Manor House, Durrington, Worthing.

Installation complète d'un poulailler pour volailles de Langshan, de M. Méry-Picard, 120, avenue Malakoff, Paris.

De l'éducation des poussins.

Depuis longtemps ces superbes volailles nous ont fourni des preuves incontestables de leurs rusticité ; ils courent presque aussitôt après l'éclosion et il leur suffit de quelques heures pour sécher. Ils n'exigent aucun soin particulier, et le fermier qui dispose d'un verger où il peut lâcher la mère et les poussins en liberté, peut les abandonner à leur sort sans crainte que cet abandon soit suivi d'accidents fâcheux. La poule de Langshan conduit ses poussins avec une ten-

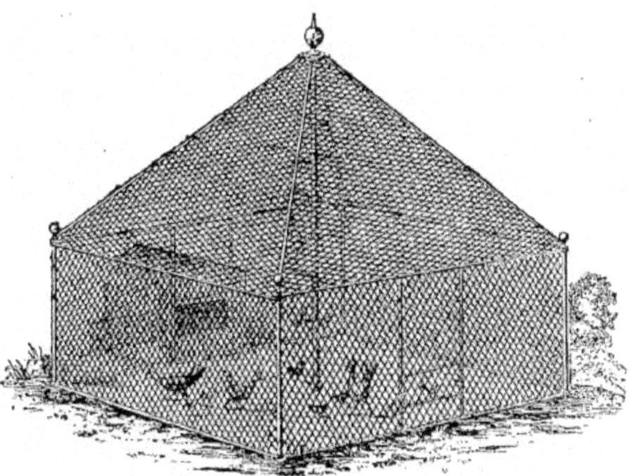

Parquet d'elevage de M. Méry-Picard.

dresse incroyable. Avant que se soient montrées les premières lueurs du crépuscule, elle se remue déjà et, dès le lever de l'aurore, elle est sur pied, parcourt le terrain d'élevage en tous sens, retourne les feuilles sèches, gratte le sol et cherche avec ardeur la nourriture pour sa jeune famille. Lorsqu'elle découvre une larve de fourmi, ou un ver, ou une mouche, elle appelle ses poussins d'un petit cri particulier, leur met sa trouvaille sous le bec avec une étonnante abnégation et se remet aussitôt avec un nouveau courage à faire la chasse aux insectes de toutes sortes dont elle débarasse les récoltes et nourrit ses petits.

Malheureusement la majorité des éleveurs ne possèdent pas de verger où les poussins sont préservés de tous les accidents fâcheux qui leur arrivent si fréquemment dans les premiers jours qui suivent l'éclosion, et sont obligés d'avoir recours aux parquets et à la boîte d'élevage.

Dans cette situation, on procède comme suit :

Vingt-quatre heures après l'éclosion des poussins, on soulève la mère avec précaution ; on la prend par les ailes ; on l'enlève du panier et on l'introduit dans une boîte à élevage.

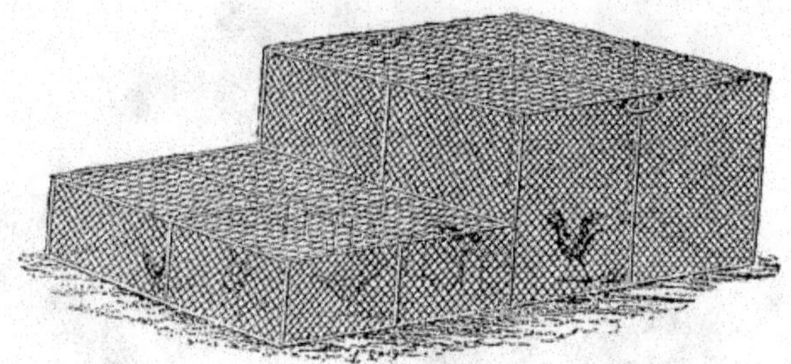

Parquet d'élevage de M. Méry-Picard.

On enlève ensuite les poussins ; on les place dans un petit panier et on les recouvre d'un morceau de flanelle pour qu'ils ne gagnent pas froid.

Pendant un quart d'heure on laisse la mère se vautrer, se rouler dans le sable à cœur joie et se détendre les membres engourdis par une position gênante trop longtemps prolongée.

On glisse ensuite les poussins l'un après l'autre à travers le grillage et l'on se retire le plus vite possible, afin de ne pas irriter la mère qui, à la vue de l'homme, gratte le sol avec fureur et écrase souvent ses petits.

On doit avoir soin de tourner la façade grillagée de la boîte à élevage du côté du levant, afin de protéger la jeune famille contre le vent froid du nord et contre le vent humide de l'ouest; et, si l'éclosion a eu lieu avant le mois de mai, il est préférable d'exposer la boîte au soleil : car la chaleur est

Boite d'élevage de M. Bouchereaux.

aussi nécessaire aux poussins, pendant les quinze premiers jours de leur existence, qu'une alimentation tonique, saine, fraîche et abondante, pour augmenter graduellement l'activité de leurs organes et de leurs tissus.

Si l'éclosion a eu lieu après le mois de mai, il fait dès lors

trop chaud pour mettre la boîte au soleil : car la trop grande chaleur incommoderait la mère autant que les poussins.

Pendant les trois premiers jours qui suivent l'éclosion on tient les poussins enfermés et on ne leur permet de sortir que le troisième jour, si, bien entendu, le temps le permet, car l'humidité sous toutes les formes est toujours pernicieuse et souvent fatale à ces petits animaux.

Nourriture des poussins.

Le premier jour on ne leur donne rien ; le deuxième jour on leur donne de la mie de pain trempée dans du lait et de la pâtée composée de mie de pain, de jaune d'œuf dur et de *salade très finement hachée.* On doit leur donner à manger au moins trois fois par jour, car la poule, malgré sa grande tendresse et son étonnante abnégation, après que sa couvée a mangé, se charge toujours de vider le plat de mie de pain et de jaune d'œuf destiné à ses poussins. C'est pour cette raison que, dès le troisième jour, on met la pâtée à l'abri

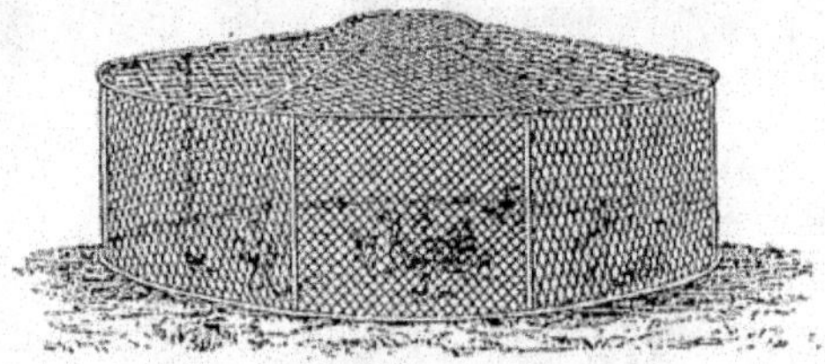

Cage à Poussins.

de la gloutonnerie de la mère, *hors de sa portée*, dans le compartiment de la boîte à élevage qui est réservé spécialement aux poussins.

Quand on élève des volailles de Langshan ou d'autres races d'élite, il est préférable de continuer la pâtée de mie de pain et de jaune d'œuf pendant quinze jours, car elle hâte leur croissance et assure leur bien venue; mais si l'on élève des volailles de race commune qu'on destine à la casserole, elles n'en valent pas la peine et à partir du quatrième jour on remplace le jaune d'œuf par du pain émietté, du riz concassé, du millet, du lait caillé *cuit* et on leur donne aussi une pâtée ferme, bien pétrie de façon à ce qu'elle s'émiette dans la main, composée de farine d'orge ou de maïs délayée avec du lait et de l'eau, on pose cette pâtée sur de petits billots ou dans des augets.

Après quinze jours du régime que je viens de prescrire, on peut leur donner de la pâtée le matin et du blé ou du sarrasin broyés aux autres repas.

A l'âge de trois semaines, lorsque leur bec aura acquis plus de dureté, on peut leur donner du blé et du sarrasin sans se donner la peine de le broyer pour eux, et l'on augmentera progressivement les rations qu'on leur distribue au fur et à mesure de leur développement.

A l'âge de quatre semaines, on supprime la pâtée et on soumet les poulets au même régime que les volailles adultes, excepté qu'on leur fait une distribution supplémentaire à midi.

Parquet d'élevage.

Jusqu'à l'âge d'un mois, il est indispensable de placer, le soir dans la boîte à élevage la nourriture pour le premier repas du lendemain, en ayant soin de choisir des aliments qui ne sont pas sujets à entrer en fermentation immédiate, comme le gruau d'avoine, le millet, le blé concassé, le sarrasin, etc.; car le poussin se réveille dès le lever de l'aurore et, comme il a la digestion très active, son jeune estomac réclame des éléments de nutrition dès qu'il est sur pied. Si donc on lui laisse le jabot vide jusqu'à sept ou huit heures du matin, ce sera au préjudice de sa santé et de sa croissance. Les gallinacés à l'état sauvage mènent leur jeune couvée se nourrir dès l'aube du jour, et, à l'état de domesticité, lorsqu'on leur restreint leur liberté, on doit, dans la limite du possible, leur faciliter la libre manifestation des instincts dont ils sont doués et qui sont la conséquence nécessaire de leur organisation.

Le dernier repas doit leur être servi le soir, au moment où ils vont se coucher.

N'oublions jamais de leur servir deux ou trois fois par jour de la *salade finement hachée;* elle leur est aussi indispensable que la pâtée, à moins que les poussins ne jouissent d'un parc à élevage où ils trouvent de la verdure à discrétion.

Boisson à donner aux poussins.

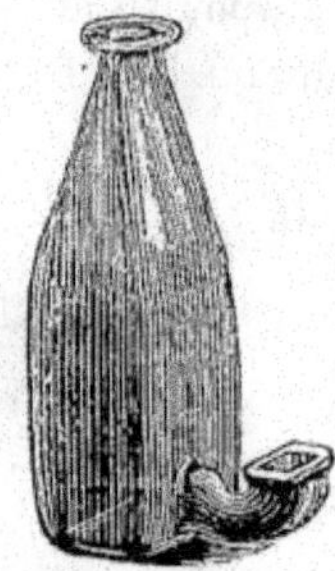

Canari ou petit vase en verre, de M. A. Bouchereaux, de Choisy-le-Roi.

La boisson consistera en lait ou en eau fraîche à défaut de lait; on doit leur servir à boire dans des *canaris* ou petits vases dont on se sert pour donner à boire aux petits oiseaux et qu'on placera à portée de la poule, dans le compartiment de la boîte à élevage réservé aux poussins, afin que la mère ne la renverse pas.

On leur donnera de l'eau fraîche tous les jours et l'on aura soin de ne jamais leur servir l'eau dans des assiettes creuses, parce que les poussins en piétinant dans l'eau gagneraient froid et répandraient l'humidité dans la boîte à élevage.

Comme je viens de le dire, l'incubation artificielle des œufs de poules est passée aujourd'hui dans le domaine des faits, et c'est à MM. Roullier et Arnoult que revient l'honneur d'avoir créé en Europe, à Gambai, près de Houdan, le premier établissement de couvoirs *fonctionnant en masse*, régulièrement, sans relâche et avec succès.

Pour se faire une idée de l'importance de cet établissement et des services qu'il rend à l'agriculture, il suffira de citer le nombre d'œufs soumis à l'incubation depuis le

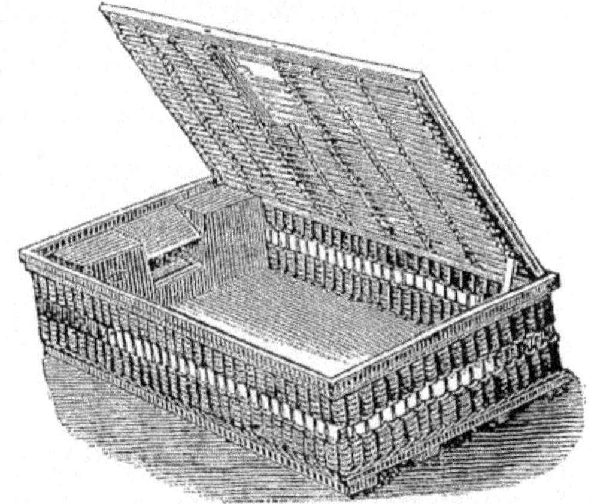

Abreuvoir à distribution d'eau constante pour Pigeons-voyageurs et Poulets, de A. Chieusse, fabricant, breveté S. G. D. G. en France et en Belgique, rue de Paris, 9 *bis*, à Douai (Nord).

1er janvier 1879 au 1er janvier 1880, et qui s'élève au chiffre fabuleux de soixante mille.

Mais jusqu'ici la grande difficulté était d'envoyer à l'intérieur du pays les poussins éclos artificiellement à Gambai et au Jardin d'acclimatation sans les faire souffrir de la soif pendant la durée du transport en chemin de fer.

Deux inventeurs français, MM. A. Chieusse, de Douai, et A. Bouchereaux, de Choisy-le-Roi, viennent de résoudre ce problème et se sont fait breveter simultanément en France et à l'étranger pour un système d'abreuvoir à distribution d'eau constante.

M. A. Chieusse est un amateur de pigeons voyageurs et s'explique comme suit sur le but qu'il s'est proposé d'atteindre :

Le grand développement des sociétés colombophiles, dit-il, ont rendu très fréquents les voyages de pigeons voyageurs.

Jusqu'ici, les pigeons qui ont effectué les voyages de long cours ont souffert de la soif pendant la durée du transport en chemin de fer pour arriver au lieu du lâcher. Cette privation d'eau a été cause de la perte d'un grand nombre de pigeons. On a bien eu recours à des convoyeurs qui, quoique assurant la nourriture des pigeons, ont l'inconvénient de coûter très cher et auxquels, par suite, la plupart des sociétés doivent renoncer pour raisons financières. De là, impossibilité d'effectuer les voyages à longue distance où les pigeons doivent être pourvus d'eau pour plusieurs jours.

Les pigeons étaient aussi fréquemment confiés aux bons soins des chefs de gare et des employés du chemin de fer, mais leurs occupations multiples ne leur permettaient pas la plupart du temps d'assurer l'alimentation.

Le but de l'abreuvoir à distribution d'eau constante est d'obvier à tous ces inconvénients et de faciliter les longs voyages sans devoir craindre le manque d'eau et les accidents qui en résultent.

La construction de l'abreuvoir permet de le retourner dans tous les sens sans perdre une seule goutte d'eau et sa contenance de *cinq litres* au minimum pour paniers ordinaires, assure l'alimentation en eau de 35 pigeons pendant trois jours entiers.

Les abreuvoirs de M. Bouchereaux ne diffèrent du précédent que par les formes extérieures, et, comme ceux de

M. Chieusse, on peut les retourner dans tous les sens sans qu'ils perdent une goutte d'eau.

L'utilité de ces appareils n'a pas besoin d'être démontrée; car les éleveurs qui ont l'habitude d'expédier des volailles à

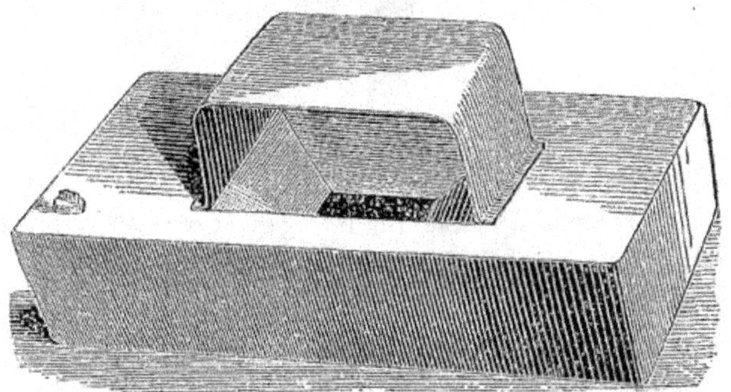

Abreuvoir à distribution d'eau constante pour Poulets et pour Pigeons, de M. A. Bouchereaux, de Choisy-le-Roi.

de grandes distances, savent tous qu'en voyage la privation d'eau est une des causes les plus fréquentes de la perte de ces oiseaux.

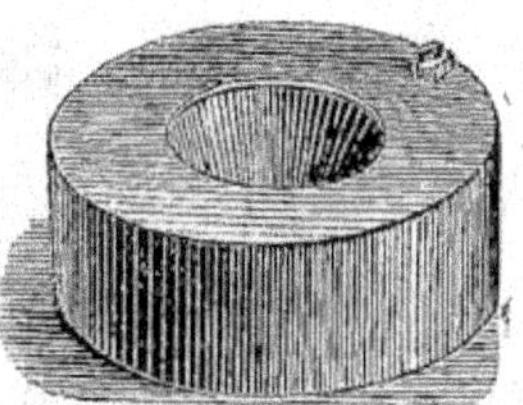

Petit abreuvoir à distribution d'eau constante pour Volailles et Pigeons, de M. A. Bouchereaux.

Le mérite des petits abreuvoirs de M. Bouchereaux sera surtout apprécié par les couvoirs artificiels, par les établissements de zoologie, par les marchands et par les nombreux amateurs qui font des échanges d'animaux entre eux par l'intermédiaire du journal l'*Acclimatation* et s'exposent à les perdre en route par une soif trop prolongée.

Petit abreuvoir à distribution d'eau constante pour Poussins et petits Oiseaux, de M. A. Bouchereaux.

Il est incontestable que l'usage de ces petits appareils diminuera considérablement les risques de mortalité parmi les oiseaux qu'on fait voyager par chemin de fer et permettra

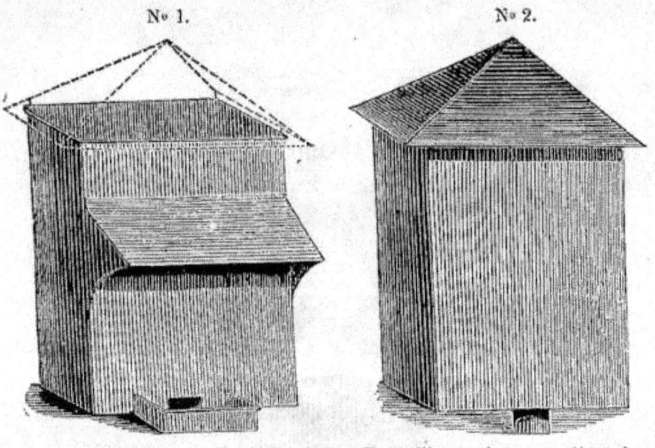

Abreuvoir pour Poules. — Bouteille en zinc se mettant dans l'abreuvoir n° 1.

dorénavant de les transporter à des distances considérables sans devoir craindre les accidents que je viens de signaler.

Tableau comparatif des principales différences entre la poule de Langshan et la poule cochinchinoise.

Crête. — Grande, simple ou pliée, double ou frisée.

Ailes. — Grandes et longues.

Muscles pectoraux. — Bien développés, ce qui démontre que l'oiseau est bien doué sous le rapport du vol.

Sternum. — Long et pectoraux extrêmement charnus.

Poule de Langshan.

Queue. — Assez développée et portée relevée.

Tarses. — De longueur moyenne, de couleur plomb foncé et très légèrement enplumés.

Squelette. — Léger.

Épiderme. — Blanc et d'un grain fort, sillonné de petites veines bleues qui accusent une grande finesse de chair.

Chair. — Fine, savoureuse, plus abondante au filet qu'aux cuisses et aux jambes, et gardant bien sa graisse à la cuisson.

Propension à la couvaison. — Ordinaire, comme chez nos volailles de ferme.

Crête. — Toujours simple, droite et très petite.

Ailes. — Très courtes et portées relevées au niveau du dos.

Muscles pectoraux. — Insuffisamment développés pour permettre à l'oiseau de voler.

Sternum. — Court et pectoraux peu charnus.

Poule cochinchinoise.

Queue. — Rudimentaire et portée horizontalement.

Tarses. — Courts, gros, de couleur jaune ou jaunâtre, et *très abondamment* chaussés.

Squelette. — Lourd, ossature épaisse.

Épiderme. — Jaune et d'un grain grossier.

Chair. — Médiocre, plus abondante aux cuisses qu'au filet, perdant sa graisse à la cuisson.

Propension à la couvaison. — Excessive.

CHAPITRE XXV.

Race frisée.

Gallus crispus. — *Frizzled fowls.*

Cette race est la plus curieuse de l'espèce galline.

M. E.-L. Layard, frère de l'illustre savant qui a fait les fouilles de Ninive, dit, dans une lettre datée de l'île de Ceylan, que les Ceylanais désignent ces volailles sous le nom de *Caprikukullo* et prétendent qu'elles sont originaires de l'île de Java.

La race est très anciennement connue, car Aldrovande l'a décrite vers la fin du seizième siècle.

Le célèbre naturaliste suédois Linné en parle également dans ses ouvrages et la désigne sous le nom de *Gallus pennis revolutis*.

Temminck et Sonnini de Mononcour, collaborateur de Buffon, sont d'accord pour lui attribuer une origine asiatique et disent qu'elle a été acclimatée à Java, à Sumatra et aux îles Philippines (grand archipel de l'Océanie).

Sonnini de Mononcour dit que la couleur prédominante chez les volailles de cette race est le blanc et qu'elles ont les tarses nus; mais qu'il en existe aussi d'autres variétés, dont quelques-unes ont les pattes emplumées.

M. Gobin, professeur de zootechnie et de zoologie à l'école d'agriculture de Montpellier, dit que la *variété cafre* ou *frisée* ou *crépue (Gallus crispus)* lui paraît être un autre cas tératologique, mais d'albinisme cette fois, qui se serait produit dans la poule négresse, avec une autre particularité dans le plumage. Commune dans l'Inde, elle a les plumes frisées en arrière (inverses), les rémiges et les rectrices imparfaites, le périoste seulement, mais non les os, noir. Elle se rencontre dit-il, dans l'Inde, au Japon, à Sumatra, à Java, etc. Mais je ne réédite cette hypothèse, qu'en lui laissant sa forme interrogative.

Coq de race frisée.

La race frisée (*Gallina crispa*) dit M. Mariot-Didieux, a les plumes hérissées et comme implantées à rebours. Son aspect est assez désagréable à la vue, et elle est encore plus laide quand elle est mouillée; cependant le proverbe de la poule *mouillée* ne lui est pas applicable; loin de redouter l'eau des pluies elle semble au contraire s'y exposer avec plaisir. Elle redoute plutôt les grands froids.

Si, comme on le prétend, elle est originaire de l'Asie, on ignore complètement l'époque de son introduction en Eu-

Poule frisée.

rope. On la rencontre aujourd'hui dans toutes les contrées de la France et de la Belgique, mais en petit nombre et mélangée avec les races communes.

Sauf les plumes hérissées, elle a la plus grande ressemblance avec nos races de ferme. Le coq a le bec légèrement crochu, la crête frisée, hérissée de petites pointes fines, carrée en avant, pointue en arrière; les barbillons longs et pendants; les oreillons rouges; l'œil aurore; les tarses de couleur plomb foncé et le plumage formé de plumes hérissées et frisées à rebours d'un bout à l'autre.

Les caractères de la poule sont identiquement semblables à ceux du coq.

Il y en a de toutes les couleurs, propres aux poules, et il en existe des variétés à crête simple et à crête frisée; mais c'est la variété noire qui est la plus recherchée, et on la préfère à crête frisée ou double.

La race est très féconde, plus sédentaire et moins pillarde que nos races communes. Ses œufs sont blancs, de très bonne grosseur et elle a très peu de penchant pour l'incubation.

Le coq est très complaisant pour ses poules et a le caractère peu querelleur. Les poules sont très sociables entre elles et les poulets, contrairement à ce qu'en disent quelques amateurs, s'élèvent avec facilité.

Son épiderme a un aspect rougeâtre assez répugnant qui en rend la vente difficile sur les marchés de Paris, mais sa chair n'en est pas moins fine et très délicate.

Il existe aussi une race naine à plumes frisées, ayant tous les caractères de la grande race, mais réduits à de petites proportions.

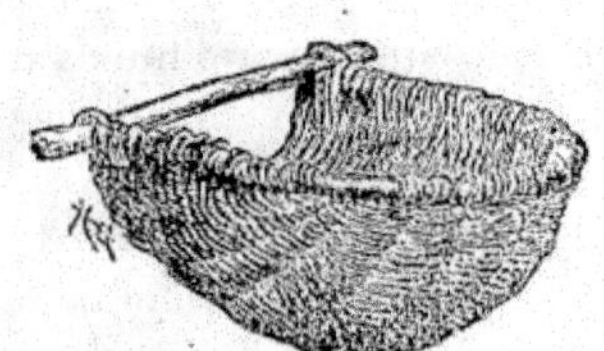

CHAPITRE XXVI.

Race nègre

Gallus Morio.— *Negro fowls.*

Parmi les races demi-naines la race nègre est incontestablement la plus bizarre et mérite le plus d'être recommandée pour ses excellentes qualités.

Originaire de la Chine, elle est très anciennement connue et très répandue en France.

De taille au-dessus de celle des Bantam, ces volailles ont les formes du corps identiquement semblables à celles de la race cochinchinoise. Leur plumage est entièrement blanc; leurs plumes sont décomposées et ont l'apparence du duvet du cygne ou de poils soyeux. Ils ont l'épiderme *noir;* la crête en forme de couronne, plus large que longue, et d'un rouge violet noirâtre ainsi que les barbillons. Leurs oreillons sont petits, de couleur bleu turquoise, et sont posés à plat sur des joues d'un *rouge violet noirâtre*. Les sujets des deux sexes portent une demi-huppe, sphérique chez la poule, renversée en arrière chez le coq; ils ont les pattes noires ou couleur de plomb foncé, garnies extérieurement de plumes soyeuses dirigées horizontalement, et munies de *cinq* doigts à chaque patte.

Les poules sont médiocres pondeuses, mais elles ont une très grande propension à l'incubation; et leur caractère doux et familier les font rechercher par les éleveurs pour faire couver des œufs de faisans, de perdrix, de colins et de cailles. Elles sont très précoces pour couver, couvent avec une remarquable assiduité et sont les plus tendres des mères.

La race est rustique et les poulets s'élèvent facilement, mais ils ont l'épiderme noir et leur chair est médiocre.

Coq.

CARACTÈRES GÉNÉRAUX.

Coq nègre.

Tête. — Petite, courte et ronde.
Bec. — Fort, court et crochu.
Couleur du bec. — Corne claire.
Narines. — Ordinaires.

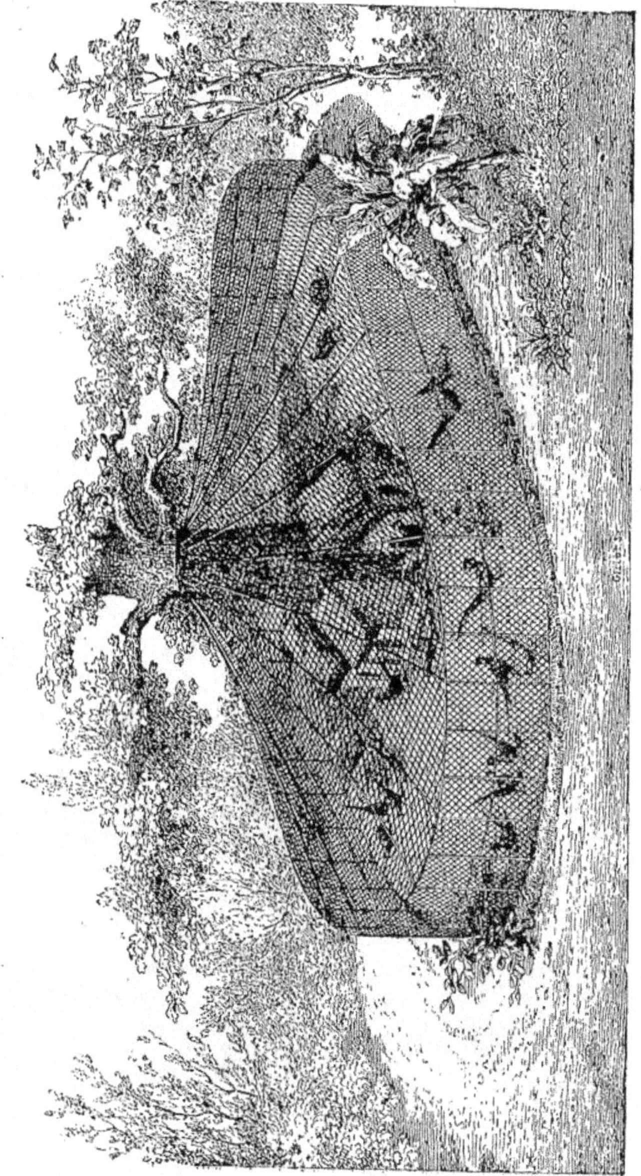

Parquet à Poules et à Faisans autour d'un arbre, de M. Méry-Picard, 120, avenue Malakoff, à Paris.

Œil. — De vesce, brunâtre.

Crête. — En forme de couronne, plus large que longue, hérissée de *très peu* de pointes, s'avançant sur le bec, de couleur rouge violet foncé.

Huppe. — Demi-huppe rejetée en arrière.

Joues. — Nues, d'un rouge violet foncé comme la crête.

Barbillons. — Assez longs, pendants, rouge violet foncé comme la crête et les joues, dont l'ensemble donne un aspect bizarre à la tête.

Oreillons. — Longs, d'un bleu turquoise, posés à plat sur les joues; mais quand l'oiseau vieillit, le bleu turquoise devient blanchâtre.

Bouquets. — Blancs, formés de petites plumes fines et duveteuses, semblables à des poils.

Cou. — Court, porté en avant, très légèrement arqué, enveloppé d'un épais camail composé de plumes longues et fines, ayant l'apparence de poils soyeux.

Corps. — Trapu, ramassé, formes heurtées et anguleuses, ayant une grande analogie avec celles du coq cochinchinois; épaules arrondies; plastron haut, large ouvert; dos large et court; reins larges et formant avec le dos une seule ligne harmonieuse et ascendante depuis la naissance du cou jusqu'à la queue; ailes courtes, serrées contre le corps et portées assez bas; sternum proéminent; cuisses et abdomen abondamment garnis de duvet long et soyeux, formant dans leur ensemble un immense épanouissement comme chez le coq cochinchinois.

Jambes. — Courtes, et presque cachées sous l'abondance du duvet des cuisses.

Tarses. — De longueur moyenne, et garnis extérieurement de plumes duveteuses, dirigées horizontalement et descendant jusque sur le doigt externe et le médian.

Couleur des tarses. — Noire, ou plomb très foncé, presque noir.

Doigts. — Au nombre de cinq à chaque patte, c'est-à-dire trois doigts en avant et deux pouces superposés en arrière, comme chez le coq Dorking.

Queue. — Petite, peu développée, composée de faucilles courtes et soyeuses.

Taille. — Au-dessous de celle du coq de Hambourg, mais plus grande que celle du Bantam.

Physionomie de la tête. — Sa crête en couronne, courte et large, ses barbillons et ses joues d'un rouge violet foncé, et ses oreillons d'un bleu turquoise donnent à sa tête un aspect tout à fait original qui ne permet pas de la comparer à celle d'un coq d'aucune autre race.

Plumage. — Blanc d'un bout à l'autre, formé de plumes décomposées, ressemblant à des poils soyeux qui recouvrent tout le corps.

Caractères moraux.

Très bon pour ses poules, le coq a le caractère extrêmement doux et les allures gauches et lourdes comme le cochinchinois.

Poule.

Caractères généraux.

Tête. — Petite et courte comme chez le coq.

Crête. — Très courte, frisée, d'un rouge violet foncé, noirâtre.

Huppe. — Petite et sphérique.

Barbillons. — Très petits, d'un rouge violet comme la crête.

Œil. — Presque noir : œil de vesce.

Bec. — Court et crochu.

Oreillons. — Bleu turquoise.

Joues. — Nues, rouge violâtre foncé.

Bouquets. — Assez épais et blancs.

Cou. — Court, porté en avant, amplement garni de plumes fines et soyeuses.

Corps. — Trapu, formes à peu près semblables à celles de la poule cochinchinoise; poitrine large et carrée; épaules arrondies; ailes petites et portées assez bas; dos large et plat; reins larges et formant avec le dos une seule ligne harmonieuse et ascendante depuis la naissance du cou jusqu'à la

Poule nègre.

queue; hanches saillantes; abdomen très développé, gros et pendant, bien garni de plumes longues et duveteuses ayant l'apparence du duvet du cygne; cuisses également saillantes, énergiquement accusées, garnies du même duvet caractéristique et formant ensemble avec le duvet de l'abdomen une masse disproportionnée de plumes duveteuses ressemblant à des poils; jambes se détachant nettement de la cuisse, courtes, et les calcanéums recouverts de plumes duveteuses

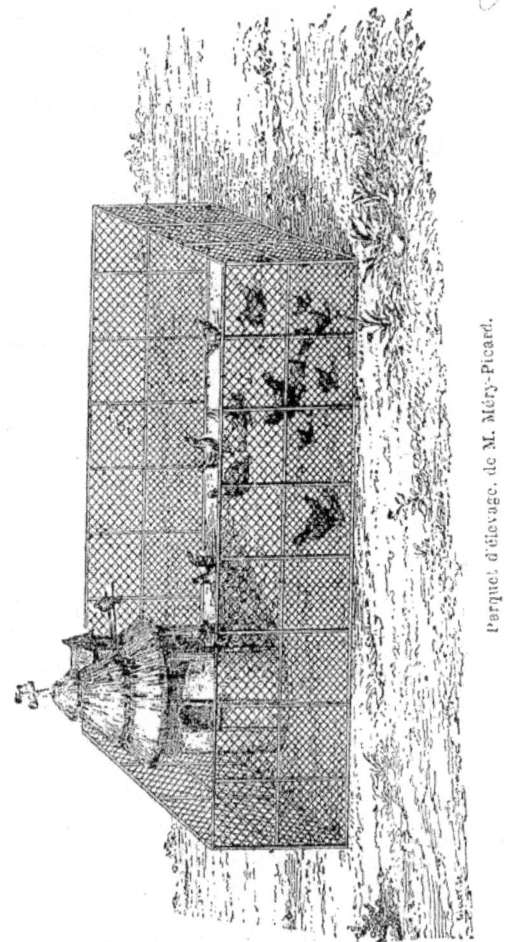

Parquet d'élevage, de M. Méry-Picard.

ne faisant pas saillie et ne s'allongeant pas en forme de manchettes; queue rudimentaire.

Tarses. — Courts, garnis de plumes extérieurement depuis le calcanéum jusqu'à l'ongle externe qu'elles recouvrent entièrement ainsi que le doigt médian.

Doigts. — Comme chez le coq, au nombre de cinq à chaque patte.

Taille. — Plus petite que celle du coq.

Physionomie de la tête. — La même que celle du coq.

Caractères moraux.

Comme le coq, la poule a les mœurs douces; elle est très sociable pour ses compagnes, très sédentaire et extrêmement familière. Elle est médiocre pondeuse, mais elle est excellente couveuse et la *meilleure des mères.* Sa propension à l'incubation est tellement grande qu'elle ne pond jamais plus de dix à douze œufs se suivant de jour en jour, sans demander à couver. C'est ce qui la rend extrêmement précieuse pour les faisandiers, qui se plaignent toujours de ne pas avoir assez de couveuses.

Défauts a éviter chez les oiseaux reproducteurs :

1° Crête *rouge vif* ou de forme allongée ou simple : elle doit être d'un rouge violet foncé et frisée.

2° Plumage non duveteux : il faut que *toutes* les plumes qui recouvrent le corps du coq et de la poule soient décomposées et aient l'apparence du duvet du cygne ou de poils soyeux hérissés.

3° Plumage jaunâtre, le plumage doit être d'un blanc de neige sans teintes jaunâtres.

4° Absence de huppe, ou huppe trop peu développée.

5° Absence du cinquième doigt à chaque patte.

6° Calcanéums recouverts de plumes s'allongeant en forme de manchettes (vulture hocks).

7° Absence de plumes aux pattes.

8° Épiderme blanc : l'épiderme doit être noir violâtre.

9° Oreillons rouges : ils doivent être d'un bleu turquoise.

Il en existe aussi, dit-on, une variété qui a le plumage noir, que les Anglais désignent sous la dénomination de *Black silk fowls;* mais je n'ai jamais vu de spécimens de cette variété ni en France ni en Angleterre.

CHAPITRE XXVII.

Race à cou nu de Transylvanie.

Jusqu'ici on n'avait que rarement possédé au Jardin d'acclimatation des volailles de la race à cou nu.

Un coq et trois poules de cette race aussi peu estimable par sa beauté que par sa production, furent envoyés à l'exposition universelle de 1878, par M. le baron de Vilia Secca, qui en fit don, après l'exposition, à M. A. Geoffroy Saint-Hilaire, directeur du Jardin d'acclimatation.

Originaire, dit-on, de la Transylvanie, comme son nom semble l'indiquer, cette race ne diffère de notre race commune que par le cou qui est entièrement nu chez les oiseaux des deux sexes, à l'exception d'une petite touffe de plumes implantées vers le milieu de sa partie antérieure.

En dehors de la curiosité que leur bizarrerie peut inspirer, ces hideux animaux soi-disant pourvus de précieuses qualités ne sont d'aucune utilité, et je ne saurais les recommander pour la formation d'un troupeau.

Caractères généraux et moraux.

Coq.

Tête. — Allongée, ayant beaucoup de ressemblance avec celle du coq villageois.

Bec. — Grêle et long.

Couleur du bec. — Noire ou couleur corne foncée.

Narines. — Ordinaires.

Iris. — Rouge orangé.

Pupille. — Noire.

Crête. — Simple, droite, peu développée, irrégulièrement dentelée et d'un rouge vif.

Barbillons. — De longueur moyenne.

Oreillons. — Rouges.

Joues. — Dénudées et rouges.

Cou. — De longueur moyenne, recouvert d'une peau rouge, entièrement nu, à l'exception d'une petite touffe de plumes implantées vers le milieu du devant du cou.

Corps. — Allongé, formes du coq de la ferme.

Tarses. — De longueur moyenne et nus.

Couleur des tarses. — Couleur de plomb.

Doigts. — Droits, au nombre de quatre à chaque pied.

Queue. — Longue, formant un assez beau panache, portée presque horizontalement.

Taille. — Un peu au-dessous de celle du coq commun.

Plumage.—Affectant toutes les couleurs propres aux poules.

Port. — Peu majestueux, apparence triste.

Poids. — Léger.

Chair. — Fine et délicate.

Physionomie de la tête. — Identiquement semblable à celle de nos coqs communs.

Poule.

Les caractères de la poule étant semblables à ceux du coq, suivant les règles générales et proportionnelles que la nature a établies entre les coqs et les poules, n'exigent pas de description détaillée.

Considérations générales.

La race est rustique, car les spécimens envoyés au Jardin d'acclimatation par M. le baron de Villa Secca, ont parfaitement résisté aux froids exceptionnellement rigoureux de l'hiver que nous venons de traverser et n'ont pas eu les crêtes gelées comme la plupart de nos coqs communs qui n'avaient pas été suffisamment abrités.

CHAPITRE XXVIII.

Race soyeuse.

Gallus lanatus. — *Silky fowls.*

Petite race très intéressante et également très recherchée par les faisandiers, par suite de sa grande propension à la couvaison.

Chose étonnante, la plupart des naturalistes confondent la *race soyeuse* (Gallus lanatus) avec la *race nègre* (Gallus Morio). Il n'existe, cependant, d'autre analogie entre les deux races que le duvet du cygne qui, au lieu de plumes ordinaires, recouvre leur corps et leur est commun.

Les différences les plus saillantes qui existent entre les deux races, consistent en ce que la race nègre, *the negro fowls*, a l'épiderme *noir ;* l'œil de vesce, presque noir; la crête frisée, plus large que longue, à peine hérissée de quelques rares pointes irrégulières, et d'un rouge violet noirâtre; les barbillons et les joues de la même couleur rouge violet sombre; les oreillons d'un bleu de ciel, ou bleu turquoise quand le sujet est jeune; les pattes noires, emplumées, munies de *cinq* doigts chacune; la queue rudimentaire et les formes du corps heurtées et identiquement semblables à celles de la race cochinchinoise. Tandis que la race soyeuse, *the silky fowls*, a, au contraire, l'épiderme *blanc*; l'œil rouge vif; la crête allongée, d'un *rouge vif*, simple ou frisée et hérissée de pointes fines; les barbillons et les joues d'un rouge vif comme la crête; les joues garnies de duvet blanc; les pattes nues, d'un blanc rosé, et munies de quatre doigts seulement; la queue longue; les formes du corps semblables à celles des volailles communes et la taille beaucoup au-dessous de celle de la race nègre.

Les deux races portent une demi-huppe, sphérique chez la poule, renversée en arrière chez le coq; ont le corps recouvert de plumes décomposées ayant l'apparence du duvet du cygne ou de poils soyeux légèrement hérissés, et c'est ce qui les a fait confondre par les observateurs superficiels.

La race soyeuse diffère encore de la race nègre en ce qu'elle porte des bouquets touffus et allongés en forme de demi-colerette, et qu'elle a quelquefois la tête lisse.

Caractères généraux et moraux.

Coq.

Tête. — Gracieuse, petite, fine et allongée, lisse ou huppée.

Bec. — Fort, long et crochu.

Couleur du bec. — Blanche, ou couleur de chair.

Narines. — Ordinaires.

Œil. — Rouge vif.

Crête. — Allongée, simple et droite ou frisée et hérissée de petites proéminences rondes ou pointues dont l'ensemble forme une surface plane, carrée en avant, pointue en arrière.

Couleur de la crête. — Rouge vermillon, comme chez le coq commun.

Barbillons. — De longueur moyenne, bien arrondis et d'un rouge vif comme la crête.

Joues. — Rouges et légèrement recouvertes de duvet blanc.

Oreillons. — Blancs, mais petits.

Bouquets. — Très prononcés et s'allongeant en forme de colerette.

Huppe. — Tête lisse ou surmontée d'une demi-huppe plus ou moins garnie de plumes qui se rejettent sur l'occiput.

Cou. — Court, gracieusement arqué et enveloppé de longues plumes duveteuses et soyeuses.

Corps. — Gracieux, arrondi, formes moelleuses; dos et reins larges; poitrine large, ouverte et saillante; ailes assez longues et portées bas; queue longue et portée assez relevée, mais pas près de la tête; allure fière et élégante.

Chair. — Assez fine.

Taille. — Au-dessous de la moyenne, un peu plus grande que celle du Bantam.

Squelette. — Léger, os minces.

Pilons. — Courts et charnus.

Tarses. — Courts et nus.

Couleur des tarses. — Blanc rosé.

Doigts. — Longs, droits, au nombre de quatre à chaque patte.

Queue. — Grande, garnie de faucilles longues, soyeuses, formant un beau panache blanc.

Caractère. — Doux, très bon pour ses poules, peu batailleur.

Poule.

Gracieuse et mignonne, la poule a la crête simple ou frisée comme celle du coq, mais réduite à de plus petites proportions; comme lui elle a la tête lisse ou surmontée d'une demi-huppe renversée en arrière et a le plumage ressemblant au duvet du cygne ou à des poils soyeux qui lui recouvrent entièrement le corps.

Ponte. — Médiocre.

Œufs. — Petits.

Incubation. — Excellente.

Elle est bonne mère comme la poule nègre et, comme elle, très recherchée par les faisandiers.

Son plumage est blanc d'un bout à l'autre; mais il en existe aussi une variété à crête simple, qui a la robe fauve comme le cochinchinois, et que les Anglais désignent sous la dénomination de *Yellow silk fowls.*

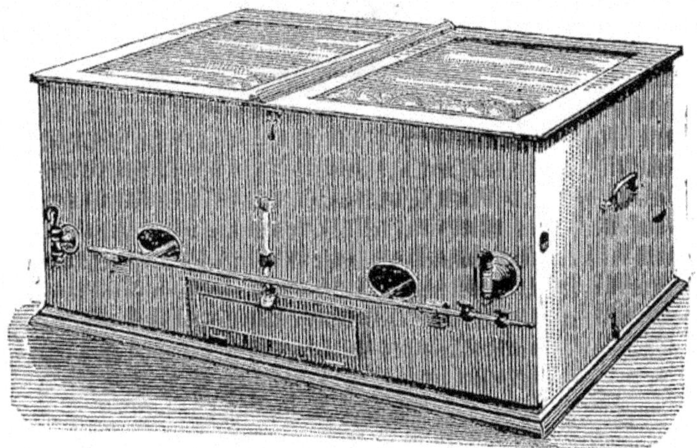

Couveuse artificielle, de M. A. Bouchereau, de Choisy-le-Roi.

Cette couveuse est chauffée au gaz, ou par une lampe à huile, au gré des éleveurs, et offre le grand avantage de permettre de produire artificiellement dans le tiroir aux œufs une humidité équivalente à celle qui se dégage du corps de la poule se livrant aux soins de l'incubation, et *qui assure le succès de l'éclosion.*

CHAPITRE XXIV.

Races de Bantam.

Gallus Banticus; *Die Banthamrace; Bantams.*

L'origine de la race naine est plus nébuleuse encore que celle de la grosse espèce.

On lui attribue une origine javanaise, mais c'est une erreur : car on la trouve dans toutes les parties du monde et Columelle nous apprend que les Romains possédaient la race naine nombre de siècles avant Jésus-Christ; tandis que ce n'est que vers l'an 1511 que les Portugais abordèrent dans l'île de Java, et ce n'est qu'en 1596 que les Hollandais allèrent s'y établir.

Columelle relègue ces petites volailles au nombre des oiseaux plus agréables qu'utiles et dit : « Je ne recommande pas la volaille naine, ni pour sa fécondité, ni pour d'autres genres de profit qu'on peut espérer, à moins qu'on ne l'aime à cause de sa petitesse. »

Cependant, nos faisandiers, qui se plaignent toujours de n'avoir pas assez de couveuses, ne partagent pas sur ce point l'opinion du savant agronome latin et attribuent, au contraire, toutes sortes de précieuses qualités aux petites poules de cette race qui sont très rustiques, couvent avec une étonnante assiduité, et ont les mœurs tellement douces, qu'on peut leur confier sans hésitation les œufs de faisans des races les plus rares. En travail d'incubation, elles restent douces et familières et elles élèvent leurs poussins avec une extrême tendresse.

Il en existe un grand nombre de variétés, dont les principales sont :

La race Sebright, *Laced Bantams.*

La race noire, *Black Bantams.*

La race blanche, *White Bantams.*

La race blanche pattue, *White booted Bantams.*

La race coucou d'Anvers, *Cuckoo Bantams.*

La race fauve, *Buff Bantams.*

La race perdrix, *Partridge Bantams.*

La race de Pékin, *Cochin or Pekin Bantams.*

La race de combat, *Game Bantams.*

La race de combat rouge à plastron brun, *Brown breasted red game Bantams.*

La race de combat rouge à plastron noir, *Black breasted red game Bantams.*

La race de combat dorée, à ailes de canard, *Yellow duck-winged game Bantams.*

La race de combat argentée à ailes de canard, *Silver duck-winged game Bantams.*

La race de combat Pile, *Pile game Bantams.*

La race de combat Pile blanc, *White Pile game Bantams.*

La race de combat noire, *Black game Bantams.*

La race de combat papillotée, *Spangled game Bantams.*

La race de combat coucou, *Cuckoo game Bantams.*

La race de Nangasaki, *Japanese Bantams.*

La race de Nangasaki blanche, *White Japanese Bantams.*

Et un grand nombre d'autres variétés et sous-variétés qui ne méritent pas d'être cataloguées.

Race Sebright.

Ou Bantam dorés, citronnés et argentés.
Laced Bantams.

Coq et Poule Sebright, de M. le comte A. de Brimont, du château de Meslay-le-Vidame.

Les Bantam dorés, citronnés et argentés ont été fabriqués en Angleterre, dit-on, tout au commencement de ce siècle, par *Sir John Sebright*, au moyen d'une longue série de croisements entre la race de Padoue et des races naines inconnues, dont Sir John a emporté le secret dans la tombe. (?)

Si la race a été formée, comme on le prétend, au moyen de nombreux croisements dont Sir John Sebright a gardé le secret, ou si Sir John l'a trouvée toute faite, soit en Angleterre, soit à l'étranger, comme il est permis de le supposer, c'est ce que je n'entreprendrai pas d'élucider.

Ce qui est certain, c'est que cette ravissante petite race est la plus belle, la plus gracieuse et la plus élégante de toutes les races naines connues. Elle se distingue autant par l'élégance de ses formes que par la grâce de ses mouvements et par la beauté incontestable de son plumage; mais elle est très délicate; et la poule pond beaucoup d'œufs clairs, ce qui est

Coq de M. le comte A. de Brimont, du château de Meslay-le-Vidame.

cause qu'on la multiplie très difficilement et que le choix des reproducteurs est extrêmement limité.

Coq.

Caractères généraux. — Au premier aspect, on trouve une grande analogie de formes entre le coq de cette race et le coq de Hambourg; et cette analogie n'est pas seulement apparente, mais elle est réelle. Le coq a la tête courte et aplatie par

Grande volière de fantaisie, de M. Méry-Picard, 120, Avenue Malakoff, à Paris.

dessus; le *bec court et de couleur corne;* la crête frisée, d'un rouge pourpre ou rouge vermillon, régulièrement hérissée de petites pointes fines dont l'ensemble forme une surface plane, oblongue, carrée en avant, pointue en arrière, la pointe *recourbée en haut* chez les sujets de premier choix; les barbillons presque ronds et creusés, de la même couleur que la crête; les joues nues et d'un rouge violet ou d'un rouge vermillon; l'œil rouge vif; les oreillons petits, d'un rouge violet ou rouges sablés de blanc, posés à plat sur les joues; le cou court, très arqué, porté très en arrière et enveloppé d'un camail léger formé de plumes *courtes* n'affectant pas la forme de lancettes comme chez le coq commun; le corps court et arrondi; le dos et les reins larges; la poitrine très développée et extrêmement proéminente; les ailes assez longues et portées bas, traînant presque jusqu'à terre; les lancettes ou plumes des reins courtes et arrondies; la queue large et carrée comme celle de la poule, *dépourvue de faucilles* et portée très relevée, près de la tête; les jambes courtes; les pattes courtes, fines, nues et de couleur bleu ardoisé et la taille petite.

Poule.

La poule a exactement les mêmes caractères que le coq; mais elle est plus mignonne, a la poitrine moins proéminente et la queue longue et étroite.

Caractères moraux.

Les coqs de cette race se battent rarement entre eux; et, au Jardin d'acclimatation, où l'on enferme généralement plusieurs coqs dans la même volière, on les voit caresser tour à tour les mêmes poules, sans que la jalousie vienne jamais rompre un instant la bonne intelligence qui règne entre eux; mais leurs sentiments ne sont pas les mêmes à l'égard des coqs *d'autres races*, qu'ils combattent avec ardeur et avec une indomptable impétuosité.

Les poules sont très douces, très sociables entre elles et très familières. Elles sont assez bonnes pondeuses, mais elles ont peu de penchant pour la couvaison et la plupart de leurs œufs sont clairs. J'attribue la cause de cette infécondité à l'étroite captivité dans laquelle on maintient ces petits animaux de générations en générations, et à un régime impropre à la conservation de leurs qualités prolifiques.

Poule de M. le comte A. de Brimont, du château de Meslay-le-Vidame.

La race comporte trois variétés : la variété dorée, *Gold laced Bantams;* la variété citronnée, *lemon laced Bantams;* et la variété argentée, *Silver laced Bantams*, qui ne diffèrent entre elles que par le fond du plumage qui est chamois vif dans la variété dorée, jaune paille dans la variété citronnée, et blanc dans la variété argentée, sur lequel se détache un liséré noir qui borde chaque plume et qui constitue le caractère le plus saillant de la race.

La variété argentée est la plus recherchée par les amateurs, parce que le liséré noir caractéristique qui borde ses plumes, se détache plus vigoureusement sur le fond clair de son plumage que dans les autres variétés.

DESCRIPTION DU PLUMAGE.

Dans les trois variétés, les plumes du camail du coq et de

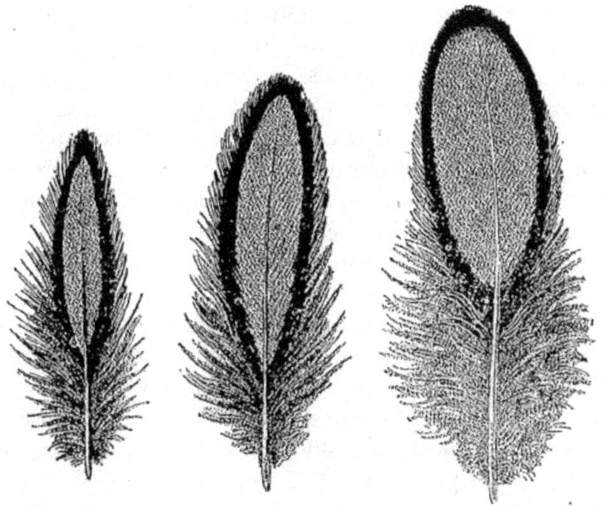

PLUMES DE LA POULE.

Plumes du camail près de la tête. — Plumes du camail à la naissance du cou. — Plume du dos et des épaules.

la poule doivent être bordées d'un liséré noir dont le *bord externe est éclairci;* les petites, les moyennes et les grandes couvertures des ailes, les rémiges *secondaires*, les couvertures de la queue, les plumes du cou, du plastron, des cuisses, des jambes et des flancs doivent être régulièrement bordées du liséré noir caractéristique très nettement dessiné; les plumes de l'abdomen sont ordinairement grises chez les variétés citronnée et argentée, chamois mélangé de noir dans la variété dorée; les rémiges *primaires*, qui sont invisibles quand l'aile est ployée, sont d'un chamois foncé dans la variété dorée, ont souvent les barbes internes un peu maculées de noir et sont dépourvues de liséré noir, excepté aux extrémités; dans les variétés citronnée et argentée, les rémiges *primaires* sont généralement plus ou moins marquées de taches noires et bordées d'un liséré noir aux pointes seulement; les rectrices ou grandes plumes caudales doivent être uniformément bordées du liséré noir caractéristique chez les trois variétés, mais le plus souvent la bordure ne se dessine nettement qu'à la pointe de la plume, tandis qu'à sa naissance la plume caudale a très peu de bordure, et il arrive fréquemment qu'elle en est complètement dépourvue, même chez les oiseaux de premier choix.

Mais ce qui fait surtout le désespoir de bien des éleveurs, c'est la grande difficulté d'empêcher la dégénérescence de cette race artificielle dont la tendance de retour au type primitif exige d'être constamment combattue par une application assidue des principes généraux de la sélection. En effet, sans un choix judicieux des oiseaux reproducteurs, le dessin caractéristique, ou la maillure noire qui tranche si admirablement sur le fond clair de son ravissant plumage, dégénère promptement en un affreux mélange de noir et de blanc ou de noir et de chamois, selon la variété à laquelle l'oiseau appartient.

Le meilleur moyen de combattre cette tendance à la dégénérescence ou de retour au type primitif qui se manifeste avec tant de persistance chez cette ravissante petite race, c'est d'appareiller un coq reproducteur, dont la maillure du plumage est énergiquement accentuée, avec des poules dont le dessin caractéristique se réduit à une mince bordure et *vice versa;* car l'expérience a démontré qu'un coq et une poule qui ont l'un et l'autre le plumage très fortement maillé de noir, c'est-à-dire dont les plumes sont entourées d'un liséré noir *très large* et *très accentué*, produisent des poulets

Plumes du Coq :

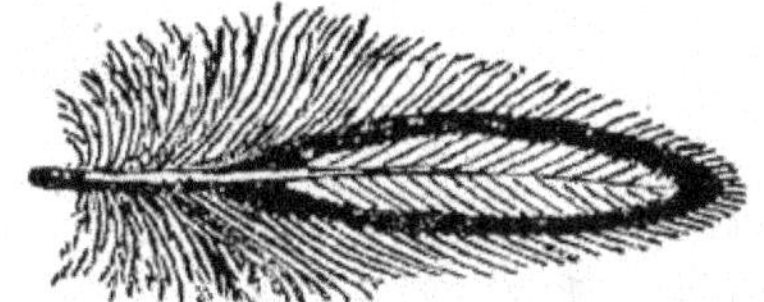

Plume du camail près de la tête.

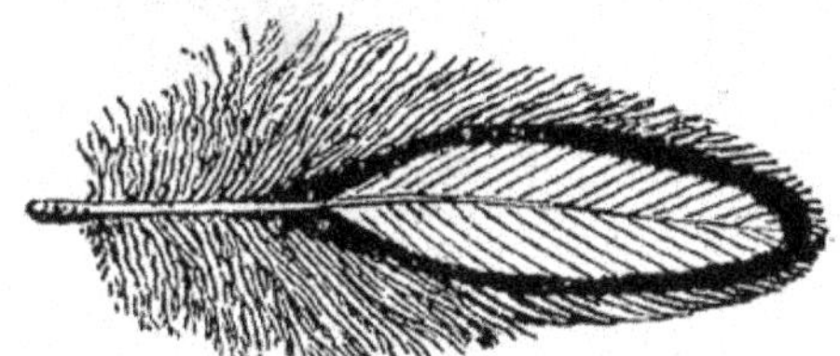

Plume du camail à la naissance du cou.

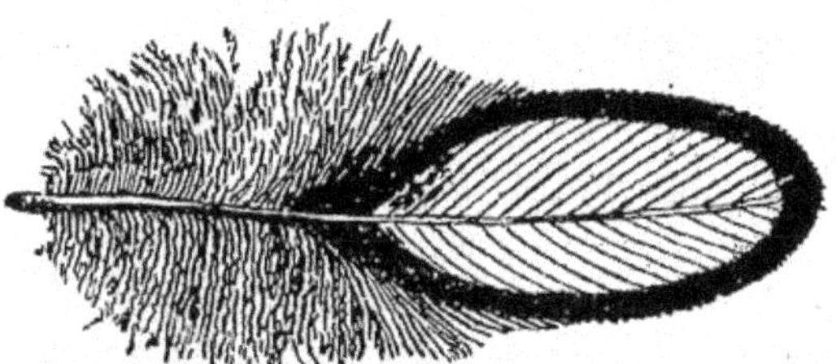

Plume du dos et des épaules.

dont le plumage est presque complètement noir ; tandis qu'un coq et une poule qui ont l'un et l'autre le dessin caractéristique très légèrement accentué, produisent des poulets dont le plumage est trop peu maillé. C'est pour cette raison qu'il est indispensable de rechercher chez les oiseaux reproducteurs de cette race artificielle des qualités opposées; de chercher à corriger les défauts du coq par les qualités de la poule et *vice versa* et d'éliminer impitoyablement de la reproduction les oiseaux défectueux.

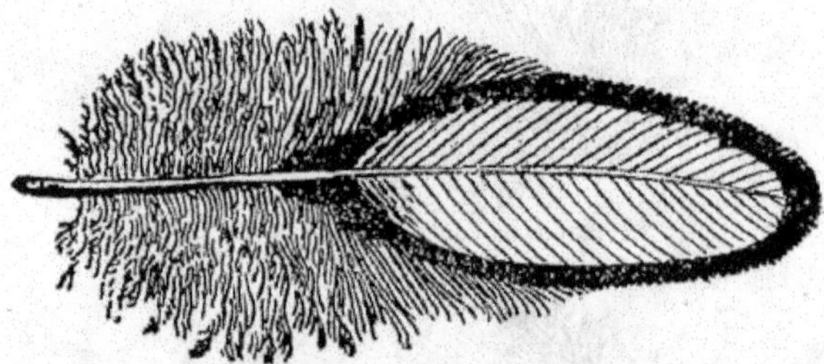

Plume du recouvrement de la queue.

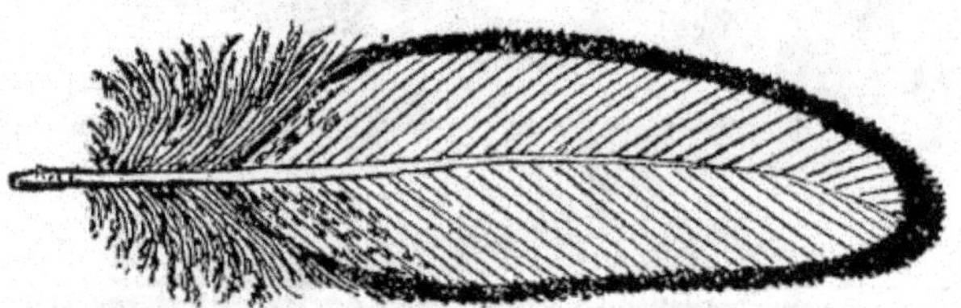

Plume du recouvrement de l'aile.

Qualités à rechercher chez les oiseaux reproducteurs :

Crête frisée, carrée en avant, très pointue en arrière et de forme gracieuse chez le coq, d'un rouge violet ou d'un rouge vermillon chez les sujets des deux sexes. Il ne faut pas que la crête affecte une forme de couronne, ce qui est considéré comme un grand défaut.

Fond du plumage d'un blanc net, ou uniformément jaune paille, ou chamois vif, selon la variété à laquelle l'oiseau appartient, sans la moindre tache, à l'exception de la bordure noire caractéristique qui doit se répéter à *chaque plume*.

Formes élégantes, corps élancé, arrondi, supporté par des pattes fines, de longueur moyenne, de couleur bleu ardoisé clair, tournant au gris plombé plus ou moins foncé en vieillissant.

Défauts à éviter chez les oiseaux reproducteurs :

1° Crête simple ou de forme irrégulière et ayant la pointe recourbée *en bas*.

2° Taille trop grande chez les sujets des deux sexes.

3° Fond du plumage maculé de noir ou de gris.

4° Plumage irrégulièrement maillé.

5° Plumes caudales maculées de noir.

6° Queue faucillée chez le coq. La queue du coq doit être courte et carrée comme celle de la poule.

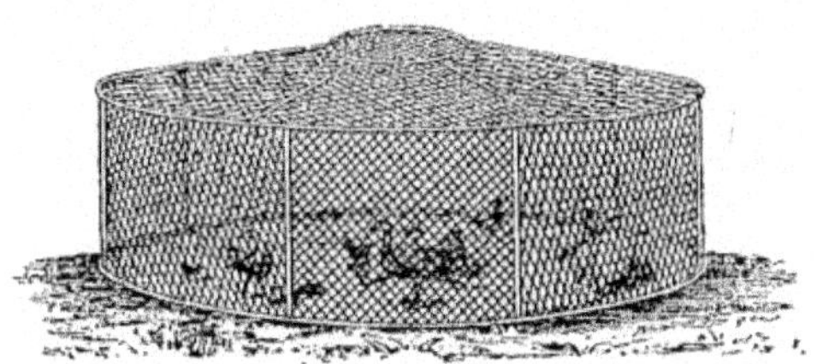

Bantam noirs de Java.

Black Bantams.

C'est avec la race de Hambourg noire que cette charmante petite race a le plus de ressemblance. Extrêmement estimée en Angleterre, elle a le plumage entièrement noir; la crête frisée; l'allure vive et gracieuse; les formes du corps élégantes et moelleusement arrondies et la taille réduite à sa plus simple expression.

Coq Bantam noir de Java, de Mme la baronne Parry de Grainger, palais Cimitile, Naples.

Caractères généraux et moraux.

Coq.

Le coq a le bec court et petit, de couleur noire ou corne très foncée; la tête courte et aplatie; la crête frisée, régulièrement hérissée de petites pointes fines, formant une surface plane, carrée en avant, pointue en arrière, diminuant de volume au fur et à mesure qu'elle gagne l'arrière de la tête qu'elle dépasse de très peu, la pointe légèrement recourbée en haut (les crêtes en couronne, ou en gobelet, c'est-à-dire creuses et non hérissées de petites pointes, sont considérées comme des défauts); les joues nues, d'un tissu fin et d'un rouge vermillon; les barbillons placés bien au-dessous de la mandibule inférieure du bec, bien arrondis et creusés, affectant la forme d'une feuille de buis, d'un tissu fin et transparent et d'un beau rouge vermillon comme la crête et la peau qui recouvre les joues; l'iris rouge vif; les oreillons ronds et petits, d'un *blanc pur* et posés à plat sur la joue; les formes du corps moelleusement arrondies; le cou assez long, très gracieusement arqué et enveloppé d'un épais camail formé de petites plumes longues, minces, d'un noir intense et criblées de reflets métalliques verts, il y en a dont les plumes du camail, du dos et des reins ont des reflets métalliques de couleur changeante qui prennent, dans certaines positions, des tons mêlés de vert et de violet; mais à tort ou à raison ces oiseaux sont moins estimés et moins recherchés pour la reproduction; le dos assez large; les reins étroits à peu près comme chez le Bantam de combat; les ailes longues, mais portées assez haut; la poitrine amplement développée et proéminente; les jambes de longueur moyenne, suivies de pattes également de longueur moyenne, fines, nues et de couleur plomb foncé; les doigts assez longs, minces, bien conformés, bien onglés et au nombre de quatre à chaque pied; la queue d'assez bonne longueur et portée assez relevée, mais pas près de la tête; l'allure extrêmement fière et gracieuse; le caractère hargneux, vif et pétulant.

Le plumage est complètement noir d'un bout à l'autre, à reflets métalliques verts.

La taille est extrêmement petite, plus petite que chez aucune autre variété.

Poule.

Les caractères de la poule sont identiquement semblables à ceux du coq.

Son plumage est noir comme celui du coq, mais moins lustré et les reflets en sont bien moins éclatants. Sa crête est petite, frisée, d'un rouge vermillon et, le plus souvent, de couleur violette; ses oreillons sont petits et doivent être d'un blanc nacré.

Poule Bantem noire de Java, de M. le baron Émile Angeloni.

Aussi douce et aussi familière que la poule cochinchinoise, elle est bonne pondeuse, bonne couveuse et excellente mère. Les petits sont rustiques, n'exigent aucuns soins particuliers et s'élèvent avec facilité. Ils naissent blancs et noirs; mais ils finissent par devenir complètement noirs.

Qualités à rechercher chez les oiseaux reproducteurs :

Taille réduite à sa toute dernière expression : plus ces volailles sont petites, plus elles sont recherchées par les amateurs.

Formes moelleusement arrondies comme chez la race de Hambourg argentée, mais réduites à de plus petites proportions, bien entendu.

Crête frisée, régulièrement hérissée de petites pointes fines, formant une surface plane, sans creux au milieu, carrée en avant et bien pointue en arrière, d'un rouge vermillon chez le coq, violette ou rouge chez la poule.

Oreillons ronds, d'un blanc de neige, sans mélange de rouge et bien posés à plat sur la joue.

Dos large et reins étroits, comme chez le coq Bantam de combat.

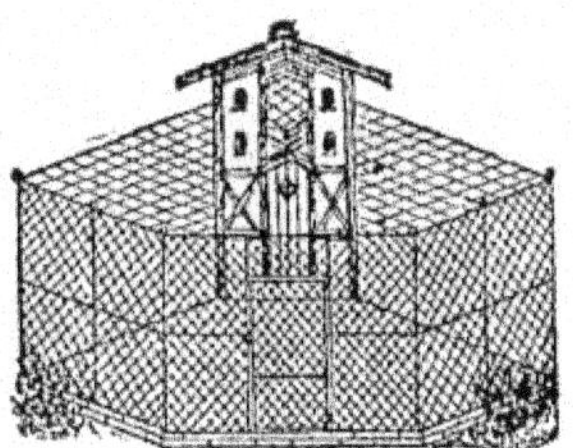

Poulailler-volière pour Bantam.

Queue assez développée chez le coq, portée relevée, mais pas près de la tête; queue étroite et arrondie chez la poule; pattes fines et de couleur bleu ardoisé ou plomb foncé.

Plumage entièrement noir, sans taches blanches, bien lustré chez le coq, à reflets métalliques verts.

Défauts à éviter chez les oiseaux reproducteurs :

Taille trop grande : la taille chez ces petits animaux, quand ils sont de bonne descendance, est plus petite que chez aucune autre race naine connue.

Formes du corps anguleuses ou disgracieuses.

Crête simple, ou en forme de gobelet, ou d'un grain grossier, ou d'une autre couleur que rouge. En Angleterre, les amateurs donnent la préférence aux oiseaux des deux sexes ayant la crête, les barbillons et les joues d'un beau rouge vermillon; mais je n'hésite pas à déclarer, cependant, que j'ai eu lieu de constater plus d'une fois, parmi les nombreuses petites poules de cette race importées par le Jardin d'acclimatation, que les plus petites et les plus mignonnes avaient invariablement la crête, les barbillons et les joues d'un rouge violet noirâtre, tandis que les coqs avaient la crête rouge.

Ailes traînantes.

Oreillons rouges, ou blancs sablés de rouge; ils doivent être d'un blanc pur.

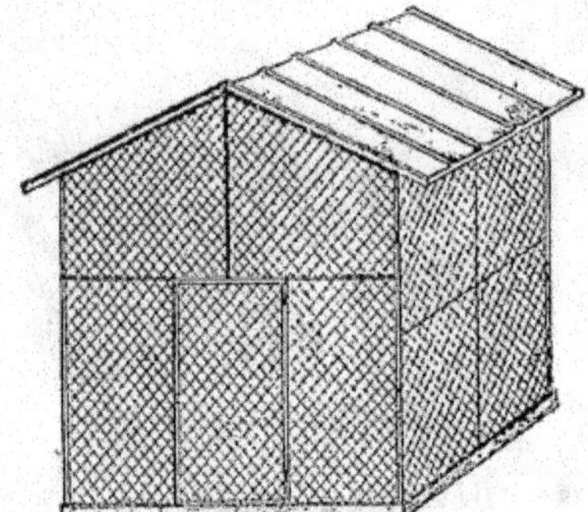

Poulailler-volière pour Bantam.

Plumes rouges dans le camail ou aux épaules chez le coq, ou plumes blanches dans le plumage chez les oiseaux des deux sexes.

Tarses blancs ou d'une autre couleur que bleu ardoisé ou plomb foncé.

Bantam blancs.

White Bantams.

La race naine blanche comporte deux variétés :

La variété à pattes nues, *clean legged white Bantams*, et la variété pattue, *booted white Bantams*.

C'est une des races les plus belles et les plus recherchées

par les faisandiers, à cause de son aptitude et de sa précocité à couver. Croisée avec la race nègre, elle fournit les meilleures couveuses qu'on puisse imaginer.

Variété à pattes nues.

Clean legged white Bantams.

Cette variété ne diffère de la variété noire que par la couleur du bec qui est blanc, des pattes qui sont blanc rosé et du plumage qui est blanc d'une extrémité à l'autre.

Poids du coq, 1/2 kilogramme.

Poids de la poule, 400 à 425 grammes.

Les oreillons peuvent être blancs ou rouges. En Amérique les amateurs les veulent rouges, tandis qu'en Angleterre on les préfère blancs.

Variété pattue.

White booted Bantams.

Cette variété ne diffère de la variété à pattes nues que par les plumes du calcanéum ou talon qui font saillie, s'allongent énormément en forme de manchettes, comme chez les pigeons pattus, et par les pattes qui sont garnies extérieurement et jusque sur les doigts de plumes longues, raides et dirigées horizontalement.

Les oiseaux des deux sexes ont le plumage complètement blanc, sans teintes jaunes ou paille; la crête frisée ou simple, cette dernière étant considérée comme la plus correcte; le bec blanc; l'œil rouge vif; les tarses courts et d'un blanc rosé.

Plus les tarses sont garnis de plumes et plus les plumes qui recouvrent les calcanéums sont longues et font saillie, plus l'oiseau est estimé.

La race est très rustique, pond très bien ; et la brièveté de ses pattes et l'abondance des plumes dont elles sont garnies, empêchent ces petits animaux de gratter et d'endommager les plates-bandes dans les jardins.

Race naine coucou d'Anvers.

Cuckoo Bantams or scotch grey Bantams.

Cette jolie petite race est très répandue en Belgique; elle a le plumage entièrement coucou; chaque plume ordinaire portant quatre marques distinctes d'un gris foncé se détachant sur fond gris clair; les grandes plumes portant un nombre de marques caractéristiques se multipliant en raison de la longueur de la plume.

Le coq et la poule ont la crête simple ou frisée; mais les amateurs les préfèrent à crête frisée, régulièrement hérissée de petites pointes fines, comme chez la race noire.

Les sujets des deux sexes ont les formes du corps identiquement semblables à celles des Bantam noirs ou blancs; et portent un petit collier composé de petites plumes frisées qui leur donne un aspect particulier.

Ils ont le bec de couleur corne; l'œil aurore; les pattes blanches ou blanc rosé et nues.

Le coq a le caractère doux et la poule est bonne pondeuse et assez bonne couveuse.

La race est rustique et les poulets s'élèvent facilement.

Les coqs qui ont des teintes jaunes ou dorées aux épaules et au camail, doivent être éliminés de la reproduction. Il faut que leur plumage soit coucou d'un bout à l'autre, sans mélange de jaune ou de rouge.

Race naine fauve.

Buff Bantams.

Cette race ne diffère de la race coucou que par la couleur de son bec qui est corne foncée, de ses pattes qui sont bleu ardoisé et de son plumage qui est fauve d'une extrémité à l'autre chez la poule et rouge, avec le plastron brun chez le coq, comme chez le coq de la Campine doré.

Elle a les mêmes formes du corps que la race coucou et, comme elle, porte un petit collier.

Race naine perdrix.

Partridge Bantams.

Formes du corps. — Semblables à celles de la race noire de Java.

Couleur du plumage de la poule. — Perdrix d'un bout à l'autre, comme chez la poule de combat perdrix.

Couleur du plumage du coq. — Rouge avec le plastron noir, comme chez le coq rouge de la ferme.

Crête. — Frisée chez les sujets des deux sexes.

Oreillons. — Blancs.

Pattes. — Nues, fines et de couleur bleu ardoisé.

Taille. — Très petite.

Qualités à rechercher chez les oiseaux reproducteurs :

Formes gracieuses.

Taille réduite à sa toute dernière expression.

Crête bien conformée et d'un tissu fin.

Allures fières et gracieuses.

Plumage uniformément de couleur perdrix d'un bout à l'autre chez la poule.

Ces petites volailles doivent avoir les formes du corps identiquement semblables à leurs congénères noires de Java, et plus elles sont petites plus elles sont vendues cher aux amateurs.

Races naines de combat.

Game Bantams.

Ces charmantes et courageuses petites volailles ont identiquement le même plumage et les mêmes formes du corps que la grosse race de combat anglaise.

Les coqs sont de superbes oiseaux et paraissent pleins de suffisance et de présomption. Ils ont le bec court et légèrement crochu; la tête petite, aplatie et très allongée en forme de tête de serpent quand la crête est coupée; la crête simple, droite, régulièrement dentelée, d'un tissu fin, transparent et d'un rouge vermillon ; les barbillons longs, légers et pendants; les oreillons rouges; les joues nues et recouvertes d'une peau fine d'un rouge vermillon comme la crête et les barbillons; l'œil aurore et vif; le cou de longueur moyenne et gracieusement arqué; le corps élancé, conique, large aux épaules et très étroit en arrière, c'est-à-dire, large en avant et diminuant graduellement jusqu'à la partie postérieure qui devient presque pointue; la poitrine assez bien développée; le dos large; les reins étroits; les ailes fortes, pas très longues et portées assez haut; le vol léger; les jambes minces, assez longues et suivies de tarses nerveux de longueur moyenne, de couleur plomb foncé, ou jaune, ou blanc rosé, selon la variété à laquelle l'oiseau appartient; le plumage riche et bien lustré, les lancettes et les plumes du camail courtes et minces; la queue serrée et portée assez relevée mais pas près de la tête, les rectrices légèrement faucillées, les faucilles longues; la taille extrêmement petite, plus l'oiseau est petit, élancé svelte et léger, plus il est estimé; le caractère provocateur, querelleur; le port majestueux, l'allure fière et paraissant plein d'impertinente présomption.

Coq et Poule Bantam de combat de la variété argentée, à ailes de Canard, de M. de Roo van Heule, du château de Doomkerk.

Pour donner à ces petits coqs l'aspect du vrai coq combattant, les amateurs leur amputent la crête, les oreillons et les barbillons, et cette amputation se fait ordinairement à l'âge de sept semaines.

Poule.

La poule est extrêmement mignonne et a identiquement

les mêmes caractères que le coq. Elle est bonne pondeuse, bonne couveuse et excellente mère.

Cette ravissante petite race comporte les mêmes variétés que la grande race de combat, dont les principales sont :

La variété rouge à plastron brun, *The Brown breasted red game.*

La variété rouge à plastron noir, *The black breasted red game.*

Poule Bantam de combat argentée, de M. de Roo van Heule, du château de Doomkerk.

La variété dorée à ailes de canard, *The yellow duc-winged game.*

La variété argentée à ailes de canard, *The silver grey duc-winged game.*

La variété Pile, *The Pile game.*

La variété Pile-blanc, *The white Pile game.*

La variété blanche, *The white game.*

La variété noire, *The black game.*

La variété papillotée, *The spangled game.*

La variété coucou, *The cuckoo game Bantams.*

Le plumage du coq et de la poule de chaque variété est identiquement semblable à celui du coq et de la poule de la variété correspondante de la grosse race de combat que j'ai déjà décrite et n'exige conséquemment pas de nouvelle description.

Cette vaillante petite race, dont le plumage est d'une richesse incontestable, est très estimée et très répandue en Angleterre.

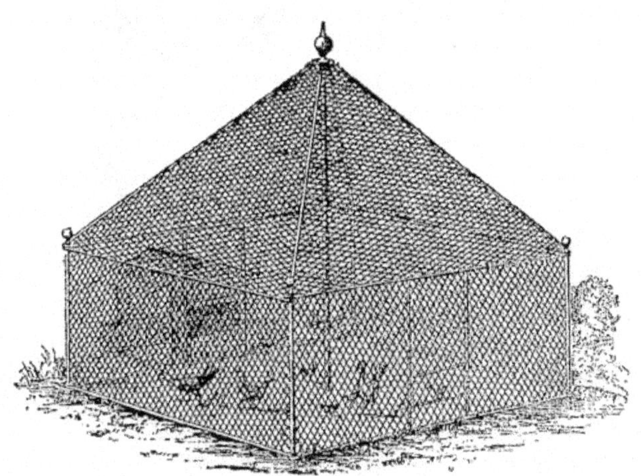

Race naine de Pékin.

Cochin or Pékin Bantams.

C'est en 1860 que les armées française et anglaise trouvèrent à Pékin ces curieuses petites volailles enfermées dans une volière, au palais d'été de l'empereur de la Chine, d'où elles furent extraites et expédiées en Angleterre.

Coq nain de Pékin.

Le coq et la poule ont les formes du corps exactement semblables à celles du coq et de la poule cochinchinois, mais réduites bien entendu à de plus petites proportions, et leur plumage est entièrement fauve comme chez les cochinchinois fauves.

Coq.

Caractères généraux. — Le coq a le bec droit et d'un jaune éclatant; la tête allongée; la crête simple, droite, assez haute, dentelée de six ou sept grandes dents irrégulières, prenant en avant des narines et se prolongeant en arrière; les joues rouges et nues; l'œil rouge vif, ou rouge orangé; les oreillons rouges; les barbillons presque ronds; le cou court et gros; le corps gros, ramassé et trapu, incliné en avant; les épaules saillantes; le dos large et très court; les reins larges

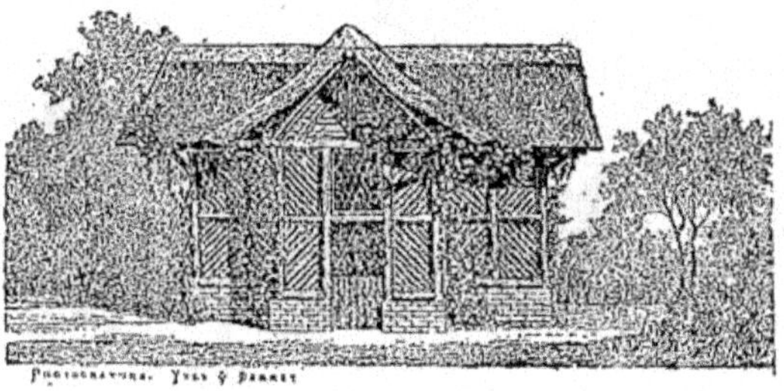

Châlet-poulailler pour Bantam de Pékin.

et formant avec le dos une seule ligne continue et ascendante depuis la naissance du cou jusqu'à la queue; les ailes courtes, serrées contre le corps et portées haut; les plumes des flancs collées sur le corps et faisant bien ressortir le sternum; le plastron haut et large ouvert; les cuisses grosses et abondamment garnies de plumes longues, duveteuses et bouffantes; l'abdomen également garni d'une grande abondance de plumes bouffantes, formant ensemble avec les cuisses une immense masse de plumes duveteuses, ce qui constitue un des principaux caractères de cette race naine; les jambes courtes; les calcanéums recouverts de longues plumes raides et saillantes, s'allongeant énormément en forme de manchettes; les pattes, courtes, jaunes et garnies extérieurement, jusque sur les doigts, de plumes raides et dirigées horizontalement;

la queue très courte et garnie de faucilles courtes comme chez le coq cochinchinois.

Plumage. — Plumes du camail, lancettes, petites et moyennes couvertures de l'aile jaune orangé; faucilles jaune orangé, rayées de violet au milieu; le reste de la robe entièrement fauve.

Caractères moraux.—Le coq est doux, très familier et très complaisant pour ses poules. La brièveté de ses pattes l'empêche de gratter le sol et de faire du dégât dans les jardins.

Châlet-poulailler pour Bantam de Pékin.

Poule.

Caractères généraux. — La poule a les mêmes formes du corps que le coq; elle a le cou court; le camail collant; le corps ramassé et trapu; le dos court et large; les reins très larges et formant avec le dos, comme chez le coq, une ligne ascendante depuis la naissance du cou jusqu'à la queue qui est rudimentaire et presque cachée sous les couvertures caudales; les épaules très saillantes; les ailes courtes et portées haut; le sternum proéminent; les jambes grosses; les calcanéums et les pattes garnis de plumes longues et raides comme chez le coq; l'abdomen très abondamment garni de plumes duveteuses formant ensemble avec celles des cuisses un immense épanouissement, comme chez les poules cochinchinoises de la meilleure race.

Plumage. — Entièrement fauve, pur de taches noires.

Caractères moraux. — Douce et familière comme le coq, venant manger dans la main des personnes qui s'occupent

Poule naine de Pékin.

d'elle; bonne pondeuse, bonne couveuse et excellente mère. Elle est susceptible de pondre des œufs clairs quand elle est retenue en captivité, et la race est délicate, ce qui explique sa rareté.

Châlet-poulailler pour Bantam de Pékin.

Race de Nangasaki.

Japanese Bantams.

Cette race naine à pattes *jaunes* d'une remarquable brièveté est originaire du Japon, comme son nom l'indique. Nangasaki est le nom d'une ville du Japon, située sur la côte de l'île Kiou-Siou, qui fut longtemps le seul port du Japon ouvert aux étrangers. Depuis 1854 elle est ouverte aux européens; et c'est de cette époque que date l'introduction en Europe de la race de volailles dite de Nangasaki, qui est aujourd'hui déjà très répandue en France, en Belgique, en Hollande et en Angleterre.

La race a les pattes très courtes, nues et d'un jaune brillant; ses ailes et son abdomen traînent presque jusqu'à terre et sa queue qui est extrêmement longue lui donne un cachet de grande originalité.

Le *coq* a le bec jaune; la crête simple, droite, haute, plus grande que chez aucune autre race naine, irrégulièrement dentelée, prenant en avant des narines et s'avançant en arrière; les joues rouges et nues; l'œil aurore; les oreillons rouges; les barbillons longs, larges et arrondis; le cou de longueur moyenne, enveloppé d'un épais camail formé de plumes longues et fines; la poitrine amplement développée et proéminente; le dos *extrêmement court;* les reins assez larges; la queue très longue et portée très relevée, près de la tête; les ailes traînantes; les pattes *extrêmement courtes* et d'un *jaune éclatant chez les oiseaux de race pure :* vues de profil ses pattes sont entièrement cachées par les ailes et l'on dirait qu'il n'en a pas, tellement elles sont courtes.

La *poule* a les mêmes caractères que le coq; elle a la crête simple, assez grande, dentelée de petites dents, se rabattant sur un des côtés de la tête; et sa queue qui est fort longue, forme un singulier contraste avec ses petites pattes jaunes qui sont si courtes, qu'elles sont invisibles quand on voit l'oiseau de profil.

Le plumage chez les sujets des deux sexes est entièrement blanc, à l'exception des grandes pennes de l'aile qui sont presque noires, ou blanches à la naissance des plumes et noires aux extrémités, ou blanches maculées de noir, et des plumes rectrices, ou grandes caudales, qui sont noires et bordées d'un liséré blanc.

Poule de Nangasaki.

Le coq a aussi les faucilles noires bordées d'un liséré blanc; mais le plus souvent il a les plumes caudales et les faucilles noires à la pointe et blanches à la naissance de la plume.

Les oiseaux de cette race importés directement du Japon ont le camail entièrement blanc, les pattes très courtes et d'un *jaune éclatant;* tandis que la race qui est répandue en France, a le camail marqué de noir comme chez la poule Brahmapoutra, les pattes longues et de couleur saumon ; ce qui prouve que la race a dégénéré sous nos climats, ou a subi es croisements avec des races du pays, ce qui me paraît plus vraisemblable.

Les Nangasaki sont extrêmement sédentaires et ont les pattes trop courtes pour pouvoir gratter les cultures. On peut les lâcher dans un jardin, sans crainte de les voir endommager les plates-bandes ou causer d'autres dégâts.

Le coq, malgré sa petite taille, est très jaloux de ses poules et les défend vaillamment contre leurs ennemis; mais il n'en a pas moins le caractère doux, car il y a en ce moment au

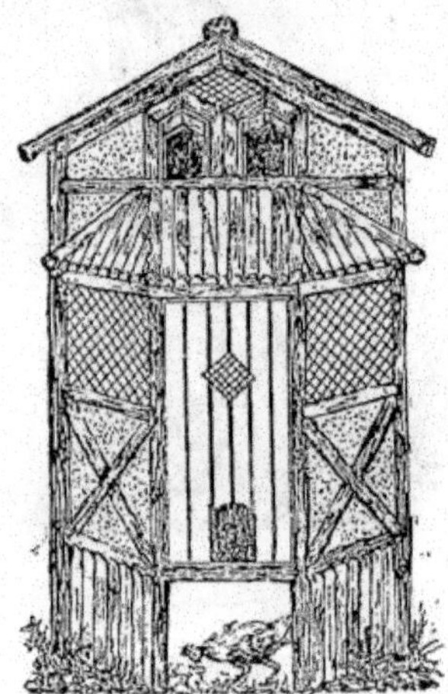

Poulailler rustique pour Bantam.

Jardin d'acclimatation plusieurs coqs de cette race enfermés ensemble dans une volière, et, malgré la présence de plusieurs poules qu'ils caressent tour à tour sans jalousie, ils vivent en paix et ne se battent jamais entre eux.

La poule est bonne pondeuse, bonne couveuse et la plus douce des mères.

C'est la poule par excellence pour couver les œufs de faisans, de colins, de perdrix et de cailles. Elle est extrêmement familière et douce; ses œufs sont ovales, de grosseur proportionnée à sa taille, de couleur blanc jaune et d'un goût exquis.

La race n'est pas bien rustique et craint le froid et l'humidité.

Trémie pour Bantam.

Les *principales qualités* à rechercher chez les oiseaux reproducteurs sont :

1° Pattes *très courtes* et *d'un jaune éclatant.*

Fontaine en faïence pour Bantam.

2° Camail entièrement blanc sans taches noires.

3° Queue bien noire, rectrices et faucilles noires bordées de blanc.

4° Taille très petite chez les oiseaux des deux sexes.

Variété blanche.

A l'Exposition universelle de Paris, de 1878, parmi les volailles exposées à la ferme japonaise, j'ai remarqué un coq et une poule de Nangasaki enfermés dans une cage confectionnée de tiges de bambous, et dont le plumage était d'un blanc de neige d'un bout à l'autre, sans aucun mélange de plumes noires parmi les blanches.

Ces charmantes petites volailles étaient très attrayantes et captivaient l'attention de tous les amateurs. Elles se comportaient dans leur cage étroite tout comme si elles avaient été élevées dans un appartement et venaient manger dans la main des visiteurs.

De toutes les races naines connues, la variété Nangasaki blanche est la plus intéressante et la plus curieuse, et cependant elle est rare dans les collections européennes.

Depuis lors j'en ai vu d'autres spécimens au Jardin d'acclimatation du Bois de Boulogne.

Ces petites volailles ont comme les précédentes la crête simple, *extrêmement haute*, très prolongée en arrière, largement dentelée, d'un rouge vif; les pattes *extrêmement courtes*, d'un *jaune brillant*, et leur plumage est blanc d'un bout à l'autre.

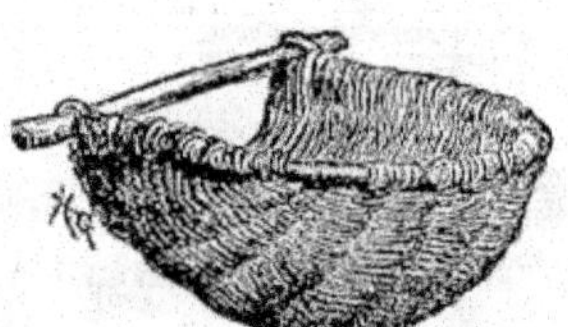

Pondoir en osier pour Nangasaki.

Race de Cambodge dite courtes-pattes

Gallus Pumilio. — *Dumpies.*

Cette petite race, originaire de l'Indo-Chine, se fait remarquer par l'extrême brièveté de ses pattes, qui lui donne un aspect particulier.

Elle était autrefois très répandue, et à juste titre, très estimée en Écosse, où on la désignait sous les noms vulgaires

de *Dumpies*, *Bakies*, *Go-laihs*, etc.; mais là comme en France, ces précieuses petites volailles tendent à disparaître des basses-cours pour faire place à des races étrangères aujourd'hui à la mode.

Cependant, on la rencontre encore beaucoup dans les départements du nord de la France, et encore plus en Belgique.

Caractères. — Le coq a la crête d'un rouge vermillon, simple, droite, très haute, dentelée de grandes pointes assez régulières; les barbillons arrondis; les oreillons rouges;

l'œil aurore; le bec de longueur moyenne, de couleur corne; la tête forte; le corps cubique, posé sur des pattes extrêmement courtes, de couleur plomb foncé; la queue très garnie et très longue, formant un étrange contraste avec les pattes, qui ne mesurent guère plus de trois centimètres et demi de longueur; le plumage variable. En Écosse, la variété la plus répandue est la variété coucou, tandis qu'en France c'est la variété noire et la variété noire à camail rouge, qui sont les plus communes. Il en existe du reste de toutes les couleurs. En 1877, à l'exposition de volailles au Palais de l'Industrie, de Paris, j'ai remarqué plusieurs lots, dont les sujets des deux sexes qui les composaient, étaient entièrement noirs et avaient la crête simple et très haute.

Au Jardin d'acclimatation du bois de Boulogne, il y a en ce moment un coq et une dizaine de poules appartenant également à la variété noire à crête simple.

Il en existe aussi qui ont la crête frisée; mais la crête simple et haute est la plus correcte et donne à l'oiseau un plus grand cachet d'originalité.

Poids. — Le coq pèse, à l'âge adulte, 1 kilogramme 1/2 et est très apte à prendre la graisse.

La *poule* est à peu près aussi grande que le coq; elle a le corps arrondi et supporté par des pattes d'une extrême brièveté, ne mesurant que trois centimètres de longueur; la tête forte, la crête simple, droite et grande; l'abdomen très développé, et traînant presque à terre à cause de la brièveté de ses jambes et de ses tarses.

Poids. — Un kilogramme, à l'âge adulte.

Considérations générales. — La race est très rustique, très précoce, très féconde et extrêmement sédentaire. Le coq est doux et la poule est excellente pondeuse, *merveilleuse couveuse et la meilleure des mères.* Les poulets s'élèvent facilement, sont d'une surprenante précocité et leur chair est fine et savoureuse.

Les fermiers flamands les élèvent surtout en hiver, pour les vendre au printemps, quand les poulets se vendent cher à cause de leur rareté.

Ces intéressantes petites volailles s'éloignent peu de la ferme et leur conformation les empêche de gratter la terre comme les autres poules. Elles ont le caractère extrêmement sensible et sont fort recherchées en Belgique, par les faisandiers, à cause de leur ancienne réputation d'être *les meilleures des couveuses et des mères.*

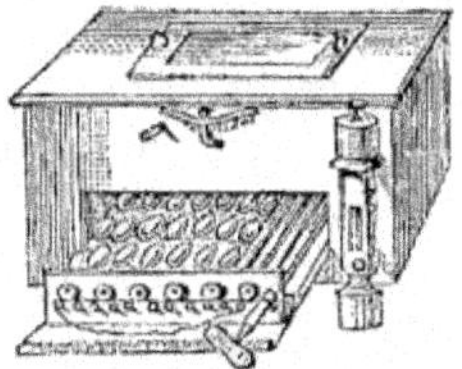

Couveuse perfectionnée de M. Odile Martin, au Jardin d'acclimatation de Paris.

CHAPITRE XXX.

LES ESPÈCES SAUVAGES

Die Wildhühner ; The Jungle-Fowl.

> « Quand des hommes éclairés et de bonne foi disputent longtemps, il y a grande apparence que la question n'est pas claire. » VOLTAIRE.

D'où viennent nos animaux domestiques, demande M. de la Blanchère ?

Il est, pour la plupart, bien difficile de répondre à cette question si naturelle, réplique mon ami regretté ! Tout fait penser que presque tous ont suivi les premiers Aryas dans leur migration vers l'Ouest, venant de l'Inde, ou du moins du grand plateau central asiatique. D'autre part, les restes des animaux domestiques et avec eux ceux du chien se rencontrent, pour la première fois, dans les sépultures des dolmens. Le bœuf, la poule, le chien, telle fut la triade qui dut accompagner le premier Arya pendant ses longues courses et animer les alentours de sa tente ou de son chariot au milieu des déserts dans lesquels il s'arrêtait temporairement. L'histoire nous a conservé elle-même le souvenir de la poule au milieu des anciens campements des hordes barbares s'abattant plus tard sur l'Europe. Rien ne nous empêche donc d'y voir la continuation des mœurs qui régissaient les premiers émigrateurs, à une époque où l'histoire n'en a pu conserver le souvenir. Les peuples qui l'écrivirent plus tard n'existaient pas encore. Il a fallu l'époque du bronze et celle du fer pour que les premiers chroniqueurs pensassent à tracer des récits pour les descendants. C'est le fait d'une civilisation comparativement très avancée.

Si l'histoire nous apprend que la domestication de la poule remonte à la plus haute antiquité, sans rien nous dire de son origine ou de sa souche primitive, les naturalistes ne nous en apprennent guère davantage à cet égard.

Darwin prétend qu'on peut, sans grande crainte de se tromper, attribuer au coq Bankiva la parenté de nos races de combat, à cause de la similitude exacte des formes et du plumage qui existe entre les deux races; mais ce n'est là qu'une simple conjecture qui ne repose sur aucune preuve authentique.

Après Darwin, de la Blanchère a dit *qu'il n'y a plus à en douter aujourd'hui :* les quatre races connues du *coq des jungles* ont fourni, par leurs croisements successifs et par une domestication *se perdant dans la nuit des temps*, les innombrables races de poules que nous connaissons!

Il est facile de trancher ainsi d'un trait de plume les questions d'histoire naturelle les plus difficiles à resoudre, sans citer aucun fait, ni produire aucune preuve authentique à l'appui de la thèse qu'on soutient. — Ce qui me porte à douter que le coq des jungles soit la souche de nos volailles domestiques, c'est que les voyageurs qui ont parcouru les Indes sont tous d'accord pour dire qu'on parvient difficilement à faire reproduire cet oiseau en captivité, qu'il ne se prive jamais comme nos poules de ferme, qu'il reste méfiant, et ne manque jamais l'occasion, quand elle se présente, de s'échapper et de retourner à l'état sauvage.

Si quelques voyageurs affirment que des pintades communes, restées à Cuba, dans des plantations de café abandonnées, sont redevenues sauvages, il n'est pas d'exemples de coqs de nos fermes qui soient repassés à l'état sauvage. Or, aucun document historique, aucune légende même, ne nous indiquant l'origine de la poule domestique, ce nous sera toujours un problème de savoir comment elle est venue vers l'homme, et si, comme quelques naturalistes modernes le prétendent, le *coq des jungles* fut en effet la souche des nombreuses races de poules qui peuplent aujourd'hui nos volières et nos basses-cours.

Les hypothèses qui font descendre l'homme du singe, le chien du loup, le pigeon domestique du biset, et enfin la poule domestique du coq Bankiva sont toutes modernes. Les anciens auteurs latins, Columelle, Varron, Paladius, etc., qui ont écrit sur les oiseaux de basses-cours, il y a *deux mille ans*, étant d'autant plus rapprochés que nous de l'époque de la domestication de la poule, étaient plus à même que nous d'élucider la question qui nous occupe. Or, ces auteurs parlent, dans leurs ouvrages, des coqs sauvages comme d'oiseaux rares qui *ne reproduisaient pas en captivité*, et dont on utilisait la chair seulement, sans que chez ces illustres savants se soit jamais élevé le soupçon que ces oiseaux sauvages fussent la source primitive de leurs volailles domestiques dont ils possédaient diverses variétés.

Enfin, en bonne logique, est-il permis d'admettre que le seul coq Bankiva puisse avoir donné naissance à ces innombrables types de races gallines dont la nature des plumes et la disposition des couleurs sont aussi variables que les formes du corps.

Remarquons d'abord que les anciens auteurs nous apprennent que la plupart des races que nous possédons aujourd'hui, existaient déjà *nombre de siècles avant Jésus-Christ.* Cette observation n'est pas sans importance, et nous ne laisserons pas de rapporter ici les intéressants renseignements que les écrivains latins nous fournissent sur les caractères des diverses races connues à cette époque reculée.

Nous trouvons tout d'abord dans Varron, qui naquit à Rome l'an 116 avant Jésus-Christ, ce qui suit :

« Il y a trois espèces de poules : Les poules de basse-cour, les *poules sauvages* et les poules d'Afrique. Les poules de basse-cour se voient par toute la campagne et dans les fermes.

Celui qui se propose de peupler un poulailler-modèle doit le peupler des trois espèces, mais surtout de la poule ordinaire. Dans l'achat de cette dernière espèce il faut rechercher les plus fécondes. On les reconnaît au *plumage roux*, *aux ailes noires*, aux ergots de grandeurs inégales, à la grosse tête, à la crête large et élevée. Choisissez des coqs lascifs. Les indices de cette qualité sont des formes membrues, la crête d'un rouge éclatant, le bec court, fort et aigu, l'œil fauve ou noir, le jabot d'un rouge tirant sur le blanc, le cou bigarré ou nuancé d'or, les cuisses velues, les pattes courtes, les ergots allongés, la queue développée et bien fournie. »

« Les *poules sauvages*, dit le même auteur, sont fort rares à Rome et l'on n'en voit guère d'apprivoisées, si ce n'est en cage; *elles ressemblent d'aspect, non de plumage, aux poules d'Afrique plutôt qu'à celles de ferme.* On les dépose souvent en parade dans les pompes publiques, avec des perroquets et des merles blancs, et *comme objets rares et curieux*. Elles ne pondent et ne couvent volontiers que dans les bois, *et ne produisent guère à l'état domestique*. Ce sont elles qui ont fait appeler Gallinaria, l'île que l'on voit dans la mer de Toscane, près d'Italie, vis-à-vis d'Intemelium, d'Albium Ingaunum, et des montagnes de Ligurie. Suivant d'autres, ce nom vient des poules ordinaires, transportées là originairement par des matelots, et dont la race s'y est perpétuée à l'état sauvage. Les poules d'Afrique sont grandes, bigarrées, et ont le dos en saillie. Les Grecs les appelaient *méléagrides*. Ce sont les dernières que l'art culinaire a imaginé d'offrir aux palais blasés de notre époque : leur rareté les fait payer très cher. »

Columelle, un autre savant agronome qui naquit à Gadès (Cadix) sous le règne de Tibère, dans le huitième livre de son ouvrage intitulé *De re rusticâ*, nous fournit les mêmes renseignements mais avec une légère variante et dit : « Les poules sont communément l'objet le plus habituel des soins que doivent prendre les agriculteurs. On en compte de trois espèces : les poules de basse-cour, les *poules sauvages* et celles d'Afrique.

« Les *poules de basse-cour* sont celles que l'on voit ordinainairement dans toutes les métairies. »

« Les *poules sauvages*, qui leur ressemblent, sont celles que les oiseleurs prennent à la chasse ; il s'en trouve beaucoup dans l'île de la mer de Ligurie, à laquelle les matelots donnent le nom de Gallinaria. Les poules sauvages, que l'on appelle *rusticæ* (poules de campagne) *ne pondent point en captivité;* ainsi nous n'avons rien à prescrire à leur sujet, si ce n'est qu'il faut leur donner à manger tant qu'elles en veulent, pour les rendre plus propres à couvrir les tables dans nos festins. »

« Les *poules de Numidie* ou *d'Afrique* ressemblent aux pintades, avec cette différence qu'elles ont la crête et les barbillons rouges, au lieu que les pintades les ont bleus. »

Comme on le voit, les auteurs latins sont d'accord pour dire qu'il existait autrefois en Italie des poules sauvages qui *ne reproduisaient pas en captivité ;* mais ils ne nous fournissent malheureusement aucun renseignement sur les caractères distinctifs de ces oiseaux.

Columelle parle encore *d'autres variétés de poules domestiques* qu'on élevait à Rome, dans le premier siècle de l'ère chrétienne et dit : « Il n'y a point de profit à acheter des poules, à moins qu'elles ne soient très fécondes. Il faut qu'elles aient le *plumage rouge* ou *brun*, et les *ailes noires ;* on les choisira même toutes, si faire se peut, de l'une de ces couleurs, ou d'une couleur qui s'en approche ; ou du moins on évitera d'en avoir des *blanches* parce qu'elles sont pour la plupart délicates, peu vivaces et rarement fécondes (?). Il faut donc que celles qui sont destinées à pondre soient de *couleur roussâtre*, qu'elles aient le corps robuste et carré, la poitrine large, la tête grande, de *petites huppes droites et rouges*, les oreillons blancs ; qu'elles paraissent très amples sous cette forme et qu'elles aient les ongles inégaux. Celles qui ont *cinq doigts* à chaque patte passent pour les meilleures. Rejetez tout coq qui ne sera pas lascif et recherchez dans ces animaux la même couleur et le même nombre de doigts à chaque patte que dans les poules ; on leur veut cependant une taille plus haute. Il faut qu'ils aient la crête haute, de couleur de sang et bien droite, les yeux roux et tirant sur le noir, le bec court et crochu, les oreillons très grands et très blancs, la cravate d'un rouge tirant sur le blanc et pendante comme la barbe d'un vieillard ; les plumes du cou bigarrées ou d'un jaune d'or, et qu'en tombant sur le cou elles recouvrent les épaules ; la poitrine large et bien développée ; les ailes vigoureuses; la queue très longue et partagée en deux rangs de plumes ; sur les côtés déborderont également des plumes. — Il faut encore qu'ils aient de grandes cuisses, et qu'elles soient couvertes de plumes qui se hérissent souvent ; qu'ils aient les pattes fortes sans être longues, mais qu'elles soient armées offensivement d'un éperon toujours prêt à attaquer.

» L'espèce qui nous vient de *Médie* et de *Rhodes* est lourde et pesante ; les coqs n'en sont pas bien lascifs et les poules pas bien fécondes ; encore sont-elles paresseuses non seulement à couver, mais encore plus à faire éclore le peu d'œufs qu'elles ont pondus, et rarement élèvent-elles leurs poulets. Aussi ceux qui ont à cœur d'avoir de ces espèces d'oiseaux à cause de leur beauté, font couver par des poules communes les œufs pondus par ces poules distinguées, et font élever ensuite par ces mêmes poules les poulets qu'elles ont fait éclore de ces œufs.

» La *volaille de Tanagra* est de la même taille que celle de Rhodes et de Médie, et elle ressemble assez, quant aux mœurs, à celle de notre pays, ainsi que celle de Chalcidie. Cependant les bâtards de toutes ces espèces, produits de poules de notre pays avec des mâles étrangers sont d'excellents poulets, parce qu'ils ont la forme extérieure de leur père et qu'ils conservent la lubricité des poules de notre pays.

» La *race naine* a peu de mérite et n'est recommandable, ni par sa fécondité, ni par le profit d'autres genres, qu'on peut en tirer, à moins qu'on ne la recherche à cause de sa petitesse. »

Columelle s'étend ensuite longuement sur le choix des oiseaux reproducteurs, sur l'art d'élever et d'engraisser les volailles et énonce l'étrange opinion suivante, que je réédite ici, parce qu'elle a été souvent répétée par des auteurs modernes, *comme une découverte nouvelle qu'ils venaient de faire :* « Quand on donne des œufs à couver à des poules, dit-il, » il faut choisir les plus gros, parce que de petits œufs ne » donnent jamais que de petites volailles. En outre, quand » on voudra faire éclore un plus grand nombre de mâles que » de femelles, on fera couver les œufs *les plus longs et les* » *plus pointus ;* au lieu qu'on fera couver *les plus ronds* lors- » qu'on voudra avoir plus de femelles ! »

Pline l'Ancien, qui périt l'an 79 de J.-C. dans une éruption du Vésuve dont il voulait observer de trop près les phénomènes, énonce la même opinion, qui était, selon toute probilité, généralement accréditée à cette époque, et dit : « Les œufs les plus ronds produisent des femelles, et les autres des mâles [1]. »

De nouvelles expériences pratiquées par des éleveurs sérieux et instruits ont démontré que l'opinion avancée par les savants agronomes latins et plusieurs fois copiée par des naturalistes modernes, est dénuée de tout fondement, et que la forme oblongue ou ronde de l'œuf n'exerce absolument aucune influence sur le sexe du poussin qui en éclot.

Il résulte de l'ensemble des renseignements que les anciens auteurs latins nous fournissent sur les espèces sauvages et domestiques, que les Romains possédaient, *il y a deux mille*

1. Feminam edunt, quæ rotundiara gignuntur, reliqua marem.

ans, un grand nombre de variétés de poules, dont les principales étaient :

La race sauvage ;

La race de Numidie ;

La race commune, ayant les ailes noires et le reste du plumage rouge ou marron.

La race huppée ;

Les races à cinq doigts ;

La race commune blanche ;

Les races de combat, de Tanagra et de Rhodes ;

Les races de combat, de Médie et de Chalcidie ;

Les races ou sous races issues de croisements entre les races de Tanagra, de Rhodes, de Médie, de Chalcidie et la race commune du pays ;

La race naine, etc., etc.

Nous pouvons donc conclure de ce qui précède que la domestication de la poule et l'origine de diverses races qui peuplent nos basses-cours, remontent à la plus haute antiquité et se perdent dans la nuit des temps.

Vouloir remonter aujourd'hui à la source primitive de ces diverses races, ou essayer de retrouver la filiation de la poule domestique, ce serait entreprendre une tâche au-dessus des forces humaines.

Les auteurs anciens ne connaissaient qu'une seule espèce sauvage et nous fournissent très peu de renseignements sur son compte.

Aujourd'hui nous en connaissons quatre espèces principales bien distinctes et bien caractérisées; mais il est fort probable que, dans les forêts impénétrables de l'Asie centrale, il existe un grand nombre d'autres races et sous-races inconnues.

Les quatre espèces sauvages bien caractérisées, connues et dont le muséum d'histoire naturelle de Paris possède des spécimens, sont : le coq Bankiva (*gallus Bankiva* ou *gallus ferrugineus*) ; le coq de Lafayette ou de Stanley (*gallus La-*

fayettii ou *gallus Stanleyi)*; le coq fourchu *(gallus furcatus* ou *gallus varius*), et le coq de Sonnerat (*gallus Sonneratii*).

On trouve les diverses espèces de coqs sauvages en grand nombre, dans les parties boisées et les montagnes de l'Inde, et d'autres contrées de l'Asie, à l'île de Java, à Ceylan, aux îles de la Sonde, etc. Aux Indes vivent le coq Bankiva et le coq de Sonnerat; à Java le coq Bankiva et celui qui porte le nom de cette île; le coq de Lafayette semble être limité à Ceylan. Le coq Bankiva, rare dans l'Inde centrale, est commun dans l'est et dans les collines du nord. Son aire de dispersion est très vaste et s'étend au nord jusque vers la frontière sud du Cachemire; à l'ouest jusqu'aux montagnes de Rhat; à l'est jusqu'au sud-ouest de la Chine; au sud jusqu'à l'île Java. On le trouve également en nombre dans l'Assam, le Silhet, le Burmah, la presqu'île de Malacca, les îles de la Sonde; mais dans le sud il présente de grandes variations. Le coq de Java habite le sud; on ne le rencontre qu'à Java, à Sumatra et à Bornéo. Chaque espèce a son aire de dispersion qui lui est propre et généralement très limitée; chacune habite une zone d'altitude; mais ces diverses aires de dispersion empiètent les unes sur les autres.

Les naturalistes et les voyageurs qui ont parcouru les contrées habitées par les coqs sauvages, nous donnent malheureusement très peu de détails sur leurs mœurs, qu'il n'est, paraît-il, pas facile d'observer à cause du caractère farouche, méfiant et timide de ces animaux qui se tiennent presque constamment dans les forêts les plus épaisses et les fourrés de bambous qu'ils ne quittent que très rarement. Le coq Bankiva se tient principalement dans les hautes forêts; mais il descend fréquemment jusqu'au voisinage des plantations de café. On le rencontre rarement au-dessous de 1,000 mètres d'altitude; tandis que le coq de Java se tient par préférence dans les forêts d'alang-alang et dans les taillis, au-dessous de 1,000 mètres d'altitude.

D'après Tennent, le coq de Lafayette se trouve partout dans l'île de Ceylan ; il est commun surtout dans la zone la plus élevée des montagnes, et semble par conséquent préférer les hauteurs à la plaine.

Il passe la nuit dans les forêts, perché sur les hautes branches des plus hauts arbres. Quand ces oiseaux sont en grand nombre dans une localité on n'est pas longtemps sans s'en apercevoir. Ils se font surtout remarquer le matin par leurs cris, et, longtemps avant le lever de l'aurore, ils annoncent l'approche du jour par leurs chants.

Leur chant est difficile à traduire. Au Jardin d'acclimatation on n'a que rarement possédé les espèces sauvages ; mais plusieurs métis désignés sous le nom de *coqs bronzés* y ont cependant reproduit avec des poules domestiques. Je les ai souvent entendus chanter. Leur chant était loin d'être mélodieux et prolongé comme celui du coq vigilant de nos fermes, ce réveille-matin que tout le monde connaît. Les coqs bronzés qui ont vécu au Jardin d'acclimatation du bois de Boulogne avaient tous la même voix tremblotante, saccadée, interrompue et ressemblant plutôt à la voix grêle et convulsive du cochelet qu'à la voix sonore, forte et nuancée du coq adulte.

Le coq sauvage est un oiseau sédentaire ; il fuit l'homme, mais il est plus prudent que craintif, et quand il chante, il semble bien dire : « Ici je suis maître et seigneur ; qui ose me le contester? »

Il ne souffre pas de rival en sa présence, et quand le matin le chant d'un de ses semblables vient frapper ses oreilles, il bat des ailes et le provoque au combat par des cris répétés. C'est alors, quand deux coqs se défient réciproquement, qu'on peut se rapprocher le plus facilement d'eux jusqu'à portée de fusil et les abattre. Quand ils se battent, les désirs de se venger sont plus forts chez eux que les instincts de la conser-

vation; ils oublient tout danger et l'on peut les rapprocher sans précaution et les tuer tous les deux d'un coup.

Chose étrange, au dire des voyageurs qui ont visité les Indes, dans le voisinage des localités habitées et des villages, les coqs sauvages sont plus craintifs et plus méfiants encore que dans les forêts; probablement parce que là, où ils sont beaucoup chassés, ils connaissent mieux le danger de se mettre sous le regard et les atteintes de l'homme.

Dans les villages indiens, on rencontre beaucoup de coqs sauvages apprivoisés; mais ils n'arrivent jamais à être aussi privés que les volailles domestiques et l'on ne réussit que rarement à les faire reproduire. Ils sont très peu sociables entre eux et ne vivent guère en meilleure intelligence avec les autres oiseaux de basse-cour.

Les poussins passent leur premier âge dans les forêts et, à la pointe du jour, la mère les conduit dans les emblavures; mais elle ne se hasarde dans les plaines et les champs cultivés, en quête de nourriture pour sa jeune famille, que quand elle n'aperçoit aucun ennemi à l'horizon et elle se tient toujours à proximité des fourrés de bambous ou d'une retraite assurée.

Par leur premier plumage, les poussins des diverses espèces sauvages connues ressemblent tous aux poules et ce n'est que plus tard qu'ils viennent en couleurs.

Quoique élevés en captivité avec des volailles domestiques, il est difficile, de l'aveu de tous les éleveurs indiens, de les retenir; on remarque chez eux un instinct qui ne cesse de les porter vers la vie indépendante, de se retirer dans les fourrés de bambous et dans les forêts, dès qu'ils peuvent se passer des soins de la mère et qu'une occasion se présente de s'échapper. — Ce fait est important à noter, car, à ma connaissance, jamais un coq de ferme n'a quitté l'habitation de l'homme pour se retirer dans les bois; il s'éloigne bien le jour dans les champs et dans les taillis pour faire la chasse aux insectes, dont il est très friand, mais il rentre toujours à la ferme pour s'abriter la nuit, si on lui offre une installation quelconque.

Comptant sur la sauvagerie des Bantam de combat, on a essayé plusieurs fois d'en peupler les chasses des environs de Paris et notamment les tirés du prince Napoléon, à Villefermoy, mais toutes ces tentatives ont échoué. Jamais on n'est parvenu à les faire fuire devant le chasseur. Poursuivis par des chiens ils allaient se percher sur un arbre et l'on ne parvenait plus à les en faire lever.

Aux Indes on chasse peu les coqs sauvages, d'abord parce que le chasseur ne trouve pas de plaisir à tuer ces oiseaux, ensuite parce que leur chair est trop médiocre pour qu'on la recherche.

Aux quatre races principales qui précèdent, on pourrait encore ajouter :

Le *coq nègre*, *gallus morio*, qui vit à l'état sauvage dans l'Inde et se reconnaît à sa crête et à ses barbillons violet noirâtre et à sa peau qui est noire;

Le *coq à duvet*, *gallus lanatus*, entièrement blanc, à plumes décomposées et soyeuses qui vit à l'état sauvage au Japon et en Chine;

Le *coq à plumes frisées*, *gallus crispus*, que Buffon a décrit et qui a toutes les plumes frisottées ;

Le *coq sans croupion* ou *Wallikiki*, *gallus ecaudatus*, qui habite les parties boisées et inhabitées de l'île de Ceylan, et il est probable qu'il en existe un grand nombre d'autres espèces et variétés inconnues dans les forêts épaisses et impénétrables des Indes et de la Chine.

Le coq Bankiva.

Gallus Bankiva. — Gallus ferrugineus.

Das Bankivahuhn. — Red Jungle Fowls. — Bankiva Jungle Fowls.

Le coq Bankiva, *gallus Bankiva* ou *gallus ferrugineus*[1] est de tous les coqs sauvages celui qui est le plus connu et qui

1. *Phasianus Gallus*, Gmel. *Syst. Nat.*, vol. I., p. 737.
Tetrao ferrugineus, Gmel. *Syst. Nat.* (1788), vol. I, p. 761. — Lath. *Gen. Hist.*, vol. VIII, t. 129, fem. — Gray, *Ill. Ind. Zool.*, pl. 43, fig. 3.
Gallus Bankiva, Temm. *Pig.* et *Gall.*, vol. III, p. 654. — Less. *Trait. Orn.* (1831), p. 491, sp. 2. — Gray, *List. B. Brit. Mus.* (1844), p. 27. — Sçlat. *Proc. Zool. Soc.* (1863), p. 122. sp. 1.— Sard. et Selby, *Ill. Orn.*, pl. 139. — Hodgs. *Gray's Zool. Mis.* (1844), p. 85. — Irby, *Ibis* (1861), p. 234. — Wall *Proc. Zool. Soc.* (1863), p. 487.

par ses formes et par son plumage rappelle le plus le coq de nos fermes, mais il porte la queue plus rabattue.

C'est le moins beau des coqs sauvages connus; mais il surpasse néanmoins en beauté les coqs de toutes nos races domestiques.

CARACTÈRES GÉNÉRAUX ET MORAUX.

Coq.

Bec. — Assez fort et long, à mandibule supérieure convexe, à pointe recourbée.

Couleur du bec. — Corne foncée ou brunâtre.

Longueur du bec. — 3 centimètres.

Narines. — Ordinaires, longitudinales.

Tête. — Petite, fine, allongée et aplatie, ayant beaucoup d'analogie avec la tête du coq de combat anglais, mais réduite à de plus petites proportions.

Longueur de la tête. — Depuis l'occiput jusqu'à l'extrémité du bec, 5 1/2 centimètres.

Crête. — Simple, droite, d'un tissu fin, d'un rouge vermillon, irrégulièrement dentelée de cinq à sept grandes dents, recouvrant la base du bec, très petite en avant entre les orifices nasaux, gagnant de volume au fur et à mesure qu'elle gagne l'arrière de la tête qu'elle dépasse de beaucoup.

Hauteur de la crête. — Mesurée au-dessus de l'œil, 2 1/2 centimètres.

Gallus ferrugineus, Blyth, *Cat. Birds Mus. Asiat. soc. Beng.*, p. 242. — Id. *Ann.* et *Mag. Nat. Hist.* 2me sér. (1848), vol. I., p. 455. — Jerd. *Birds of India*, vol. III, p. 536. — Blyth, *Ibis* (1867), p. 154. — Cass. *Wilkès Expl.* (Ornith.) p. 190. — Beavan, *Ibis* (1868), p. 381. — Bonaparte, *Compt. rend.* (1856), p. 879. — Adams, *Proc. Zool. soc.* (1859), p. 185.

Perdrix ferrugineus, Lath. *Ind. Orn.*, vol. II, p. 651.

A Monograph of the Phasianidæ.
Daniel Giraud Elliot.

Longueur de la crête. — 6 centimètres.

Barbillons. — Demi-longs, arrondis, d'un grain fin et d'un rouge vermillon comme la crête.

Longueur des barbillons. — 2 centimètres.

Joues. — Dénudées, recouvertes d'une peau rouge d'un grain fin et ne prenant la plume que derrière le conduit auditif.

Oreillons. — Assez développés, posés à plat sur la joue, arrondis, blancs, nacrés.

Bouquets. — Très petits et formés d'une touffe de plumes jaunâtres de la nature du poil.

Œil. — Sinistre, regard vif.

Iris. — Aurore.

Pupille. — Noire.

Cou. — Haut et droit, dénudé à sa partie antérieure sous les barbillons et recouvert d'une peau rouge comme les joues, enveloppé d'un épais camail formé de plumes minces et longues comme chez le coq domestique.

Longueur du cou. — 8 centimètres.

Corps. — Svelte, élancé, assez haut sur pattes, queue longue et portée presque horizontalement, ailes longues et portées assez relevées.

Taille. — Un peu au-dessus de celle du Bantam de combat.

Longueur de l'aile. — 23 centimètres et demi.

Tarses. — Nerveux et fins.

Couleur des tarses. — Plomb foncé.

Longueur des tarses. — 7 centimètres.

Doigts. — Droits, minces, longs, bien articulés, au nombre de quatre à chaque patte.

Longueur du doigt médian. — 6 centimètres.

Éperons. — Très développés, longs, aigus, arqués, de couleur corne.

Squelette. — Léger.

Chair. — Médiocre, peu estimée.

Queue. — Très longue et portée presque horizontalement, les deux grandes faucilles dépassant des deux tiers les moyennes; les rectrices médianes recourbées à leurs pointes et dépassant les autres de cinq à six centimètres.

Longueur des grandes faucilles. — 33 centimètres.

Allure, mœurs et physionomie. — Dans ses mouvements, le coq Bankiva a quelque chose qui le différencie de nos coqs domestiques. Il marche et court bien plus à la façon des faisans qu'à celle des poules. Il pose une patte vivement devant l'autre, porte la tête haute, mais pas rejetée en arrière comme chez le coq commun, et la queue rabattue, à peu près comme chez le coq de Yokohama.

Il est loin d'être sociable en captivité, et, tandis que les coqs de nos fermes vivent généralement en bonne intelligence avec les autres oiseaux de basse-cour, le coq Bankiva n'en souffre aucun en sa présence, ne cesse de les provoquer au combat, et de fondre sur eux avec fureur, C'est là, incontestablement, le plus grand défaut de cette race.

Son corps a assez d'analogie avec celui du Bantam de combat anglais, mais il est moins incliné de haut en bas, moins conique et est terminé par une queue longue, portée horizontalement, qui lui donne un aspect particulier.

DESCRIPTION DU PLUMAGE.

Son plumage a beaucoup de ressemblance avec celui du coq de combat anglais rouge à poitrine noire, *the black breasted red game cock*, mais il est infiniment plus lustré de reflets dorés, bronzés et métalliques verts.

Plumes supérieures ou *du sommet de la tête.* — D'un jaune doré brillant, tournant au rouge sur la partie postérieure de la tête.

Plumes du camail. — Longues, pendantes, se prolongeant en arrière entre les épaules, recouvrant une partie du dos et des ailes, d'un brun foncé au milieu, bordées de jaune doré brillant tournant au rouge en gagnant les extrémités, avec la partie apparente des tuyaux des plumes d'un jaune paille.

Plumes du dos. — D'un brun pourpre, d'un rouge brillant au milieu, bordées de brun jaune.

Plumes des épaules et du recouvrement supérieur des ailes. — Rouge acajou foncé.

Grandes et moyennes couvertures des ailes. — Vert bronzé à reflets métalliques.

Rémiges secondaires. — Brun foncé à reflets vert doré, tournant au brun châtain vif sur la partie extérieure des barbes externes avec le bord éclairci.

Rémiges primaires. — Brun foncé sur les barbes internes; les externes plus claires.

Plumes de la poitrine et de toute la partie inférieure du corps. — Noires, à reflets métalliques verts.

Lancettes. — Longues, pendantes, retombant de chaque côté de la queue, de la même couleur que celle du camail.

Grandes faucilles.—Extrêmement longues, d'un beau vert à éclat métallique.

Moyennes et petites faucilles. — Comme les précédentes.

Plumes rectrices ou *grandes caudales.* — Noires, les barbes externes luisantes à reflets verts, les internes mattes à l'exception des deux médianes qui sont entièrement brillantes, dépassent les autres de cinq à six centimètres et sont légèrement recourbées en faux à leurs pointes[1].

1. *Male.*—Sides of the face and fore part of the throat naked. Top and back part of the head and neck covered with long thin feathers, chestnut red; the hackles (which are very long, covering a great portion of the back and wings) are golden yellow on the outer portion of both webs, the centres blackish brown, shafts yellowish white and the tips deep chestnut red, darkest in those which fall over the breast and fore part of the neck. The wing coverts deep chestnut; tertials bronzy green; secondaries dark brown with a metallic greenish lustre, becoming chestnut upon the outer half of the outer webs; lightest on the

Poule.

CARACTÈRES GÉNÉRAUX ET MORAUX.

Bec. — Assez fort, comme chez le coq.

Tête. — Petite, fine, allongée, ayant beaucoup de ressemblance avec celle de la poule de combat, dont elle diffère principalement par l'absence de barbillons.

Crête. — Très petite, presque rudimentaire, très légèrement dentée.

Barbillons. — Nuls.

Joues. — Presque complètement recouvertes de plumes, le pourtour de l'œil est nu.

Corps. — Ovalaire, ayant beaucoup d'analogie avec celui du coq.

Tarses. — Nus et de longueur moyenne.

DESCRIPTION DU PLUMAGE.

La poule a les plumes supérieures de la tête d'un brun foncé rougeâtre, rayées de noir au milieu, avec la partie apparente des tiges d'un brun plus clair; les plumes du cou ou du camail longues, retombant sur le dos entre les épaules,

edges; primaries dark brownon the inner webs, lighter on the outer. The back dark purple; the feathers long and lanceolate, with their tips rich dark red, falling on either side of the tail feathers. The upper tail coverts rich dark metallic green, extending over two thirds of the length of the tail, and curving downwards. Tail black, glossed with green on the outer webs, the two centre feathers extending two or three inches beyond the rest and curving downwards at their tips. The tail is always carried down, never upright like the domestic fowls. Entire under parts black, glossed with green. Bill horn colour. Feet and legs dark lead colour. Comb red, as is also the bare skin of the face. Cheek lappets white. Spurs long and sharp, horn colour.

A Monograph of the Phasianidæ.
Daniel Giraud Elliot.

noires, bordées en dehors de jaune doré, avec les tiges d'un jaune clair se détachant sur le fond sombre du milieu de la plume; les plumes de la région dorsale et du recouvrement des ailes offrent un mélange de noir et de brun rougeâtre sur lequel s'enlèvent les baguettes blanches des plumes et ses rémiges primaires sont d'un brun sombre. Sa poitrine et toute sa face inférieure sont de couleur saumon et les tuyaux des plumes sont blancs. Ses flancs présentent des teintes analogues, mais plus foncées et parsemées de taches noires. Les couvertures supérieures et inférieures de sa queue sont fauves tachetées de noir et ses pennes caudales sont d'un brun noir.

Le plumage des poussins des deux sexes présente dans leur premier âge, beaucoup d'analogie avec celui de la poule; et ces oiseaux ne revêtent qu'après la première mue leur livrée complète.

CONSIDÉRATIONS GÉNÉRALES.

Le coq Bankiva habite généralement les forêts et les fourrés de bambous impénétrables, et se tient par préférence dans les hautes forêts, d'où il ne sort que le matin, après s'être assuré qu'il ne se présente aucun ennemi à l'horizon, pour descendre dans les champs cultivés, en quête de nourriture. Quand tout est tranquille dans la forêt qu'il habite, il arrive qu'il se hasarde pendant le jour dans les plaines et qu'il court de côté et d'autre suivi de ses poules; mais il se méfie de tout, et la vue de l'homme le met toujours en fuite.

Un officier anglais, M. J. Dickens, qui réside aux Indes depuis un grand nombre d'années, affirme qu'il existe dans ces contrées, à sa connaissance, deux variétés de coqs Bankiva bien distinctes, qu'il designe sous les dénominations de *gallus ferrugineus minor et de gallus ferrugineus major.*

Le *gallus ferrugïneus minor* ou *gallus Bankiva minor*, d'après M. Dickens, a les tarses olivâtres, la taille et le plumage du Bantam de combat rouge à poitrine noire.

Le *gallus ferrugineus major* ou *gallus Bankiva major*, d'après le même auteur, ne diffère du précédent que par la taille qui se rapproche davantage de celle du coq combattant de la grande espèce et par les tarses qui sont de couleur plomb foncé.

M. Dickens, qui, en sa qualité d'officier de l'armée des Indes, a eu occasion d'observer souvent ces oiseaux et en a tué un grand nombre à la chasse, ajoute que les coqs ne revêtent pas tous la même livrée et qu'il existe des différences sensibles dans le plumage d'individu à individu. Les uns, dit-il, ne diffèrent guère par leur plumage du coq de combat rouge à plastron noir, *the black breasted red game;* tandis que d'autres ont le plumage identiquement semblable au coq combattant à plastron brun, *the brown breasted red game* ou *Ginger reds;* d'autres encore, d'après le même officier anglais, et cette observation est confirmée par Blyth et par sir William Jardine, présentent sur la poitrine des teintes d'un brun jaunâtre.

En dépit de son caractère farouche, on parvient, paraît-il, à le faire reproduire en captivité plus facilement que les autres espèces.

Jerdon, qui a habité également les Indes pendant très longtemps, dit qu'il n'est pas toujours facile d'étudier les mœurs des coqs sauvages, parce que là où ils sont nombreux la forêt offre au chasseur comme au naturaliste des obstacles souvent insurmontables. D'après Jerdon, le voyageur quand il traverse les forêts qui couvrent une vaste partie des Indes, rencontre souvent des coqs sauvages qui se tiennent au voisinage des chemins, où ils trouvent une nourriture abondante dans les excréments des chevaux et des bestiaux. Les chiens de chasse qui battent les environs des routes, en font assez souvent lever et on les voit assez fréquemment dans les emblavures situées à proximité des forêts.

La poule Bankiva, ajoute Jerdon, pond en juin et juillet, suivant les localités, de huit à douze œufs d'un blanc de lait; elle les dépose sous un buisson, sous des bambous; elle creuse légèrement le sol et y rassemble quelques feuilles sèches, quelques herbes de manière à en faire un nid très grossier.

D'après le même naturaliste la chair des jeunes poulets a un gout sauvage excellent ; les métis des diverses espèces de coqs sauvages ne sont pas rares aux Indes, et en diverses occasions on est même parvenu à obtenir des métis par le croisement du coq Bankiva et de la poule domestique.

Le coq de Lafayette.

Gallus Lafayettii[1].

Le *coq de Lafayette* ou *de Stanley* habite l'île de Ceylan et est surtout très répandu dans la zone la plus élevée des montagnes.

Comme tous les coqs sauvages, il est de nature craintive et se tient presque constamment dans les forêts. Il fait néan-

1. Le coq de Lafayette; *Lafayette's Jungle Fowl.*
Le coq de Stanley, *Gallus Stanleyi*; *Stanley's Jungle Fowl.*
Gallus Lafayetti. Lesson, *Trait. Ornith.* (1831), p. 490, n° 3. — Bonaparte, *Comp. rend.* (1856), p. 879. — Des Murs, *Icon. Orn.* pl. 18. — Blyth, *Ann.* et *Mag. Nat. Hist.* 2me sér. (1848), vol. 1, p. 456.— Tennent, Ceylon, vol. 1, p. 174.
Gallus Stanleyi, J. E. Gray, *Ill. Ind. Zool.* (1832), vol. III, pl. 43. — Sclater, *Proc. Zool. Soc.* (1863), p. 122., sp. 2.— Blyth, *IBis* (1867), p. 155 et p. 307.—Layard, *Ann.* et *Mag. Nat. Hist.* (1853), vol. XI, p. 232 et (1854), vol. XIV, p. 62. — Gray, *Hand-l. Birds*, pl. II, p. 261, n° 9617.
A Monograph of the Phasianidæ.
Daniel Giraud Elliot.

moins souvent entendre sa voix qui diffère complètement de celle des coqs des autres races, et il paraît que les métis obtenus à Londres par M. Milford, avaient hérité de cette voix bizarre. Toutefois, si on l'entend fréquemment dans les forêts des montagnes de Ceylan, on l'aperçoit rarement, excepté le matin avant le lever du jour.

Le coq de Lafayette diffère principalement du coq Bankiva par la couleur de son plastron qui est d'un brun rouge strié de noir.

Un coq et une poule de Lafayette ont vécu très longtemps au Jardin zoologique de Londres; mais les auteurs anglais ne nous fournissent que des renseignements très incomplets sur les caractères, les mœurs et les habitudes de ces oiseaux qu'ils ont eu cependant tout le temps d'observer et d'étudier à leur aise.

M. Layard, qui a parcouru l'île de Ceylan dans tous les sens, dit que la poule Lafayette pond de six à douze œufs de couleur crême, piquetés de rouge brun, et que ses poussins, dans les premiers jours qui suivent leur naissance, ressemblent aux poussins de nos volailles de ferme.

M. Layard ajoute que le coq et la poule de Lafayette ont l'iris d'un blanc verdâtre et qu'aux Indes, les amateurs de combats de coqs ont le plus de confiance dans les coqs combattants qui ont l'iris de cette nuance, sans nous fournir d'autres détails sur leur compte.

CARACTÈRES GÉNÉRAUX.

Coq.

Bec. — Fort, légèrement crochu.

Couleur du bec. — Olivâtre.

Longueur du bec. — 2 1/2 centimètres.

Tête. — Fine, allongée et aplatie en forme de tête de serpent.

Crête. — Simple, droite, de hauteur moyenne, rudimentairement dentelée de 7 ou 8 petites dents.

Couleur de la crête. — Jaune au milieu, rouge vermillon partout ailleurs.

Barbillons. — Allongés, pointus à leurs extrémités, d'un rouge vermillon, formant avec les joues une seule plaque rouge d'un tissu extrêmement fin.

Longueur des barbillons. — 2 1/4 centimètres.

Joues. — Complètement dénudées et d'un beau rouge vermillon.

Oreillons. — Rouges.

Iris. — Jaune ou orangé.

Pupille. — Noire.

Corps. — Svelte, élancé, formes arrondies, ailes longues, pattes fines, queue longue et portée horizontalement.

Tarses. — De longueur moyenne, légers et nus.

Couleur des tarses. — Blanc rosé.

Doigts. — Au nombre de quatre à chaque patte.

Queue. — Longue, portée rabattue ; longueur des grandes faucilles, 31 à 32 centimètres.

Taille. — Comme celle du coq Bankiva.

DESCRIPTION DU PLUMAGE[1].

Plumes du sommet de la tête : Rouge orangé, cachées par la crête. — *Postérieures de la tête :* Rouge orangé comme les précédentes.—*Plumes du camail :* D'un jaune d'or, rayées de noir au milieu. — *Plumes de la partie antérieure du cou sous les barbillons :* D'un bleu métallique, bordées de marron foncé, formant dans leur ensemble une bande bleue qui se détache nettement sur le fond rouge de la poitrine. — *Plumes du dos :* Rouges, rayées de noir au milieu.—*Plumes du croupion :* Rouge pourpre à leur base, prenant une teinte bleuâtre à

1. *Mâle.*—Back of the head reddish ; neck covered with long hackles, black in the centre, golden on the margins. Feathers on the upper part of back black in centre, dark red on the margins. Feathers of the rump deep red ad base, with heart shaped termination deep metallic blue with purple reflections. Long slender feathers falling over the sides of rump, purplish black in centre, deep red on the margins. Secondaries bluish black; primaries brownish black. Greater wing coverts deep reddish chestnut, with reddish brown centres. Under parts rich glossy red, with deep chestnut in the centre of the feathers. Abdomen and under tail coverts black. Thighs black. Upper tail coverts metallic blue with green and purple reflections. Central tail feathers long and curving downwards, black with blue reflections; the rest of the tail brownish black. Comb yellow with red edge. Naked skin of face, wattles, and throad red, this last separated from the red feathers of the heart by a line of metallic blue feathers, some of them margined with deep chestnut. Bill horncolour; legs and feet flesh colour.

A. Monograph of Phasianidæ,
Daniel Giraud Elliot.

leurs pointe, avec reflets pourprés. — *Couvertures moyennes des ailes :* Rouge acajou, rayées de noir au milieu et cachées par les plumes du camail. — *Grandes couvertures des ailes :* Rouge acajou, rayées de brun rougeâtre au milieu.—*Rémiges secondaires :* Noir bleuâtre. — *Rémiges primaires :* Noir brunâtre. — *Lancettes :* D'un rouge puissant, rayées de noir pourpre au milieu.—*Plumes de la poitrine :* D'un beau rouge luisant, rayées au milieu de marron foncé. — *Plumes de l'abdomen, des jambes et couvertures inférieures de la queue :* Noires. — *Couvertures supérieures de la queue, moyennes et petites faucilles :* D'un bleu métallique, avec reflets verts et violacés. — *Rectrices ou grandes caudales :* Les médianes longues, se recourbant en faux à leurs extrémités, noires avec reflets métallisés bleuâtres, les autres pennes caudales noir brunâtre. — *Faucilles :* Noires, à reflets métalliques bleus et violacés.

Poule.

CARACTÈRES GÉNÉRAUX ET MORAUX.

Bec. — Comme chez le coq, de couleur corne foncée.

Tête. — Fine, allongée, ayant beaucoup d'analogie avec celle de la poule faisane commune.

Crête et barbillons. — Nuls.

Joues.— Complètement recouvertes de petites plumes fines.

Iris. — Brun foncé. Pupille noire.

Corps. — Ovalaire, ayant beaucoup de ressemblance avec celui de la poule faisane, ailes longues, queue étroite et portée rabattue, pattes fines et quatre doigts à chaque pied.

Tarses. — De longueur moyenne, nus et de couleur blanc rosé.

DESCRIPTION DU PLUMAGE DE LA POULE.

Plumes de la tête et de la nuque : Brun roussâtre, marquées de petites stries noires. — *Plumes du pourtour de l'œil:* Brun blanchâtre. — *Plumes du camail :* Brunes rayées de noir au milieu, les tiges ou tuyaux des plumes forment des raies fines d'un blanc jaunâtre qui se détachent sur le fond noir qui suit dans le sens longitudinal la baguette de chaque plume. — *Plumes du dos, du croupion, petites et moyennes couvertures des ailes :* D'un brun roussâtre vermiculées de noir. — *Grandes couvertures des ailes :* De la même couleur que les précédentes, marquées sur les barbes externes de taches noirâtres. — *Rémiges primaires :* Brun foncé. — *Rémiges secondaires :* Brun foncé, avec des bandelettes transversales noirâtres. — *Partie antérieure du cou :* Brun blanchâtre striée de noir. — *Plumes de la poitrine :* Brun blanchâtre rayées longitudinalement de larges bandes brunes, mais le bord externe de toutes les plumes est blanchâtre. — *Rectrices* ou *grandes pennes de la queue :* D'un brun rougeâtre avec de larges bandelettes transversales noirâtres. — *Plumes des flancs et du dessous de la queue :* Semblables à celles du haut du croupion, brunes vermiculées de noir [1].

Le coq de Sonnerat.

Gallus Sonneratii.

Sonnerat's Jungle Fowl. — Das Sonneratshuhn.

Le *coq de Sonnerat* ou *Katicoli* [2], comme l'appellent les Indiens, habite les parties boisées de l'Inde orientale et les

1. Hen. Head and neck brown, upper part of neck brown, with black irregular lines on the outer portions of feathers, centres yellow. Upper parts yellowish brown, finely vermiculated with black.

Daniel Giraud Elliot.

2. *Phasianus Gallus*, Gmel. *Syst. Nat.*, vol. I, p. 737. — Lath. *Ind. Orn.* vol. II, p. 625. — Sonn. voy. t. 95-95.

Gallus Sonneratii, Temm. Plan color. 232, 233. — Sclater, *Proc. Zool.*

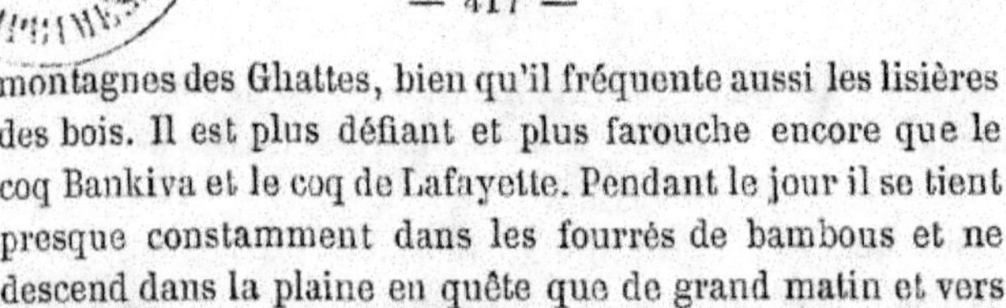

montagnes des Ghattes, bien qu'il fréquente aussi les lisières des bois. Il est plus défiant et plus farouche encore que le coq Bankiva et le coq de Lafayette. Pendant le jour il se tient presque constamment dans les fourrés de bambous et ne descend dans la plaine en quête que de grand matin et vers le soir.

Son chant, dit Jerdon, est très singulier, saccadé, un chant de coq interrompu, lancé d'une façon impossible à décrire.

Découvert par le voyageur dont il porte le nom, il a été décrit par Sonnerat dans son voyage aux Indes orientales, sous le nom de *coq et poule sauvages*.

Il diffère principalement des autres espèces de coqs sauvages par la forme des plumes du sommet de la tête et par celles du camail qui sont longues, étroites et ont les extrémités *arrondies;* leur baguette ou tige est grosse, très déprimée et marquée d'une raie blanche très luisante, qui en couvre le dessus depuis la base jusque vers l'extrémité, la tige s'élargit, forme un disque corné ou large plaque blanche, de substance cartilagineuse, puis s'amincit pour former à l'extrémité un second épanouissement d'un jaune roux très vif. Les barbes en sont d'un gris foncé noirâtre. Il a les plumes du dos longues, étroites, d'un brun noirâtre, semées de taches plus claires et bordées d'un liséré gris foncé avec les baguettes blanches se détachant sur le fond sombre des plumes. Les tectrices ou couvertures des ailes ont les tiges déprimées ou aplaties et sont dépourvues de barbes; mais elles sont terminées en forme de lancette assez large et dans leur ensemble

Soc. (1863), p. 122, sp. 3. — Jerdon, *Birds of India*, vol. III, p. 539. — Bonaparte, *Comp. rend* (1856), p. 879. — Burgess, *Proc, Zeol. Soc.* (1855), p. 29. — Temm., *Gall.*, t. II, p. 246, et t. III, p. 659; pl. col. 232 et 232. — Gray. *Gen of B.* (1845), vol. III. — Id. *List. of Gall.* (1867), p. 39. — *Sacc. Rev.* et *Mag. Zool.* (1862), p. 11, pl. 3. — Blyth, *Ann.* et *Mag. Nat. Hist.* (1847), vol. XX, p. 389. — Blanford, *Journ. Asiat. Soc. Beng.*, vol. XXXVI, p. 199. — Sonnerat, *Atl. du voy. aux Indes*, t. IV., p. 117 et 118.

forment une plaque luisante, d'un marron roux très vif, qui semble recouverte de vernis. Ses rémiges primaires et secondaires sont d'un noir brunâtre. Il a les lancettes grises à tiges et à lisérés plus clairs ; les plus externes sont rouges, à tiges et à lisérés jaunes. Les couvertures supérieures de sa queue sont à peu près semblables à celles du dos ; elles sont longues et étroites, d'un brun noirâtre, tachetées de brun plus clair et bordées de brun rouge à reflets violâtres aux extrémités. Il a les faucilles très longues et teintes d'un vert foncé brillant à reflets métallisés violets et pourprés. Ses rectrices sont d'un noir vert très lustré. Les deux médianes ont des reflets violacés et pourprés, et se recourbent en faux aux extrémités, après avoir été recouvertes par les faucilles. Les plumes de la poitrine sont noires, à reflets verdâtres, rayées au milieu et bordées extérieurement de blanc grisâtre, avec les tiges blanches se détachant sur le fond noir de chaque plume. Les plumes des flancs sont noirâtres, rayées au milieu de jaune et bordées de brun rouge. Les plumes du ventre, les plumes tibiales et anales ont également une teinte gris foncé noirâtre.

Dans les vallées élevées, au-dessus du niveau de la mer de 2,000 pieds, dit Lesson, le coq de Sonnerat est mince, haut sur jambes, et la femelle conserve, à ses plumes, les taches jaunes et parcheminacées que possède le mâle ; tandis que dans les bois des flancs des montagnes, à 4,000 pieds d'élévation, la variété qu'on y rencontre est plus basse sur jambes, colorée en rouge. La femelle a un plumage d'un brun rougeâtre, et ne conserve point les plaques cartilagineuses. Ses œufs sont de même forme et blancs comme ceux de la poule domestique, mais plus petits et moins nombreux.

La crête et les barbillons du coq Sonnerat ne diffèrent point, ajoute Lesson, mais les plumes du cou et celles des ailes offrent un contraste frappant avec ces parties de nos oiseaux domestiques. Leur forme est oblongue, sans être acuminée comme celle de nos coqs. Leur tuyau est large, déprimé et fort : il donne naissance à une plaque cartilagineuse, disposée en lame aplatie, très dure, parfaitement lisse et polie. La poule diffère des nôtres par le manque de crête et de barbillons et aussi par un plumage différent, qui n'est pas sujet à varier.

La *poule* est d'un tiers plus petite que le coq et n'a ni crête ni barbillons. Ses joues sont emplumées, un cercle de petites plumes d'un brun blanchâtre entoure l'orbite, et une tache de cette couleur se dessine à la base de la mandibule inférieure du bec. Elle a le sommet de la tête d'un brun clair ; les plumes du camail de la même teinte, mais bordées de noir, avec les tiges ou baguettes blanches ; le dos, les couvertures des ailes et le croupion d'un brun foncé assez uniforme, légèrement vermiculés, avec les tiges également blanches se détachant sur le fond sombre de la robe ; la gorge blanchâtre ; les plumes de la poitrine et du ventre d'un blanc jaunâtre, bordées de noir ; les plumes de l'abdomen blanchâtres ; les rémiges primaires d'un brun foncé ; les secondaires rayées de brun et de noir ; les rectrices ou grandes caudales d'un brun noirâtre ponctuées et vermiculées de brun foncé.

CARACTÈRES GÉNÉRAUX ET MORAUX.

Coq.

Bec. — Long, fort et crochu, de couleur jaunâtre.

Longueur du bec. — 2 1/2 centimètres.

Tête. — Fine, allongée et gracieuse.

Longueur de la tête. — Depuis l'occiput jusqu'à la commissure du bec, 4 centimètres, le bec compris, 6 1/2 centimètres.

Crête. — Simple, droite, irrégulièrement et légèrement dentelée, d'un rouge vermillon, prenant en avant des narines et ne se prolongeant pas trop en arrière. Hauteur, 3 centimètres. Longueur, 6 centimètres.

Barbillons. — Rouges, pointus. Longueur, 3 centimètres.

Joues. — Nues, recouvertes d'une peau fine d'un rouge vermillon comme la crête et les barbillons.

Oreillons. — Rouges et formant avec les joues une seule plaque rouge.

Iris. — Jaune brun clair.

Pupille. — Noire.

Cou. — Court, nu et recouvert d'une peau rouge sous les barbillons seulement, amplement garni partout ailleurs de plumes cartilagineuses ou parcheminacées de forme oblongue.

Corps. — Svelte, élancé, ayant beaucoup de ressemblance avec celui du faisan doré.

Taille. — Comme celle du faisan doré.

Tarses. Fins, nus, de couleur blanc rosé chez les uns, d'un jaune clair chez les autres.

Longueur des tarses. — 8 centimètres.

Doigts. — Longs, droits, bien onglés, au nombre de quatre à chaque patte.

Éperons. — Forts, longs et très aigus.

Queue. — Très longue, portée horizontalement comme chez le faisan. — Longueur des grandes faucilles, 27 à 28 centimètres.

Port. — Fier, allures gracieuses, ayant beaucoup plus de ressemblance avec celles du faisan qu'avec celles de nos coqs domestiques.

Chant. — Interrompu et saccadé.

Caractère. — Belliqueux, provocateur. Sous l'influence des amours, la jalousie fait que souvent deux mâles sortent des bois, se rencontrent dans la plaine et se livrent de violents combats.

Poule.

Bec. — Jaunâtre, assez long et fort.

Tête. — Allongée, ayant beaucoup d'analogie avec celle

de la poule faisane commune, dépourvue de crête, de barbillons et d'oreillons.

Joues. — Recouvertes de petites plumes courtes et arrondies.

Iris. — Brun foncé noirâtre.

Corps. — Ovalaire, ressemblant plutôt à celui de la poule faisane commune qu'à celui de la poule domestique.

Taille. — D'un tiers plus petite que celle du coq.

Tarses. — Fins, nus, de longueur moyenne et de couleur blanc rosé ou jaune clair.

Queue. — Étroite et portée rabattue.

Port. — Gracieux, elle a l'allure et le port de la poule faisane.

Ponte. — Selon M. J. Charlton Parr, de Grappenhall Heyes, Warrington, qui acheta, il y a quelques années, un coq et une poule de Sonnerat, importés par M. Jamrach. La poule pond en juillet de 4 à 5 œufs d'un blanc de lait; elle dépose ses œufs par préférence dans les herbes et les broussailles ; elle creuse légèrement le sol et forme son nid de feuilles et de quelques brindilles de bois qu'elle rassemble grossièrement et sans art. — Selon Bernstein, la poule de Sonnerat pond de sept à dix œufs, et finalement M. John Douglas, qui a élevé un grand nombre de ces volailles en captivité dans sa propriété de *Clumber*, *Worksop*, *Notts*, en Angleterre, assure qu'elle pond de neuf à quinze œufs.

M. Douglas prétend que ces oiseaux reproduisent assez bien en captivité et que les poules traitent leurs poussins avec une tendresse vraiment maternelle.

Lâchés en liberté dans un parc, ils deviennent assez confiants pour circuler au milieu des chevaux et des bœufs si on les laisse en paix; dans une basse-cour ils s'apprivoisent même rapidement et viennent manger des miettes de pain jusque dans la main des personnes qui s'occupent d'eux; mais ils n'y vivent guère en bonne harmonie avec les autres volailles et y revendiquent presque toujours le droit du plus fort.

M. Douglas pense même que ces oiseaux s'acclimateraient facilement dans nos chasses. Il n'y a rien là d'impossible, puisque M. Douglas est parvenu à faire reproduire non seulement la race pure dans sa propriété, mais a obtenu aussi de nombreux métis par le croisement du coq de Sonnerat et de la poule Bantam de combat.

Les observations de M. Douglas à ce sujet sont assez intéressantes pour que je croie devoir les lui emprunter. « Peu de métis, dit-il, issus d'un premier croisement entre l'espèce sauvage et la poule domestique, avaient conservé les plaques cartilagineuses qui sont un des caractères les plus saillants du coq de Sonnerat, mais la plupart en avaient conservé le plumage ; tandis que les métis issus d'un second croisement entre le coq de demi-sang et la poule domestique n'étaient non seulement plus revêtus de la livrée de l'espèce sauvage, mais on ne voyait plus de traces de la matière cornée ou cartilagineuse sur aucune portion de leur plumage. »

Ce retour rapide au type primitif démontre une fois de plus que les individus croisés ne transmettent jamais à leurs descendants, d'une manière certaine et suivie, aucuns des caractères essentiels qui les faisaient différer de leurs auteurs immédiats.

Si les produits des métis que M. Douglas a obtenus sont revenus promptement au type de leurs ascendants, qui étaient en possession de l'indigénat, c'est parce qu'ils ont été soumis au même régime, aux mêmes conditions hygiéniques et climatériques auxquels la race primitive devait son sang, ses formes et ses aptitudes, et, comme nous l'avons déjà expliqué ailleurs, il ne saurait en être autrement.

Le Coq Ayam-Alas ou de Java.

Gallus Varius.

Die Gangegar. The forked tail or Javanese jungle Fowl[1].

L'*Ayam-Alas*, ou *coq de Java* est originaire de l'île dont il porte le nom, et on ne le rencontre que dans les bois et les fourrés de bambous.

Les habitants de Java le désignent sous le nom de *Ayam-Alas* pour le distinguer de l'Ayam ou coq domestique. Cependant, M. Horsfield, qui l'a décrit sous le nom de coq de Java, dit que les naturels de cette grande île, l'appellent *Pittewonno*.

D'un autre côté, Marsden, dans son histoire de Sumatra, dit que les Javanais nomment la poule domestique *Ayam*, et M. Leschenault de la Tour affirme que le coq Bankiva y est connu sous le nom de *Ayam-Bankiva*.

L'*Ayam-Alas*, dit Lesson, dans son *Histoire naturelle*, vit sur la lisière des forêts des montagnes, où il se tient caché pendant le jour. Il est défiant, farouche, et son cri peut se rendre par les syllabes *co-crik*. On dit qu'il se rencontre aussi à Sumatra ; mais il est commun à Java. Il a le bec bru-

1. *Phasianus varius*, Shaw., *Misc.* pl. 353, t. X (1798).
Gallus Javanicus, Horsf. *Trans*, *Soc. linn.*; t. XIII, p. 185.
Gallus furcatus, Temminck, t. II, p. 261 et t. III, p. 662, plan color. 433. — Vieill. *Gall. Ois.*, vol. III, p. 662. — Less. *Trait. Orn.* (1831), p. 492, sp. 5. — Wall. *Proc. Zool. Soc.* (1863), p. 486. — Temm. *Pig.* et *Gall.*, vol. III, p. 662. — Glog. *Hand-Und Hilfsb, der Naturg.* p. 387.
Gallus varius, Gray, *List. B. Brit. Mus.* (1844), p. 27. — Id. *List. Gall.* (1867), p. 40. — Sclat. *Proc. Zool. Soc.* (1863), p. 120, sp. 4. — Cuv. *Règ. Anim.* (1817), vol. I, p. 444.—Gray, *Gen-of B.*, vol. III (1845), p. 499. — Id. *Hand list of Birds*, part. II, p. 261, n° 9620.
Creagrus varius, Glog. *Hand-und Hilfsb, der Naturg.* (1842), p. 382.

nâtre ou de couleur de corne, les yeux jaunâtres et les tarses armés d'un fort éperon.

C'est encore Bernstein qui nous fournit le plus de renseignements sur les mœurs de ces oiseaux. « Le coq de Java, dit-il, habite les fourrés les plus impénétrables, où il échappe facilement aux regards des voyageurs. Au moindre bruit qui lui est suspect, il s'y réfugie, sans s'envoler, mais en courant entre les touffes d'alang-alang. Cet oiseau, s'il ne trahissait pas sa présence par son cri, passerait complètement inaperçu. Toutefois, si on l'entend fréquemment, on l'aperçoit rarement. C'est le matin qu'on y réusssit le mieux. A ce moment l'oiseau se croyant le plus en sûreté, quitte les fourrés et va chercher dans les endroits découverts les graines, les bourgeons, les insectes dont il se nourrit. On le voit très souvent en quête de termites, dont il est très friand. Son cri est dissyllabique et rauque, et pourrait se rendre par *kukruu, kukru.* » Il est très amusant d'entendre de grand matin les cris de tous ces coqs, de voir leur démarche majestueuse, leurs combats ; tandis que les poules et leurs poussins courent au milieu des buissons.

D'après Jerdon, l'étude des mœurs du coq de Java est extrêmement difficile, parce qu'il se tient presque constamment dans les forêts d'alang-alang et dans les taillis ; et on ne le trouve guère au-dessus de 1,000 mètres d'altitude. Il appartient au Sud ; on ne le rencontre qu'à Java et à Sumatra, mais on prétend qu'il existe aussi à Bornéo.

Pris vieux, nous dit Bernstein, il ne s'apprivoise jamais, et même quand on fait couver ses œufs par des poules domestiques, les jeunes, à peine grands, profitent de la première occasion pour s'échapper.

Comme beauté il surpasse considérablement le coq Bankiva et le coq Lafayette et n'a rien à envier au coq de Sonnerat.

Le coq Ayam-Alas a la crête simple, lisse à son bord, de couleur verdâtre à sa base, jaune au milieu, rouge cramoisi à sa pointe ; il n'a qu'un seul barbillon, tricolore comme la crête. Il a la mandibule supérieure du bec noirâtre et la mandibule inférieure jaune; l'iris d'un jaune clair; les joues dénudées, recouvertes d'une peau fine d'un rouge cramoisi et bordées extérieurement d'un liséré jaune doré. Les plumes de l'occiput et celles du camail sont longues, mais arrondies à leurs extrémités, de couleur vert foncé à éclat métallique et bordées d'un liséré noir de satin, qui leur donne l'apparence d'écailles plaquées sur le cou de l'oiseau; les plumes du dos sont ovales à leurs extrémités, d'abord bleues, avec des reflets violacés, elles se colorent en beau vert métallisé, que relève sur leur bord un croissant noir velouté. Le plastron et toute la partie inférieure du corps sont d'un noir brillant Les plumes longues et fines de l'épaule et les couvertures supérieures des ailes sont d'un vert noir brillant lisérées d'une large bande d'un jaune doré éclatant. Les lancettes sont très longues, d'un vert foncé brillant au milieu et bordées d'un liséré jaune clair; les grandes couvertures des ailes d'un noir intense, à reflets métalliques verts; les rémiges primaires d'un noir marron; les rémiges secondaires rouge brun, bordées extérieurement de jaune fauve; les plumes rectrices ou grandes caudales d'un vert noir à reflets métallisés, les deux médianes s'écartant en forme de fourche; les faucilles d'un noir vert à reflets métalliques; les tarses des spécimens que le jardin zoologique d'Anvers a possédés étaient blanc rosé, tandis que ceux du jardin zoologique de Londres avaient les tarses bleu clair.

La poule est d'un tiers moins grande que le coq, elle n'a ni crête ni barbillons. La gorge et la région ophtalmique, à un très petit cercle près qui est dénudé, sont recouvertes de plumes. Elle a la tête et le cou d'un gris brun; le dos et les couvertures des ailes d'un vert doré, lisérées de gris brun avec la tige rayée de jaune; les grandes couvertures et les rémiges secondaires d'un gris foncé brillant, à reflets métallisés, moirées de jaune ; les rémiges primaires gris brun ; les rectrices ou grandes caudales brunes à reflets verdâtres et bordées de noir. La gorge est blanche, la poitrine et le ventre sont de couleur gris isabelle ou jaune clair.

CARACTÈRES GÉNÉRAUX ET MORAUX.

Coq.

Bec. — Fort, court et crochu. Longueur, 2 centimètres.

Couleur du bec. —La mandibule supérieure est noirâtre et la mandibule inférieure jaune.

Tête. — Allongée et fine.

Crête. — Simple, lisse à son bord, c'est-à-dire, sans dentelures; longueur, 6 centimètres, hauteur mesurée au-dessus de l'œil, 3 centimètres.

Couleur de la crête. — Tricolore, verdâtre à sa base, jaune au milieu, rouge cramoisi à sa pointe.

Barbillon. — Un seul barbillon d'un tissu fin est attaché sous la mandibule inférieure du bec et pend en membrane libre aussi longue que la dénudation du haut du cou.

Longueur du barbillon. — 5 1/2 centimètres.

Couleur du barbillon. — Verte, jaune et rouge. D'abord verte sous le bec, et près du cou, elle se colore en jaune d'or que relève sur le bord antérieur du barbillon une large bande d'un rouge cramoisi.

Joues. — Nues, recouvertes d'une peau d'un rouge cramoisi, bordées extérieurement d'un liséré jaune doré.

Iris. — Jaune clair.

Cou. — Court, gros, dénudé sous le barbillon, enveloppé d'un épais camail formé de plumes longues, de forme arrondie à leurs extrémités.

Corps. — Élancé et ovalaire, ayant beaucoup de ressemblance avec celui du coq de Sonnerat, poitrine peu développée, ailes longues, portées bas, queue très longue et portée horizontalement.

Tarses. — Fins, nus, de couleur blanc rosé chez les uns, bleu ardoisé clair chez les autres.

Longueur des tarses. — 7 1/2 centimètres.

Doigts. — Minces, longs, bien onglés, et au nombre de quatre à chaque patte.

Éperons. — Très longs, arqués et aigus.

Queue. — Assez longue, portée horizontalement.

Longueur des grandes faucilles. — 25 centimètres.

Taille. — Comme celle du coq de Sonnerat.

Poule.

Bec. — Fort, crochu et de couleur corne foncée.

Tête. — Allongée, ayant beaucoup d'analogie avec celle de la poule faisane.

Crête et barbillons. — Nuls.

Joues. — Dénudées autour de l'œil seulement.

Iris. — Jaune brun clair.

Corps. — Ovalaire, comme celui de la poule faisane.

Taille. — D'un tiers plus petite que celle du coq.

Queue. — De longueur moyenne et portée rabattue.

Couleur des tarses. — Blanc rosé, ou bleu ardoisé clair.

Port. — Gracieux, et, comme la poule de Sonnerat, elle a plutôt l'apparence d'une poule faisane que d'une poule domestique.

Ponte. — Bernstein a trouvé un nid de la poule de Java. « Il était, dit-il, dans une légère dépression du sol, au milieu d'une haute touffe d'alang-alang, et n'était formé que de feuilles sèches et de tiges de cette graminée. Il renfermait quatre œufs d'un blanc jaunâtre, dont l'incubation était déjà assez avancée.

Le coq, ajoute Bernstein, ne s'inquiète nullement de sa progéniture; mais la poule lui témoigne autant de tendresse que le fait la poule domestique.

Le petit nombre d'œufs, variant de quatre à huit, que contenaient les nids des poules sauvages que les voyageurs ont trouvés, démontre que la ponte chez ces oiseaux est loin d'être aussi abondante que chez nos poules domestiques.

Le jardin zoologique d'Anvers possède actuellement un coq et une poule de Java de race pure. Un autre couple de ces oiseaux a vécu fort longtemps au jardin zoologique de Londres, où l'on a obtenu des métis du coq avec des poules domestiques auxquelles on a donné le nom de *gallus æneus* et de *gallus Temminkii*, dont le plumage exige une description spéciale.

Le coq bronzé.

Gallus Æneus[1].

Le *coq bronzé* est regardé par les naturalistes comme un métis issu d'un croisement entre le coq Ayam-Alas et la poule de combat.

D'un autre côté, Lesson dit que le coq bronzé a été découver à Pitat-Lanoago, dans les environs de Bencouleen, à Sumatra, par M. Diard, et que l'individu figuré par le naturaliste hollandais est conservé au muséum d'histoire naturelle de Paris. C'est, à ce que suppose M. Temminck, l'*Aymbarougo* des habitants de Sumatra(?)

S'il est le résultat hybride de l'accouplement des espèces sauvages et domestiques, c'est ce que je n'entreprendrai pas d'élucider, mon rôle devant se borner à faire la description de ses principaux caractères. Le coq, que le Jardin d'acclimatation du Bois de boulogne possède, a le bec de couleur corne foncée; la tête petite, allongée, et ayant beaucoup d'a-

1. Gallus æneus, Cuv. gal. de Paris; Temm., pl. col. 374.

nalogie avec celle du coq de combat; la crête simple, assez grande, très finement dentelée[1]; les joues rouges et dénudées ; les barbillons très petits ; les oreillons rouges ; la gorge nue et rouge comme la crête et les barbillons; l'iris rouge vif, le cou court et enveloppé d'un épais camail formé de plumes assez longues, mais moins que ne le sont celles de nos coqs domestiques; le corps élancé, de forme conique, ayant beaucoup de ressemblance avec celui du coq de combat anglais dont il se rapproche encore par la taille ; la poitrine assez développée; le dos large; les reins étriqués; la queue longue et portée horizontalement; les tarses fins, de longueur moyenne et de couleur blanc rosé.

DESCRIPTION DU PLUMAGE.

Ce coq a les plumes de la tête et celles du camail d'un rouge pourpre très légèrement frangées de grenat. Les plumes du dos et les couvertures supérieures des ailes sont teintées de pourpre brillant et bordées d'un liséré grenat. Les grandes couvertures des ailes sont d'un pourpre plus foncé, à éclat métallique. Les lancettes sont d'un rouge pourpre velouté. Les rémiges secondaires sont d'un pourpre foncé uni et ont les barbes externes bordées d'un large liséré grenat. Les rémiges primaires sont entièrement pourpre foncé uni. La poitrine et toute la partie inférieure du corps sont noires et nuancées de pourpre et de violet. Les faucilles et les rectrices ou grandes pennes caudales sont également teintées de pourpre foncé à reflets vert métallique et bronzés.

Un vert bronzé à reflets pourprés est répandu sur tout le plumage, et lui donne un brillant ou éclat métallique que la livrée de nos coqs domestiques ne possède pas.

1. Lesson dit cependant que ce coq a la crête grande, *lisse* dans ses contours, deux petits fanons à la commissure du bec, et la gorge complètement nue. Hist. nat., t. VIII, p. 379.

Son chant est saccadé et ne ressemble pas à celui du coq villageois.

Ce coq, dont on ne connaît pas la poule, vit en très bonne intelligence avec deux poules domestiques et quelques pigeons de Russie qui partagent sa captivité, dans un des parquets de la poulerie du Jardin d'acclimatation.

Les lignes qui précèdent étaient écrites, lorsque M. A. Geoffroy Saint-Hilaire m'invita à aller voir au Jardin d'acclimation, un autre coq bronzé qu'il venait de recevoir de Sumatra, et dont le plumage a plus d'analogie avec celui du coq Ayam-Alas que le précédent.

Ce coq, dont le Jardin d'acclimatation ne possède pas non plus la poule, a captivé mon attention pendant plusieurs heures, et j'ai eu lieu de constater que, par ses allures et par son apparence générale, il se rapproche, comme tous les coqs sauvages, beaucoup plus du faisan que du coq domestique.

Il a le bec de longueur moyenne, un peu crochu, de couleur corne claire et marquée d'un coup de crayon à la pointe de la mandibule supérieure; la tête petite, fine et allongée; la crête simple, droite, assez haute, lisse dans ses contours, c'est-à-dire, sans dentelures et de couleur rouge vermillon. Sous la mandibule inférieure du bec pend un seul barbillon en membrane libre assez longue, d'un tissu fin et transparent, d'un rouge vermillon comme la crête, marquée au milieu d'une tache oblongue d'un jaune ocreux et bordé de blanc du côté interne ou du cou. Ses joues sont rouges et dénudées autour de l'œil dont l'iris est d'un blanc verdâtre. Ses oreillons sont blancs et peu développés. La physionomie de sa tête n'a de rapport avec celle d'aucun de nos coqs domestiques : la crête non dentelée et l'absence d'un second barbillon lui donnent un aspect tout particulier. Son corps svelte et élancé rappelle assez celui du faisan doré dont il a du reste toutes les allures. Il porte la tête haute, mais pas renversée en arrière, les ailes presque traînantes et la queue horizontalement. Son chant est saccadé, interrompu et lancé d'une voix hésitante et tremblotante. Sa queue est très longue et ses tarses, armés d'un fort éperon, sont nerveux et de couleur de chair.

Son plumage est extrêmement lustré, brillant, à éclat métallique, et a beaucoup d'analogie avec celui du coq *Ayam-Alas*. Les plumes du sommet de la tête et de la nuque affectent une teinte violet pourpre qui se répand avec des reflets dorés sur le camail, le cou, la poitrine et le dos. Les plumes du camail sont longues, étroites, de forme arrondie à leurs extrémités, plaquées les unes sur les autres comme des tuiles, de couleur indigo ou violet pourpre, un liséré d'un jaune brillant borde celles de la partie supérieure du cou, tandis qu'à la partie moyenne et à la naissance du cou elles sont bordées d'un liséré noir de satin à reflets métalliques verts. Les scapulaires, les petites et les moyennes tectrices et les lancettes sont d'un noir brillant et bordées de larges franges d'un jaune doré. Les grandes couvertures des ailes sont d'un beau violet pourpre uni à reflets métallisés. Les rémiges primaires et secondaires sont uniformément teintées de violet pourpre, à l'exception des barbes externes qui sont liserées de blanc et forment dans leur ensemble une bande d'un blanc éclatant qui borde l'aile quand elle est ployée. La même teinte violet pourpre domine sur les plumes des flancs, des cuisses, des jambes, du ventre et de la région anale. Les rectrices et les faucilles présentent des teintes analogues à celles des grandes couvertures des ailes, mais plus belles et lustrées de brillant vert, doré et bronzé, chatoyant sous les diverses influences de la lumière.

FIN.

TABLE DES CHAPITRES

CHAPITRE IX.

Races de Combat.

CHAPITRE X.

Races allemandes.

CHAPITRE XI.

Races américaines.

CHAPITRE XII.

CHAPITRE XIII.

CHAPITRE XIV.

CHAPITRE XV.

CHAPITRE XVI.

CHAPITRE XVII.

CHAPITRE XVIII.

CHAPITRE XIX.

CHAPITRE XX.

CHAPITRE XXI.

CHAPITRE XXII.

FIN DE LA TABLE DES CHAPITRES.

TABLE ALPHABÉTIQUE

A

B

C

D

GRAVURES

TABLE DES CHAPITRES

CHAPITRE PREMIER.

CHAPITRE II.

CHAPITRE III.

CHAPITRE IV.

CHAPITRE V.

CHAPITRE VI.

CHAPITRE VII.

CHAPITRE VIII.

CHAPITRE IX.

CHAPITRE X.

CHAPITRE XI.

CHAPITRE XII.

CHAPITRE XIII.

CHAPITRE XIV.

CHAPITRE XV.

CHAPITRE XVI.

CHAPITRE XVII.

CHAPITRE XVIII.

CHAPITRE XIX.

CHAPITRE XX.

CHAPITRE XXI.

CHAPITRE XXII.

CHAPITRE XXIII.

CHAPITRE XXIV.

CHAPITRE XXV.

CHAPITRE XXVI.

CHAPITRE XXVIII.

CHAPITRE XXIX.

CHAPITRE XXX.

GRAVURES

TABLE ALPHABÉTIQUE

M

N

P

Fontainebleau — M. E. Bourges, imp. breveté.

Fontainebleau. — M. E. Bourges imp. breveté.

www.ingramcontent.com/pod-product-compliance
Lightning Source LLC
Chambersburg PA
CBHW061958220326
41599CB00021BA/3266